WIMMER

Drogen- und Substanzmissbrauch in Unternehmen

Drogen- und Substanzmissbrauch in Unternehmen

Fakten – Strategien – Hilfsangebote

Franz H. Wimmer
Kriminalhauptkommissar a. D.

Bibliografische Information der Deutschen Nationalbibliothek I Die Deutsche Nationalbibliothek verzeichnet diese Publikation in der Deutschen Nationalbibliografie; detaillierte bibliografische Daten sind im Internet über www.dnb.de abrufbar.

ISBN 978-3-415-06207-8

© 2018 Richard Boorberg Verlag

Titelfoto: © lassedesignen–stock.adobe.com I Satz: Olaf Mangold Text&Typo, 70374 Stuttgart I Druck und Bindung: Vereinigte Druckereibetriebe Laupp & Göbel GmbH, Robert-Bosch-Straße 42, 72810 Gomaringen

Richard Boorberg Verlag GmbH & Co KG I Scharrstraße 2 I 70563 Stuttgart
Stuttgart I München I Hannover I Berlin I Weimar I Dresden
www.boorberg.de

Danke

… möchte ich all denen sagen, die mich bei diesem Buch unterstützt haben.

Gerade aufgrund des sehr komplexen und oft heißdiskutierten Themenkreises danke ich aber vor allem meinen Sponsoren, die zum Teil namentlich unbenannt bleiben wollen, aber den Mut hatten, die Arbeiten zu diesem Buch zu unterstützen.

Danke auch dem BOORBERG Verlag für seine Bereitschaft, ein Buch zu diesem heiklen Thema zu publizieren, das nicht Fachbuch sein soll, sondern aufrütteln möchte.

Namentlich danke ich den Verantwortlichen der Firmen DRÄGER und SECURETEC für die Erteilung der Bild-Nutzungserlaubnis.

Ferner möchte ich aber auch meinen Kolleginnen und Kollegen der Kriminalpolizeiinspektion Fürth danken, die indirekt, aber nicht unwesentlich an meiner schriftstellerischen Tätigkeit beteiligt waren. Durch sie konnte ich mich im Laufe der Jahre immer intensiver mit der Materie

„Medikamente und Drogen im Arbeitsbereich"

beschäftigen und auch von ihrem Wissen und Erfahrungsschatz profitieren.

Fürth, im Januar 2018   F. H. Wimmer

Inhaltsverzeichnis

Vorwort Dr. Kimmel

Leiter der Staatsanwaltschaft beim Landgericht Nürnberg

Der Umgang mit Arzneimitteln und Betäubungsmitteln hat sich in den vergangenen Jahren und Jahrzehnten gewaltig verändert. Die Gesellschaft hat sich in eine Richtung entwickelt, die zwar einerseits immer gesundheitsbewusster werden will und dementsprechend wächst etwa die Nachfrage nach BIO-Produkten im Lebensmittelbereich; andererseits ist man aber sehr schnell bereit, bei körperlichem Unwohlsein zum Arzt zu gehen und gleich zum Medikament zu greifen. Ein Besuch beim Arzt, ohne ein Rezept zu erhalten, ist kaum vorstellbar. Schließlich haben aber auch die Krankheiten im psychischen und psychosomatischen Bereich aufgrund der heute hektischeren Lebensweise massiv zugenommen. Hinzu kommt, dass auch in der Freizeit der Körper und das Gehirn immer weniger Zeit zum Erholen haben, weil man permanent über Computer oder Smartphone mit der Welt verbunden sein will. Dazu belasten auch die entsprechenden elektronischen Spiele das Gehirn stark und gönnen ihm kaum eine Erholungsphase mehr. Dies kommt zu der zunehmenden Belastung im Arbeitsalltag oder Schulalltag hinzu, was dazu führt, dass immer mehr Jugendliche bereits mit Problemen wie z. B. dem Aufmerksamkeitsdefizitsyndrom zu kämpfen haben. Bereits im jugendlichen Alter wird den Patienten dann vermittelt, dass es verschreibungspflichtige Medikamente gibt, die hierbei vermeintliche Hilfe bieten. So werden bereits Kinder und Jugendliche daran gewöhnt, über lange Zeit entsprechende Medikamente zu konsumieren. Für sie ist es auch im Erwachsenenalter dann nur noch konsequent, wenn sich psychische oder psychosomatische Probleme einstellen, dass man sofort auch hier zu entsprechenden Arzneimitteln greift.

Schließlich ist es heutzutage aber auch fast schon selbstverständlich, dass man in seiner Jugendzeit einmal eine illegale Droge, am Anfang meist Cannabis, probiert. Zum Glück bleibt es bei vielen beim Probieren. Leider ist aber festzustellen, dass der strafrechtlich relevante Griff zu illegalen Drogen insbesondere bei Jugendlichen in den letzten Jahren deutlich zugenommen hat. So ist zum Beispiel bei der Staatsanwaltschaft Nürnberg-Fürth die Anzahl der Ermittlungsverfahren gegen jugendliche und heranwachsende Betäubungsmittelstraftäter im Jahr 2015 um 30 % gegenüber dem Vorjahr gestiegen. Dabei ist bekannt, dass der Konsum von Drogen zu einer raschen Abhängigkeit führen kann, die den Konsumenten dazu bringt, in immer kürzeren Zeitabständen eine neue Dosis zu konsumieren. Hiervon hält ihn auch die Umwelt dann selten mehr ab. Um überhaupt morgens aus dem Bett zu kommen, braucht man schon die erste Dosis eines Aufputschmittels, sei es ein entsprechendes Medikament oder eine Einheit eines Amphetamins. Im Laufe des Tages muss gegebenenfalls noch einmal „nachgelegt" werden, abends braucht man wieder etwas zum Schlafen. An den Wochenenden muss von Freitag bis Sonntag „durchgemacht" werden – auch das geht nur mit den entsprechenden Pillen. Um hiervon wieder loszukommen ist ein starker Wille, verbunden mit langwährenden und kostspieligen Therapien erforderlich; bei vielen Konsumenten gelingt dies überhaupt nicht mehr und sie sind ein Leben lang auf die Hilfe anderer angewiesen. Wie sich insoweit gesellschaftliche Kreise bis hin zu Politikern in unserem Staat dafür stark machen können, den Erwerb von Drogen zum Eigenkonsum zu legalisieren, ist für mich nicht nachvollziehbar.

Gleichwohl müssen wir uns im Alltag bewusst werden, dass wir es in unserer unmittelbaren Umgebung, in der Schule, an der Universität, am Arbeitsplatz, immer mehr mit Menschen zu tun haben, die unter dem Einfluss von Medikamenten oder auch Drogen stehen. Dies geschieht zunächst oft unerkannt, denn es gelingt vielen immer noch, unauffällig ihrer konkreten Tagesbeschäftigung nachzukommen. Diese Freunde, Kollegen und Mitarbeiter stellen dabei aber nicht selten eine Gefahr für ihre Umwelt dar, weil sie nicht mehr im Vollbesitz ihrer geistigen Kräfte sind und dementsprechend in Gefahrensituationen nicht mehr angemessen reagieren können. Im Straßenverkehr kann derartigen Gefährdungen mit entsprechenden Kontrollen zumindest in geringem Umfang entgegengewirkt werden, indem bei festgestelltem Drogenkonsum der Fahrer aus dem Verkehr gezogen werden kann und mit einem entsprechenden Fahrverbot oder dem Entzug der Fahrerlaubnis belegt werden kann. Soweit die Medikamenten- oder Drogenkonsumenten aber unter dem Einfluss entsprechender Mittel an ihrem Arbeitsplatz tätig sind, existiert eine solche Routinekontrolle in der Regel nicht. Hier ist es nicht selten ein langer Weg, bis der Missbrauch von Medikamenten oder Drogen überhaupt erkannt wird. Anschließend stellt sich dann für den Vorgesetzten die Frage nach der richtigen und angemessenen Reaktion. Das vorliegende Buch soll hierfür als Hilfestellung dienen.

Dr. Walter Kimmel
Leitender Oberstaatsanwalt

Einführung

Sehr geehrte Leser,

Medikamente und Drogen im Arbeitsbereich? Da werden viele, die das Buch aufgeschlagen haben, fragen, wie man zu diesem Thema ein ganzes Buch schreiben kann. Doch ich bin überzeugt, dass Sie am Ende erkennen werden, wie wichtig es mittlerweile geworden ist, sich mit Substanzmissbrauch auseinanderzusetzen.

Sie haben hier kein wissenschaftliches Buch in der Hand, sondern vielmehr ein Werk, dass ich geschrieben habe, um Ihnen meine praktischen Erfahrungen weiterzugeben und Ihnen eine interdisziplinäre Betrachtung der Thematik zu ermöglichen. Denn je mehr Sie sich mit dem Thema beschäftigen, desto mehr werden Sie erkennen, dass sich viele Fragen ergeben, deren Beantwortung auch Sie interessieren sollte.

Vielleicht haben Sie sich schon einmal gefragt, weshalb die Automobilindustrie Aktivitäten entwickelt, um Fahrzeuge zu bauen, die man erst dann bewegen kann, wenn man einen im Fahrzeug eingebauten Alkoholtest bestanden hat.

Autos mit Kontrollsystemen zu bauen, die den Alkoholkonsum des Fahrers kontrollieren, dient der Verkehrssicherheit und damit der Sicherheit des Fahrers und seiner Umgebung.

Feuerlöscher, installiert, um auf einen Brandfall – der hoffentlich nie eintritt – vorbereitet zu sein, sind aus Gründen der Unfallvorsorge und Schadensbekämpfung vorhanden. Oftmals liegt der Grund für die Existenz von Feuerlöschern im Arbeitsbereich aber auch in der Notwendigkeit, die Voraussetzungen für die Gültigkeit von Versicherungsverträgen zu schaffen.

Sie haben aber wahrscheinlich nie gezweifelt, dass es gerade im Arbeitsbereich sinnvoll ist, Feuerlöscher bereitzuhalten. Sich mit Substanzmissbrauch zu beschäftigen und Lösungen zur Vermeidung zu kennen, hat wahrscheinlich einen ähnlichen Zweck wie die Feuerlöscher.

Über Medikamente und Drogen im Arbeitsbereich zu schreiben soll der Aufklärung dienen und damit die Vorteile moderner Medizin und pharmazeutischer Produkte unterstreichen, aber auch auf die Alltagsprobleme hinweisen, die bei missbräuchlichem Erwerb und Gebrauch die Verkehrs- und Arbeitssicherheit gefährden können. Der stark zunehmende Substanzmissbrauch in Deutschland zwingt geradezu zu einem Buch wie diesem.

Zusätzlich gibt es wichtige Gründe dafür, dass sich gerade **Führungskräfte, Personalsachbearbeiter oder Fachkräfte für Arbeitssicherheit** mit dem Thema auseinandersetzen.

Um diesen Personenkreis bei der Bewältigung der Aufgaben in Bezug auf den zunehmenden Substanzmissbrauch im Arbeitsbereich zu unterstützen, habe ich dieses Buch geschrieben und alle meine Erfahrungen als Kriminalbeamter im Drogen-Kommissariat, als Hospitant im ärztlichen Bereich und als Buchautor sowie Referent in Industrie und Wirtschaft eingearbeitet.

Auf den ersten Blick scheint die Frage nach dem „Warum" dieses Buches eine Berechtigung zu haben, weil die Thematik noch nicht in der breiten Masse angekommen ist. Deshalb kann ich anfängliche Vorbehalte gut verstehen. Außerdem hat man im Arbeitsleben heute wahrlich genug zu tun; oft genug auch mit Tätigkeiten, die zwar wichtig sind, aber neben unseren eigentlichen Aufgaben zusätzlich erledigt werden müssen. Die Betrachtung eines zusätzlichen Problemkreises im Rahmen der beruflichen Tätigkeit werden deshalb sicherlich viele als belastend oder gar unnütz finden. Sie sehen sich als Laie und fühlen sich nicht kompetent. Ihnen ist nämlich (noch) nicht klar, wie vielfältig sich Substanzmissbrauch ins Arbeitsleben schleicht und welche Folgen er für ein Unternehmen und den Einzelnen haben kann. Oft ist auch unbekannt, dass Substanzmissbrauch oder gar die therapeutisch notwendige Einnahme bestimmter Medikamente sogar Verantwortlichkeiten der Vorgesetzten auslöst und manche Medizin auch missbräuchlich genommen wird, um leistungsfähiger, aktiver und konzentrierter am Arbeitsleben teilzunehmen. Doch oft ist dieses Verhalten strafbar und kann zivil- und arbeitsrechtliche Folgen haben.

Natürlich können berufliche Verpflichtungen krank machen. Die Zunahme psychischer Erkrankungen lässt unweigerlich eine Zunahme der Verordnung von entsprechenden Medikamenten erwarten. Mancher Zeitgenosse ist froh, wenn er im Bedarfsfall Mittel anwenden kann, die sich, zumindest subjektiv empfunden, positiv auf Krankheitszustände und Wohlbefinden oder auch die Leistungsfähigkeit auswirken.

Außerdem verschreibt die Mittel doch meist ein Arzt, so meinen viele, und damit ist doch alles in Ordnung. Aber die Realität sieht leider anders aus und sollte jeden Einzelnen zum Umdenken anregen, sofern er Medikamente einnimmt und dann seiner Arbeit nachgeht.

Momentan sollten Medikamente nicht nur unter therapeutischen Aspekten betrachtet werden, sondern auch als Gefahr bei Missbrauch. Dieses Buch soll auch Ärzte, Pädagogen und Eltern sowie Berufstätige zum Umdenken anregen. Insbesondere Führungskräfte haben aufgrund ihrer Position eine besondere Verantwortung.

Ich bin mir aufgrund meiner beruflichen Erfahrungen sicher, dass viele Leser beim Themenbereich *Medikamente* nur die Chance sehen, im Krankheitsfall Substanzen zu nutzen, die heilen, Schmerzen reduzieren oder Krankheiten vorbeugen können. Schön, wenn es wirklich so einfach wäre!

Zunehmend greifen Menschen in Deutschland auf die Fähigkeiten bestimmter Medikamente zurück, ohne krank zu sein. Sie missbrauchen die Präparate, häufig ohne auf die Nebenwirkungen und die gesetzlichen Folgen zu achten und tragen damit einige schwerwiegende Probleme in den Arbeitsbereich. Dass sie in vielen Fällen damit sogar gegen Strafgesetze verstoßen können, ist ihnen oft gar nicht bewusst. Dass Substanzmissbrauch zu Abhängigkeit und Sucht führen kann, neben strafrechtlichen Problemen auch zivilrechtliche Forderungen folgen können und vermehrt Ausfälle von Mitarbeitern, Qualitätseinbußen, Regressforderungen und vieles mehr Folgen von Substanzmissbrauch sein können, will man gerade in vielen Chefetagen verdrängen.

Man könnte das Problem, das nach wissenschaftlichen Erkenntnissen der Industrie und Wirtschaft jährlich mehrere Milliarden Verluste beschert, durch viele gezielte Maßnahmen der Prävention und Repression vermeiden. Berufliches Gesundheitsmanagement bietet viele Chancen, aber man muss diese nutzen (wollen) und können. Dazu ist aber Grundwissen wichtig, um zu wissen, wo man beginnen kann.

Wie kommen die Menschen an die Präparate? Rezeptpflichtige Medikamente und betäubungsmittelhaltige Substanzen, die man regulär nur in der Apotheke erhalten könnte, kann man heutzutage auch ohne Rezept und ohne große Schwierigkeiten im Internet bestellen. DARKNET- Plattformen machen es möglich und liefern sogar illegale Drogen. Das ist zwar strafbar, aber vielen egal. Und in Einzelfällen bietet der Arbeitsbereich gute Möglichkeiten, illegale Mittel oder gar Drogen zu bestellen und zu verstecken. Die Sozialkontrolle ist im Arbeitsbereich – das ist vielen klar – eingeschränkt, wenn es um Substanzmissbrauch geht.

In Anbetracht eines massiv zunehmenden Medikamentenmissbrauchs, begleitet von massivem Drogengebrauch in unserer Gesellschaft, haben die verschiedensten Behörden und Institutionen, die mit der Thematik *„Gesundheit im Arbeitsbereich"* zu tun haben, längst erkannt, dass auch hinter Begriffen wie *Burnout*, *Neurodoping*, *Sportdoping* oder auch *ADS* und *ADHS* Krankheitsbilder stehen, die oft mit der Einnahme von Medikamenten, die nicht selten Inhaltsstoffe beinhalten, die dem Betäubungsmittelgesetz unterliegen, in Zusammenhang stehen. Und viele dieser Substanzen können sich massiv auf die Arbeits- und Verkehrssicherheit auswirken.

Denken Sie an den bewusst eingeleiteten Absturz einer *Germanwings*-Maschine durch den Copiloten, der angeblich unter psychischen Problemen litt und Medikamente einnahm. Denken Sie an die vielen bekannt gewordenen Doping- und Neurodoping-Fälle, die durch die Gazetten gingen.

All diese Menschen bewegen im Regelfall Autos, Motorräder oder gar Flugzeuge; alle gehen einer Arbeit nach und können durch die eingenommenen Substanzen ihre kognitiven Fähigkeiten einschränken und dadurch Arbeits- und Verkehrssicherheit gefährden.

Viele Veröffentlichungen und Statistiken der letzten Jahre konnten belegen, dass Industrie und Wirtschaft durch substanzbedingte Ausfallzeiten, Qualitätseinbußen, Regress-Forderungen und aufwendige Straf- und Zivilverfahren Milliardenverluste verbuchen mussten. Ich wiederhole das an dieser Stelle ganz bewusst! Deshalb an dieser Stelle auch die Frage: „Was wird in Industrie und Wirtschaft zur Vermeidung von Substanzmissbrauch unternommen?"

Substanzmissbrauch ist mittlerweile ein zunehmendes Problem im Land, das in Abhängigkeit und Sucht münden kann. Oft genug begann eine Sucht- oder Abhängigkeitsproblematik mit der legalen ärztlichen Verordnung von Medikamenten mit Suchtpotential, wie Benzodiazepinen, betäubungsmittelhaltigen Arzneien wie FENTANYL®-Schmerzpflastern, Stimulantien oder Psychopharmaka, und führte still und leise zu Arbeitspflichtverletzungen, zum Ausfall oder auch zu mangelhafter Arbeitseinstellung mit Folgen.

Ähnlich wie bei Alkoholabhängigen entwickelt sich die Krankheit schleichend und die ersten Anzeichen werden oft ignoriert. Die Betroffenen waren dann „suchtkrank" und konnten für eine gewisse Zeitspanne nicht mehr arbeiten oder waren ganz vom Arbeitsmarkt verschwunden.

Wenn Sie nachdenken, fallen Ihnen sicher selbst Beispiele ein, in denen eine Kollegin, ein Kollege oder ein Familienmitglied in eine Suchtproblematik geraten sind. Die Folgen, sowohl für die betroffenen Familien als auch für den Arbeitsmarkt, sind verheerend; vom Betroffenen ganz zu schweigen.

Stoppen wir den Missbrauch nicht, werden wir alle die Auswirkungen, beispielsweise durch weitere massive Erhöhungen der Krankenversicherungsbeiträge oder durch den Ausfall qualifizierter Mitarbeiter, spüren.

Zugegeben, noch vor 10 bis 20 Jahren war das Problem in dieser Dimension kaum feststellbar.

Doch die Leistungsanforderungen im Arbeitsleben, die zusätzlichen Verpflichtungen in einer freizeitorientierten Gesellschaft, ein extrem ausgeprägter Liberalismus mit der Einstellung vieler Menschen, alles tun und nutzen zu dürfen was möglich ist – auch wenn es unter Umständen in die Strafbarkeit führt – sowie das Fehlen von angemessenem Respekt Personen und Sachen gegenüber, fördern die Bereitschaft, Medikamente und Drogen missbräuchlich zu nutzen.

Sie zweifeln? Das ist Ihr gutes Recht, weil Sie vielleicht das Glück hatten, noch nie mit einem Suchtproblem in irgendeiner Weise konfrontiert gewesen zu sein. Ich werde Ihnen aber in den folgenden Kapiteln einige, zum Teil dramatische Fallbeispiele aus meiner Recherchearbeit beschreiben und ich bin mir sicher, dass auch Sie – wie viele meiner Seminarteilnehmer – Ihre Einstellung ändern werden.

Mir ist klar, dass nun speziell einige Führungskräfte – die sonst durch ihre innovativen Ideen auffallen – abwinken und nichts von Problemen in Zusammenhang mit Substanzmissbrauch lesen wollen. Es könnte sogar sein, dass es einigen ziemlich egal ist, was ihre Mitarbeiter tun, um (scheinbar) leistungsfähiger und konzentrierter am Arbeitsplatz zu erscheinen. Aber das ist sicherlich nur mein Eindruck, der sich bei einer Umfrage nicht bestätigen würde, oder doch?

Bestimmt hatten manche Führungskräfte in der Vergangenheit stichhaltige Argumente dafür, weshalb sie das Thema noch nicht in betriebliche Fortbildungsmaßnahmen aufgenommen haben und die gesetzlich vorgeschriebene Aufklärung (siehe Arbeitsschutzvorschriften) vernachlässigten. Sie haben auch Erklärungen, weshalb sie ihre Mitarbeiter nicht durch überarbeitete Arbeitsverträge oder allgemeine Betriebsvereinbarungen schützen und dadurch auch das Unternehmen vor unkalkulierbarem Schaden bewahren. Viele standen bisher auf dem Standpunkt, dass es doch schon immer Medikamente gibt, diese nützlich sind und noch nie irgendwelche Probleme ausgelöst haben. Falsch! Heute stehen wir einer veränderten Situation gegenüber. Und besondere Lagen erfordern besondere Maßnahmen!

Doch die kann ich nur selten finden und ich habe immer wieder die Erfahrung machen müssen, dass gerade in Großunternehmen, die sich ihrer vielen sozialen Unterstützungen für die Mitarbeiter brüsten, präventive Fortbildungen von Führungskräften, Personalsachbearbeitern und Sicherheitsfachkräften zum Thema *Medikamente und Drogen* abgelehnt wurden, obwohl die Betriebsärzte dafür plädierten.

Scheinbar glauben viele „Bosse", dass der Betriebsarzt alleine das Thema *Substanzmissbrauch* im Griff hat oder dafür verantwortlich ist. Andererseits habe ich aber auch gelegentlich erfahren müssen, dass interdisziplinäre Fortbildungsmaßnahmen durch Betriebsärzte abgelehnt wurden, obwohl die Personalvertretungen sie aufgrund aktueller Fälle im Betrieb gefordert hatten.

Verwunderlich – denn bei meinen Vorträgen und Seminaren vor Ärzten, Staatsanwälten, Rechtsanwälten, Führungskräften und vor allem auch Arbeitsmedizinern kam immer wieder klar heraus, dass das Thema interdisziplinär betrachtet und bewertet werden muss und deshalb Fortbildungsmaßnahmen von Leuten aus der Praxis fordert. Die Teilnehmer müssen – auch als Laien – in die Lage versetzt werden, sich zielführend mit der aktuellen Situation im Bereich von Substanzmissbrauch auseinanderzusetzen, Erkennungszeichen zu verinnerlichen und Möglichkeiten kennenzulernen, in einem „Verdachtsfall" effektive Hilfsleistungen für die betroffenen Mitarbeiter zu bieten und die anderen und das Unternehmen vor Schaden zu bewahren. Rein therapeutisch orientierte Analysen oder rein therapeutisch begründete Warnungen – die in vielen Publikationen zusammengefasst sind – sind zwar auch wichtig, führen aber meinen Erfahrungen zufolge im Arbeitsbereich kaum zu einer Reduzierung von Substanzmissbrauch.

Viele nehmen sich die Chance, Kausalzusammenhänge zu erkennen und zu verinnerlichen, dass das Thema *Substanzmissbrauch* auch sie selbst schnell zu Entscheidungen zwingen kann.

Leider muss ich die letzten Sätze auch auf manchen Arbeitsmediziner beziehen. Immer wieder stellte ich fest, dass manchen von ihnen die aktuellen Trends im Umgang mit bestimmten Medikamenten, die die Arbeitssicherheit beeinträchtigen können, nicht oder nicht ausreichend bekannt waren, weil sie sich ausschließlich auf ihre medizinischen Kernaufgaben beschränken mussten.

Bei einer Fortbildungsveranstaltung einer großen Berufsgenossenschaft, an der ich als Referent teilnahm, erklärten die Teilnehmer – ausnahmslos aus großen Wirtschafts- und Industriebetrieben –, dass sie sehr häufig mit Substanzmissbrauch in allen Formen konfrontiert sind, aber noch nie mit den Erkenntnissen eines Praktikers sensibilisiert worden sind, der wie ich seine Erfahrungen als Buchautor, Hospitant im ärztlichen Bereich und als leitender Kriminalbeamter weitergab.

Den Mehrwert meiner Vorträge sahen sie darin, dass auch Erkennungszeichen von Substanzmissbrauch vorgestellt wurden und die Teilnehmer in Workshops trainieren konnten, wie sie sich in einem Verdachtsfall verhalten sollten (Stufengespräche) und welche Hilfsmaßnahmen sie anbieten könnten.

Auch die Teilnehmer von Arbeitsmediziner-Treffen fanden meine interdisziplinären Ausführungen äußerst aufschlussreich und erklärten, sie hätten ihnen einen echten Mehrwert für die tägliche Arbeit gebracht. Viele versuchten deshalb, meine Erfahrungen zum Nutzen der Firma und der Belegschaft einzusetzen. Die praktischen Fallbeispiele hatten sie überzeugt.

Deshalb habe ich die Anregung der Seminarteilnehmer aufgegriffen und versucht, Ihnen in diesem Buch auch die wichtigsten Grundinformationen zum Thema *„Medikamente und Drogen im Arbeitsbereich"* zu liefern, die für Ihre berufliche Tätigkeit wichtig sind.

Wenn Sie allerdings zu den Skeptikern von Führungscoaching zum Thema „Medikamente und Drogen" gehören und noch an Verhaltensmuster Ihrer Mitarbeiter vor 15 Jahren denken, möchte ich Sie animieren, einmal kurz zu überlegen, was sich in den letzten 10 bis 15 Jahren in Ihrem Leben verändert hat. Sie werden sich an Dinge erinnern, von denen Sie vor Jahren nie geglaubt hatten, dass sie nützlich, sinnvoll und innovativ sein könnten.

Gesundheitsmanagement in Industrie und Wirtschaft ist aus meiner Sicht so ein Themenbereich, von dem noch vor Jahren niemand ernsthaft geglaubt hat, dass eine Zeit kommen wird, in der sich spezielle Mitarbeiter mit der Gesundheit der Mitarbeiter beschäftigen müssen und dadurch Positives für Leistungsbereitschaft, Leistungsfähigkeit, Produktivität und die Attraktivität des Unternehmens anstreben.

Wie bei der Einführung von innovativen IT-Systemen oder flexiblen Arbeitszeiten werden in den nächsten Jahren *die* Betriebe die Nase vorne haben, die sich nicht weigern, effektives Gesundheitsmanagement zu betreiben und dabei auch das Thema Drogen und Medikamente einbeziehen. Präventive Fortbildungen zu Substanzmissbrauch, speziell für Führungs- und Sicherheitsfachkräfte, müssen ein Teil eines erfolgreichen BGM (Betriebliches Gesundheitsmanagement) sein, will man konkurrenzfähig sein.

Wollen wir etwas ändern, müssen wir in Führungspositionen unterscheiden, ob es sich um die therapeutisch notwendige Nutzung oder den Missbrauch von Medikamenten handelt; oder ob wir etwas unternehmen müssen, weil ein Mitarbeiter illegale Drogen in den Arbeitsbereich gebracht hat. An den Antworten können wir dann unterschiedliche Maßnahmen in Prävention und Repression ausrichten.

Ein verbaler Angriff auf Medizin oder Pharmaindustrie soll es aber auf keinen Fall sein, frei nach *Molière*, dem Begründer der *Comédie Française*, der seine Schauspieler im Theaterstück „Der eingebildete Kranke" sagen lässt: *„Herr Bruder, ich habe es mir nicht zur Aufgabe gemacht, die Medizin zu bekämpfen, da mag jeder auf seine Art und Weise glauben, was er mag. Ich hätte Euch nur gern von dem Irrglauben befreit…"*.

Dieses Zitat soll die Philosophie dieses Buches charakterisieren und Ihnen helfen, die vielen Vorteile moderner Medizin und moderner Medikamente zu erkennen, aber auch aufmerksam zu sein, wenn es darum geht, mögliche Alltagsprobleme durch Drogen und Arzneien zu lösen. Speziell die *Teilnahme am Straßenverkehr, Auslandsreisen mit Medikamenten, Versicherungsfragen*, aber auch andere *Sicherheitsfragen* und *gesetzlich geforderte Prävention* können im Arbeitsbereich wesentliche Führungsaufgaben darstellen und sind Themen dieses Buches.

Zweifellos leben wir in einer Epoche, in der uns allen die Errungenschaften moderner Medizin und die medikamentösen Therapiemöglichkeiten nützen können. Selbst bei schwersten Erkrankungen oder Schmerzen verfügen wir heute über Mittel, die unsere Leiden lindern oder sogar heilen können.

Natürlich werde ich nicht bestreiten, dass verschiedene therapeutische Ansätze und Medikamente starker – teilweise sicher auch berechtigter – Kritik ausgesetzt sind.

Aber grundsätzlich bieten Medikamente und unser soziales System jedem Bürger die Möglichkeit, sich zumindest eine medizinische Grundversorgung zu sichern, die ihm helfen kann, Krankheiten zu beherrschen oder schmerzfrei zu ertragen. Darum beneiden uns viele andere Länder.

Doch wo Licht ist, ist bekanntlich auch Schatten! *Neurodoping, Sportdoping, Burnout* und *ADHS* sind neben anderen Schlagworte, die sehr häufig, negativ belegt, durch unsere Gazetten spuken. Aber gerade hinter diesen Begriffen können sich auch Drogen- und Medikamentenmissbrauch verbergen.

Ich will hier niemanden diskriminieren oder stigmatisieren. Auch Angriffe auf die Mittel selbst oder unsachliche Kritik über therapeutische Methoden sind hier kein Thema, sondern (scheinbar) leichtfertige Verordnungen, Unwissenheit bezüglich der Wirkungen, die missbräuchliche Nutzung von Medikamenten oder den Konsum illegaler Drogen und die daraus resultierenden Risiken. Schwerpunktmäßig geht es um die Einflüsse auf Arbeits- und Verkehrssicherheit und die rechtlichen Fußangeln im Alltag.

Medikamentenmissbrauch in allen Formen wird einen großen Teil dieses Buches einnehmen. Doch es gibt auch (rechtliche) Fußangeln bei der legalen und therapeutisch erforderlichen Anwendung und Nutzung bestimmter

Arzneien, auf die ich eingehen werde. Letztlich spielen im Arbeitsbereich auch illegale Drogen, wie Haschisch, Amphetamin oder Crystal Meth eine Rolle, vor allem deshalb, weil viele Menschen heute Medikamente und Drogen – oft mit Alkohol – gleichzeitig anwenden und *Polytoxikomanie* weit verbreitet ist.

Wollen Führungskräfte ihre Firma zeitgemäß führen, nutzen sie gewöhnlich alle innovativen Möglichkeiten. Das sollte aufgrund der derzeitigen Situation bei Substanzmissbrauch auch für das Gesundheitsmanagement gelten. Denn auch Führungskräfte sind Mitarbeiter, die auf die Fürsorge der nächsten Vorgesetzten bauen müssen. Untergeordnete Mitarbeiter sollten darauf bauen können, dass ihre unmittelbaren Vorgesetzten das Thema *Fürsorgepflicht* auch ernst nehmen. Substanzmissbrauch kann schnell zur Führungsaufgabe werden und Handeln erfordern. Das heißt – Führungskräfte haben ein Recht auf entsprechende Fortbildungen, um die Mitarbeiter, den Betrieb bzw. das Unternehmen und letztlich auch sich selbst zu schützen und sich die nötigen Führungseigenschaften anzueignen.

Sie haben als Führungskraft nämlich nicht nur die Verantwortung für die ordnungsgemäße Durchführung Ihres primären Arbeitsauftrages, sondern auch die Fürsorgepflicht für Ihre (untergebenen) Mitarbeiter und die Einhaltung der gesetzlichen Bestimmungen, die für den Betrieb oder das Unternehmen gelten.

Nun werden Führungskräfte oder Unternehmer natürlich nicht immer alle Verpflichtungen als Einzelperson erledigen können. Deshalb sind in den meisten Unternehmen die Verantwortungsbereiche aufgeteilt.

Was das betriebliche Gesundheitsmanagement betrifft, habe ich die unterschiedlichsten Organisationsmodelle vorgefunden, wenn es um die Überwachung von Substanzmissbrauch ging.

Oft waren die Aufgaben auf die *Fachkräfte für Arbeitssicherheit* übertragen. Betrachtet man die angedachten Pflichten und Aufgaben dieser Berufsgruppe, so wird man schnell feststellen müssen, dass die Überwachung von Drogen- und Medikamentenmissbrauch und -gebrauch – neben den Betriebsärzten und Führungskräften – auch den Aufgabenbereich dieser Berufsgruppe berühren muss. Doch um die Aufgaben fachgerecht wahrnehmen zu können, sind auch hier Schulungen unerlässlich.

In WIKIPEDIA kann man folgende Definition lesen:

*„Die **Fachkraft für Arbeitssicherheit** ist eine speziell ausgebildete Person, die zusammen mit einem Betriebsarzt (**Arbeitsmediziner**) Unternehmen oder Behörden ab einem Beschäftigten bei Aufgaben unterstützt, die sich*

*aus der Umsetzungen der EG-Rahmenrichtlinie 89/391/EWG ergeben. Die Abkürzung in Deutschland lautet SiFa, je nach Berufsgenossenschaft und Gewerbe werden wegen der begrifflichen Überschneidung mit den **Sicherheitsfachkräften** des **Bewachungsgewerbes** (§ 34a **Gewerbeordnung**) und der ,Sicherheitsfachkraft für Informationsschutz und Unternehmenssicherheit' auch die Abkürzungen FASi (auf die auch in diesem Artikel zurückgegriffen wird) und gelegentlich FAS verwendet.*

*Zentrale Aufgabe der FASi ist es, den Unternehmer oder Arbeitgeber auf dem Gebiet der **Arbeitssicherheit** – genauer: ,Arbeitssicherheit und Gesundheitsschutz und menschengerechte Arbeitsgestaltung' zu beraten und zu unterstützen."*

Beratung und Unterstützung bei Themen der Arbeitssicherheit, des Gesundheitsschutzes und menschengerechter Arbeitsgestaltung sind dieser Definition zufolge also Kernaufgaben.

An der Erfüllung dieser Kernaufgaben müssen aber alle im Betrieb mitarbeiten. Deshalb ist dieses Buch und seine Inhalte für alle interessant, die im Arbeitsleben stehen.

Aufgrund meiner langjährigen Erfahrungen stellt sich natürlich die Frage, ob die angestellten Fachkräfte für Arbeitssicherheit wirklich alles Nötige unternehmen und organisieren können, was zur Erfüllung ihrer Kernaufgaben notwendig wäre oder ob sie sich in erster Linie an Vorgaben der Firmenleitung zu orientieren haben und deshalb die eine oder andere Idee oder Verpflichtung nicht umsetzbar ist? Diese Frage in Bezug auf den eigenen Arbeitsbereich zu beantworten, überlasse ich dem Leser.

Ich denke aber grundsätzlich positiv! Vielleicht kann ich mit diesem Buch trotz vieler Widerstände Impulse für effektive Präventionsmaßnahmen liefern, die sowohl Unternehmensleitungen als auch Sicherheitsfachkräfte aufgreifen.

Gelingt es mir, Sie davon zu überzeugen, dass ein schnelles Umsetzen von Präventionskonzepten gegen Medikamenten- und Drogenmissbrauch, aber auch die nötige Sensibilität bei der Verwendung ärztlich verordneter Medikamente nötig sind, um Ihre Mitarbeiter und den Betrieb vor Schaden zu bewahren, ist der Zweck erfüllt. Denn – *Probleme, die man nicht entstehen lässt, muss man nicht lösen!*

Sie werden sehen! Es ist gar nicht so aufwendig, sich diese Probleme weitgehend vom Leib zu halten. Man muss es aber wollen und darf nicht glauben, man wecke schlafende Hunde. Die „beißenden Hunde" in Form von

Missbrauch sind schon lange da und vielleicht wundert sich ja sogar mancher Mitarbeiter, wie lasch die Unternehmensleitung reagiert. Immer noch skeptisch? Wo bleibt Ihr Mut?

Lassen Sie sich doch einfach auf eine interdisziplinäre Reise durch die Fragenlandschaft über Medikamente und Drogen im Arbeitsbereich ein. Ich werde versuchen, Ihnen ein guter Reisebegleiter und -leiter zu sein. Ich verspreche Ihnen in diesem Buch viele Denkanstöße, nützliche Tipps für Ihre Betriebs- und Mitarbeiterführung in Bezug auf die legale und illegale Nutzung von Medikamenten und Drogen und zeige Ihnen Lösungsansätze auf, die Sie einsetzen können, wenn doch mal ein Verdacht aufkommt.

Damit Sie im Bedarfsfall auch einzelne Kapitel auswählen und lesen können, habe ich versucht, sie so zu gestalten, dass die komplexen Themenbereiche voneinander getrennt abgeschlossen sind. Dadurch kommt es teilweise zu gewollten Wiederholungen, was die Chance bietet, die Inhalte leichter zu internalisieren und am Ende einen Gesamtüberblick über die Materie gewonnen zu haben.

Beim Thema Substanzmissbrauch ist die Betrachtung aus unterschiedlichen Perspektiven erforderlich.

Und nachdem Führungskräfte manchmal auch die Elternrolle ausfüllen müssen und Doping, Neurodoping, illegaler Drogenkonsum und medizinische Behandlungen mit hochwirksamen Medikamenten auf ärztliche Verordnung auch Themen bei Schülern, Studenten und Auszubildenden sind, ist dieses Buch sicher auch für Eltern und Pädagogen empfehlenswert.

Zum besseren Verständnis habe ich Begriffe, die vielleicht nicht jedem Leser geläufig sind, im Text bei erster Nennung mit einem Pfeil versehen und am Ende im Anhang unter dem Abschnitt *Begriffserklärungen* erläutert. Ebenfalls im Anhang finden Sie die Erklärungen der *Abkürzungen* sowie die *Auszüge* aus Gesetzen.

Letztendlich hoffe ich, dass Sie dieses Buch nutzen können, um für Ihre Mitarbeiter und Ihre Firma präventive Konzepte zu schaffen und zu organisieren, die die Voraussetzungen dafür bieten, dass Sie niemals wirklich mit der Thematik konfrontiert werden, und wenn doch, wirksame Lösungsideen entwickelt haben, zum Wohle aller Beteiligten.

F. H. Wimmer

Kapitel 1
Führungsverantwortung / Drogen / Medikamente

I. Führungsverantwortung und Selbstkontrolle

Wenn wir uns zum Vorsatz machen, gefährliche Substanzen auf dem Weg zur Arbeit, im direkten Arbeitsbereich und auch nach der Arbeit zu vermeiden, brauchen wir alle Beteiligten, um unsere Vorhaben und die Planung umzusetzen.

Allerdings – und das wissen wir ja aus anderen Bereichen, muss die Initiative oft von der Führungsebene ausgehen. Die erforderliche Akzeptanz für Neuerungen erreicht man bei den Mitarbeitern aber meist nur, wenn man selbst Vorbild ist, Maßnahmen mit fundierten Argumenten begründen kann und Wege findet, auch Betriebsräte, Sicherheitsingenieure oder Fachkräfte für Arbeitssicherheit zu überzeugen.

Eine weitere Variante wäre die Einführung neuer Abläufe im Bereich der Auszubildenden, da sie dort ohne große Schwierigkeiten realisierbar sind und sich auf die Mitarbeiter des ganzen Unternehmens übertragen.

Natürlich kann die Initiative in der Praxis auch von Betriebsräten oder sonstigen Mitarbeitern ausgehen.

Doch auch dann gilt, dass Vorbildfunktion, stichhaltige Argumente und die Akzeptanz aller Verantwortlichen nötig sind, um erfolgreich sein zu können und funktionierende Maßnahmen gegen Substanzmissbrauch einzuführen.

Bevor Sie sich auf dieses Buch einlassen, möchte ich Ihnen deshalb eine Grafik präsentieren, die Sie quasi als Leitbild verstehen können. Sie können daraus komprimiert sehen, welche wesentlichen Kriterien Sie persönlich überdenken sollten, wenn Sie Ihrer Vorbild- oder Führungsposition, in Bezug auf das Buchthema, gerecht werden und den ersten Schritt in Sachen PRÄVENTION machen wollen.

„Kehre jeder vor seiner eigenen Tür" ist ein Sprichwort, das hier gut passt. Man sollte nämlich nicht für Dinge eintreten, hinter denen man nicht steht oder schlimmer, dadurch auffallen, dass man selbst durch Substanzmissbrauch bei der Belegschaft bekannt ist.

Deshalb empfehle ich, dass sich jeder Leser Gedanken darüber macht, was er selbst tun könnte, um zum sinnvollen bewussten Umgang mit Medikamenten anzuregen.

Gehört er zur Gruppe derjenigen 3 Millionen Arbeitnehmer, die laut DAK Gesundheitsreport 2015, auf leistungssteigernde Medikamente zugriffen, wird es aus meiner Sicht Zeit, sich selbst intensiver mit dieser Tatsache auseinanderzusetzen.

Überlegen Sie nur, wie oft man gedankenlos Medikamente einnimmt oder an andere weitergibt. Das kann die *Pille* sein, die die Mutter vor den Augen des Kindes einnimmt. Das kann aber auch das Verhaltensmuster sein, einem Kind, das über Kopfschmerzen klagt, sofort Kopfschmerz-Tabletten anzubieten, ohne über die Ursache der Kopfschmerzen nachzudenken und nur das Ziel zu verfolgen, dass das Kind möglichst schnell in die Schule kommt. Das kann aber auch der leistungsorientierte Sport-Übungsleiter sein, der bereits im Jugendalter seiner Schützlinge beginnt, mit bestimmten *Mittelchen* die Leistungsfähigkeit zu steigern. Oft genug sind es aber auch Eltern, die mit bestimmten Substanzen die Leistungsfähigkeit des Kindes steigern wollen, damit es das erreicht, was sich die Eltern oft für das eigene Leben gewünscht hatten.

Es kann aber auch die Kopfschmerzpille sein, die ständig eingenommen wird, obwohl ausreichender Schlaf, angemessene Erholungsphasen oder mehr körperliche Betätigung das Problem besser und nachhaltiger lösen könnten.

Natürlich sind wir als Arbeitnehmer alle betroffen, wenn wir Erschöpfungserscheinungen oder beginnende Symptome von Krankheiten nicht beachten und sofort versuchen, mit Medikamenten arbeitsfähig zu bleiben.

Hier liegen oftmals die Anfänge für Abhängigkeits- oder Suchtprobleme, die der Kriminologe *Schwind* sehr gut in einer Grafik über die Ursachen der Entstehung von Sucht und Abhängigkeit (→) dargestellt hat.

Dabei sind *Persönlichkeit* (Selbstwertgefühl, Beziehungsfähigkeit, Frustrationstoleranz), die Droge (Griffnähe, Wirkung, Verträglichkeit, Dosis) und das Milieu, also die Einflüsse der Gesellschaft, wichtige Gründe für die Entstehung von Abhängigkeiten und Sucht.

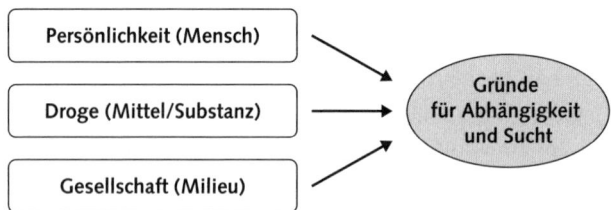

Abb. 1: Quelle: Hans-Dieter Schwind, Kriminologie und Kriminalpolitik, 23. Auflage, Kriminalistik Verlag, 2016

Ich denke, dass man sich die Erkenntnisse von *Schwind* zunutze machen kann, wenn man Probleme mit dem Thema „Medikamente und Drogen im Arbeitsbereich" angehen oder vermeiden will.

Um in diesem Zusammenhang auch die immer möglichen straf- und zivilrechtlichen Aspekte zu überdenken, die bei missbräuchlicher Nutzung bestimmter Substanzen über den Nutzern und deren Verantwortlichen schweben können, sollten Sie anhand der Grafik überprüfen, ob Sie Ihre Führungs- oder Vorbildrolle bereits befriedigend ausgefüllt haben oder Sie nachbessern sollten.

Hinweis:

Führungskräfte haben eine Vorbildfunktion und die Fürsorgepflicht gegenüber den Mitarbeitern und dem Betrieb. Deshalb sind Präventionsmaßnahmen zu organisieren, um Substanzmissbrauch zu vermeiden. Werden Substanzen missbraucht oder therapeutisch eingesetzt, die die Arbeitssicherheit beeinträchtigen können, ist zu handeln. Um selbst ein Zeichen zu setzen, beachten Sie folgende Punkte:

Sensibilisieren Sie sich selbst für das Thema Medikamente und Drogen im Arbeitsbereich	Sensibilisieren Sie auch Ihre Mitarbeiter für das Thema
Lehnen Sie Substanzmissbrauch konsequent ab. Regeln Sie therapeutisch notwendige Einnahme von Arzneien	Zeigen Sie bei Missbrauchsverdacht Konsequenz, aber mit dem Schwerpunkt „Hilfeleistung"
Überdenken Sie besondere Gefährdungsbereiche und Privilegien in Bezug auf Substanzmissbrauch	Bauen Sie das Thema Substanzmissbrauch in interdisziplinäre Fortbildungen ein

Haben Sie all die Punkte selbstkritisch durchdacht, kann es losgehen. Folgen Sie mir auf die Reise durch das Labyrinth der verschiedensten Aspekte von Drogenmissbrauch, Medikamentengebrauch und -missbrauch, die im Arbeitsleben wichtig werden können!

Lassen Sie mich damit beginnen, Ihnen die wichtigsten illegalen Drogen und Medikamente vorzustellen, die aus meiner Erfahrung heraus im Arbeitsbereich vorhanden und beachtenswert sind.

Zusätzlich stelle ich Ihnen die Gruppe der sogenannten LEGAL HIGHS (→) vor, deren rechtlicher Status bis zum Jahreswechsel 2016/2017 sehr problematisch war, obwohl die Stoffe sehr gefährlich sind und sogar immer wieder zu Todesfällen führten. Dabei waren sie bis zur Einführung des

Neuen-psychoaktive-Stoffe-Gesetzes (= NpSG – Gesetzestext siehe Anhang S. 292) teilweise frei zu kaufen. Erst als eindeutig nachgewiesen war, dass Stoffe in den berauschenden Kräutermischungen und Badesalzen enthalten waren, die dem Betäubungsmittelgesetz unterstellt sind, gab es Handlungsansätze für Polizei und Staatsanwaltschaft.

Sie können nichts mit dem Begriff LEGAL HIGHS anfangen? Nun, ein Grund mehr, sich einzulesen und das nötige Grundwissen zu erlangen. Denn LEGAL HIGHS in Form von SPICE (→), Badesalzen und anderen Gegenständen des täglichen Bedarfs sind nicht nur im Arbeitsbereich, sondern auch an den Schulen und Universitäten anzutreffen. Es kann deshalb nicht schaden, etwas über diese Stoffe zu erfahren.

II. Illegale Drogen im Arbeitsbereich

1. Allgemeines

Um gleich einen Irrtum auszuräumen. Auch der Besitz von geringen Mengen illegaler Drogen, die dem *Betäubungsmittelgesetz (BtMG)* unterstellt sind, stellt schon ein Vergehen dar, das verfolgt werden muss (Drogenanhaftungen an einer Haschischpfeife). Die Annahme, dass es gesetzlich festgelegte Höchstmengen für Drogen gibt, die für den *Eigenverbrauch* bestimmt sind und deren Besitz dadurch straffrei wäre, ist falsch und gefährlich. Wird ein Verstoß nach dem BtMG angezeigt, sind die Strafverfolgungsbehörden außerdem verpflichtet, andere Behörden, wie die Fahrerlaubnisbehörden (§ 2 StVG) oder die Gesundheitsämter, von den Verfehlungen zu informieren, was dann zu Überprüfungen der Fahrtauglichkeit oder gar zum Entzug einer erteilten Fahrerlaubnis führen kann. Die Weitergabe der Anzeige wegen Verstoßes gegen das BtMG an die zuständige Staatsanwaltschaft hat in jedem Fall zu erfolgen.

Die unterschiedliche Praxis der Strafverfolgungsbehörden der einzelnen Bundesländer, kleinere Drogenverstöße zu ahnden oder das Ermittlungsverfahren einzustellen, hat nichts mit der grundsätzlichen Strafbarkeit nach dem BtMG und den Folgen, wie Mitteilungen an die Fahrerlaubnisbehörden, zu tun.

So ist es in Niedersachsen gängige Praxis, keine Strafen auszusprechen, wenn ein Beschuldigter 6 Gramm Cannabisprodukte in Besitz hatte und diese Menge nur für seinen Eigenverbrauch bestimmt war.

Die *Einstellungspraxis* ist aber erst relevant, wenn im Rahmen eines Strafverfahrens abgeklärt ist, ob die sichergestellte Menge tatsächlich nur zum Eigenverbrauch bestimmt war. Die Straftat des Besitzes von Cannabis steht aber bis zur Einstellung im Raum. Diese juristische Besonderheit wird von vielen Laien falsch verstanden.

Medienberichte zum Thema *Liberalisierung von Drogen* werden oft falsch interpretiert. Es geht dabei um das juristische Problem der Gleichbehandlung von Verstößen gegen das BtMG oder die Freigabe bestimmter Drogenarten. Hier gibt es in den einzelnen Bundesländern unterschiedliche Praktiken bei der Einstellung von Erstverstößen oder bei den Drogen-Mengen, die für die Entscheidungen der Staatsanwaltschaften wichtig sind. Das heißt, um ein abstraktes Beispiel zu konstruieren, dass man im Land Berlin oder Niedersachsen bei einer beschlagnahmten Marihuana-Menge von X Gramm ein Ermittlungsverfahren einstellt, während man in Bayern den Besitzer einer kleineren Menge bereits zu einer Geldstrafe oder gar zu einer Freiheitsstrafe, die zur Bewährung ausgesetzt wird, verurteilt.

Für den Arbeitsbereich heißt dies, dass Arbeitnehmer, die illegale Drogen, wie Haschisch, Marihuana, Amphetamin, Crystal oder Kokain besitzen, grundsätzlich strafbar handeln. Auch andere Formen des Umgangs mit diesen Drogen sind vom BtMG erfasst und ein Verstoß kann empfindliche Strafen zur Folge haben (§ 29 BtMG). Zudem kann durch den Konsum von illegalen Drogen gegen andere Straftatbestände, z. B. wegen der Teilnahme am Straßenverkehr unter Einfluss der Drogen, verstoßen werden (z. B. §§ 316, 315c StGB).

Dies sollte man sich im Arbeitsbereich bewusst machen. Oft genug kommen Mitarbeiter zur Arbeit, obwohl sie am Vorabend Drogen konsumiert haben und die Wirkstoffe oder Abbauprodukte der Substanzen auch noch bei Arbeitsbeginn ihre Wirkung zeigen oder latent vorhanden sind (vergleiche Alkohol).

Die Halbwertzeiten, also die Zeiten, in denen Drogeninhaltsstoffe, wie bei Cannabisprodukten das *Tetrahydrocannabinol* (THC), abgebaut sind, können in Bezug auf die Arbeitsfähigkeit des Mitarbeiters und die Arbeitssicherheit eine entscheidende Rolle spielen.

Die Wirkungen der gebräuchlichsten illegalen Drogen, wie *Haschisch, Marihuana, Amphetamin* oder *Crystal* sowie *Heroin, Kokain*, aber auch Fertigarzneimittel mit Inhaltsstoffen, die dem BtMG unterliegen – zu denken ist hier an METHYLPHENIDAT, das in Medikamenten, wie RITALIN®, MEDIKINET® oder CONCERTA® verarbeitet ist, oder an Medikamente, wie OXYCODON® (→), FENTANYL® und LYRICA® – können in den meisten Fällen negative Einflüsse auf die Verkehrs- und Arbeitssicherheit haben, die es zu unterbinden gilt.

Deshalb ist der Umgang mit solchen Substanzen (Alkohol, Drogen, Medikamente) nicht nur in den Vorschriften für die Arbeitssicherheit geregelt. Auch in den Unfallverhütungs-Vorschriften sind Drogen und Medikamente thematisiert. Wünschenswert wäre deshalb die Aufnahme von Verhaltensmaßregeln zur Drogen- und Medikamenteneinnahme in Betriebsvereinbarungen und Arbeitsverträgen.

Doch es sind neben verbotenem Besitz oder Handel mit illegalen Drogen und der rechtlichen Würdigung auch andere, praktische Kriterien im Arbeitsbereich zu beachten. Oft genug wurden die Schränke oder Spinde als Versteck für illegale Drogen missbraucht.

Rohstoffe, die zur Produktion von illegalen Drogen geeignet sind, wurden entwendet, firmeneigene technische Geräte/IT-Hardware zur Fälschung von Rezepten genutzt oder auch illegale Drogen über die firmeneigene Datenleitung im *Web* bestellt und in der Firma gekauft oder verkauft.

Computeranlagen der Firmen ermöglichen nahezu gefahrlose Drogenbestellungen im Internet (über verschlüsselte *Darknet*-Verbindungen), vor allem dann, wenn mit Kennwörtern für die Freischaltung der PCs sehr leichtfertig umgegangen wird.

Mittlerweile gibt es Internetportale, über die man alle möglichen Drogen, Medikamente, Waffen und vieles mehr bestellen kann. Das Entdeckungsrisiko ist bei uns im Lande – aus meiner Sicht aus falsch verstandenem Liberalismus heraus – relativ gering.

Hier ergeben sich aus meiner Sicht vor allem für *Fachkräfte für Arbeitssicherheit* und *Führungskräfte* oder für *externe Sicherheitsunternehmen* einige neue Aufgabenbereiche, die Anforderungen an den Einzelnen stellen können, um die vielfältigen Möglichkeiten des bedenklichen Umgangs mit Drogen im Arbeitsbereich zu erkennen und geeignete Maßnahmen entgegenzusetzen.

Doch um dies in der Praxis umzusetzen, brauchen Sie erst einmal fundiertes Grundwissen über die illegalen Drogen selbst, ihre Wirkungsweisen und Erkennungszeichen.

Sie sollten aber auch die wesentlichen Bestimmungen des Betäubungsmittelgesetzes, kurz BtMG, kennen, um mitreden zu können.

Echte Fachleute müssen Sie nicht werden, aber zur Erfüllung Ihrer Aufgaben – speziell als Führungskraft, die unter Umständen für das Verhalten eines Mitarbeiters haften muss oder strafrechtlich mit zur Verantwortung gezogen werden kann – brauchen Sie diese Portion Grundwissen.

Grundwissen zum Betäubungsmittelgesetz

Illegale Drogen und deren Inhaltsstoffe sind dem Betäubungsmittelgesetz (BtMG) unterstellt und der Umgang ist in jeglicher Form geregelt. Die einzelnen Drogen oder Inhaltsstoffe sind in drei Anlagen zum BtMG aufgelistet. Verstöße werden mit empfindlichen Freiheitsstrafen oder mit Geldstrafen geahndet.

LEGAL HIGHS, wie berauschende Kräutermischungen (SPICE) oder Badesalze mit berauschenden Inhaltsstoffen, sind nur dann unter das BtMG gestellt, wenn tatsächlich Stoffe nachgewiesen werden können, die in den Anlagen aufgeführt sind.

Ansonsten gilt bei LEGAL HIGHS das im November 2016 im Bundesgesetz-blatt veröffentlichte *Neue-psychoaktive-Stoffe-Gesetz (kurz: NpSG)*. Mit diesem Gesetz konnte eine Gesetzeslücke geschlossen werden, um den Umgang mit den gefährlichen Stoffen zu reglementieren.

Damit gibt es kaum eine Form des Umgangs mit Betäubungsmitteln, der nicht normiert ist.

Für Wirtschafts- oder Industrieunternehmen ist der Umgang mit illegalen Drogen aber sicherlich nicht das primäre Problem, abgesehen von Fallkon-stellationen, in denen sich eine Beteiligung an einer Straftat durch einen Vorgesetzten abzeichnet.

Dies kann der Fall sein, wenn nachweisbar die *Gelegenheit geschaffen wurde, im Arbeitsbereich Drogen zu konsumieren, damit zu handeln* oder wissentlich *Geldmittel* oder *Versteckmöglichkeiten* zur Verfügung zu stel-len. Eine derartige Handlungsweise würde unter Umständen den Tatbe-stand des „Schaffens von Gelegenheiten" im Sinne des BtMG erfüllen und strafrechtliche Verfolgung fordern (§ 163 Strafprozessordnung).

Dabei muss man grundsätzlich davon ausgehen, dass derartige Straftaten sowohl vorsätzlich als auch fahrlässig begangen werden können.

Deshalb ist bei Bekanntwerden von Drogenaktivitäten im Betrieb grund-sätzlich zu handeln. Eine Pflicht, Verstöße bei der Polizei anzuzeigen, be-steht zwar nicht, allerdings sollten Sie aufgefundene Drogen niemals selbst in Besitz nehmen, sondern vorher grundsätzlich die örtlich zuständige Polizeidienststelle verständigen. Nehmen Sie die Drogen an sich, besitzen Sie den Stoff und machen sich somit strafbar. Sie besitzen dann nämlich eine Droge im Sinne des BtMG und haben dafür nicht die notwendige Er-laubnis.

Beispiel:

In einem Fertigungsbetrieb wurde im Schichtbetrieb gearbeitet. Drei Jungarbeiter, die ihre Schicht gegen 22 Uhr begannen, kamen gewöhn-lich total erschöpft zur Arbeit. Auffällig war, dass alle drei nach der ersten Zigarettenpause merklich aufgeputscht an den Arbeitsplatz zu-rückkehrten.

Auch dem Schichtführer fiel dies auf und auf Nachfragen erfuhr er, dass seine Mitarbeiter in der Pause Amphetamin konsumieren, um die Schicht zu überstehen. Der Mann unternahm nichts.

Monate später wurde einer der Jungarbeiter von der Polizei festgenom-men. Er hatte einem sogenannten noeP (= nichtöffentlich ermittelnden

Polizeibeamten) 50 Gramm Amphetamin angeboten und war bei der Übergabe festgenommen worden. Wohnung und Arbeitsplatz des Dealers wurden durchsucht.

Im Spind wurden weitere 50 Gramm Amphetamin gefunden und beschlagnahmt.

Der Verdächtige machte von der Möglichkeit Gebrauch, sich durch ein Geständnis im Sinne des § 31 BtMG (der eine Art Kronzeugenregelung darstellt) eine bessere Situation im eigenen Strafverfahren zu verschaffen und gab deshalb auch zu Protokoll, dass man während der Arbeitszeit Drogen konsumiert hat.

Auf die Frage, ob das keiner im Betrieb merkte, dass mehrere Arbeiter regelmäßig Drogen konsumierten, gab der Proband zu Protokoll, dass sein Schichtführer wusste, dass mehrere Arbeiter regelmäßig Amphetamin konsumierten, er aber nichts unternahm.

Für den ermittelnden Kriminalbeamten und die Staatsanwälte stellt sich in einem derartigen Fall die Frage, ob sich der Schichtführer nicht nur nach dem BtMG strafbar machte, weil er nichts gegen den Drogenkonsum unternahm, sondern sogar die Möglichkeit bot, dass ungeniert Drogen konsumiert werden konnten

Verstöße gegen andere Gesetze (Arbeitsschutzgesetz) möchte ich hier aus Verständnisgründen noch nicht erläutern, aber die Einleitung eines Ermittlungsverfahrens wegen Verstoßes gegen das BtMG ist sehr wahrscheinlich.

Doch neben dem Umgang mit den klassischen illegalen Drogen kann auch der missbräuchliche Umgang mit betäubungsmittelhaltigen Fertigarzneimitteln ein massives Problem im Arbeitsbereich werden, wenn die jeweiligen Mittel illegal erworben und ohne oder entgegen der ärztlichen Verordnung verwendet oder weitergegeben werden. Auf das Thema *Medikamente* werde ich aber im nächsten Abschnitt eingehen.

Für Sie ist es zum Verständnis und zur Organisation notwendiger Maßnahmen sowie zur Feststellung von Drogenmissbrauch am Arbeitsplatz vorteilhaft zu wissen, wo man verbindliche Informationen über diese Substanzen und ihre Wirkung findet, welche Handlungen strafbar sein können und welche Stoffgruppen im BtMG aufgelistet sind.

Das sind neben den angeführten Anlagen zum BtMG natürlich die bekannten Informationsquellen, wie WIKIPEDIA sowie die *Rote Liste, die Gelbe Liste* oder Info-Material der Krankenkassen.

Dieses Grundwissen kann Ihnen auch dann helfen, wenn Sie – wie in Kapitel III ausführlich behandelt – im Rahmen eines sogenannten *Stufengesprächs* mit einem des Substanzmissbrauchs verdächtigen Mitarbeiter sprechen wollen. Anders als beim Thema „Alkohol" sind nämlich Drogen- und Medikamentenkonsumenten gewöhnlich sehr gut informiert, was die Wirkungsweise der eingenommenen Substanzen anbelangt. Ein Gesprächspartner, im Fall von *Fürsorgegesprächen* ein Vorgesetzter, der nicht über ein gewisses Grundwissen zum Thema verfügt, wird deshalb kaum ernstgenommen oder gar *an der Nase herumgeführt*. Deshalb kann Ihnen Wissen über die gesetzliche Methodik des BtMG schon Vorteile bringen, wenn Sie einmal in die Lage geraten, Substanzmissbrauch mit Drogen im Betrieb zu unterbinden.

Wesentlich für die Einordnung von illegalen Drogen oder betäubungsmittelhaltigen Medikamenten sind die sogenannten *Anlagen I bis III* des Betäubungsmittelgesetzes, in denen jedoch meist nur die Inhaltsstoffe der einzelnen Substanzen, besonders bei Fertigarzneimitteln, gelistet sind. Dennoch ist es vorteilhaft, diese Anlagen und ihren Inhalt im Groben zu kennen:

Anlage I – zum BtMG

Hier sind *nicht verkehrsfähige Betäubungsmittel* aufgelistet. Als Beispiele sind LSD, Meskalin, Psilocybin oder Tetrahydrocannabinol zu nennen. Der Handel mit Substanzen dieser Anlage ist verboten, ebenso die Abgabe. Auch die Verwendung dieser Produkte in der Pharmaindustrie ist grundsätzlich nicht gestattet.

Für Sie kann deshalb als Richtschnur gelten, dass alle Stoffe, die in dieser Anlage zum BtMG vermerkt sind und bei Ihnen im Betrieb auftauchen, Ihre ganze Aufmerksamkeit bekommen sollten, da dann ein Mitarbeiter gesetzeswidrigen Umgang mit diesen Stoffen hat.

Anlage II – zum BtMG

beinhaltet *verkehrsfähige, aber nicht verschreibungsfähige Betäubungsmittel,* wie Cis-Tilidin, Methamphetamin, Cannabis oder Coca–Blätter. Der Handel mit den Produkten ist, mit entsprechender Erlaubnis der Bundesopiumstelle, möglich, weil die Stoffe als Ausgangsstoffe für die Medikamentenherstellung wichtig sind. Nicht erlaubt ist aber die Abgabe an Privatpersonen.

Diese können nur im Ausnahmefall im Besitz einer solchen Erlaubnis sein.

Anlage III – zum BtMG

beinhaltet *verkehrsfähige und verschreibungsfähige Betäubungsmittel,* wie *Amphetamin, Diazepam, FENTANYL, METHADON, OXYCODON* oder *bestimmte Zubereitungen von TILIDIN und METHYLPHENIDAT.*

Das sind meist Stoffe, die in der Pharmazie zur Herstellung von Arzneien nötig sind.

Stoffe dieser Anlage können somit ganz legal im Besitz einer Privatperson oder eines Mitarbeiters in Ihrem Betrieb sein (z.B. nach ärztlicher Verordnung durch Rezept erlangt); es kann aber auch ein illegaler Besitz vorliegen, der eine Straftat nach den geltenden Gesetzen darstellt.

Gesetzestexte

Für alle Substanzen, die in den Anlagen I – III aufgeführt sind, gelten die in den Gesetzestexten des BtMG fixierten Regeln. Verstöße stellen Verbrechen oder Vergehen dar.

Aus den Strafbestimmungen des BtMG (Kapitel III) können Sie sehen, dass nahezu alle denkbaren Handlungsweisen mit Betäubungsmitteln vom Gesetz erfasst sind.

Auszüge aus dem „Neue-psychoaktive-Stoffe-Gesetz" finden Sie auf S. 292.

Illegale Drogen und die Arbeitssicherheit

Für den Arbeitsbereich existieren jedoch zusätzliche gesetzliche Verpflichtungen beim Umgang mit illegalen Drogen, die unter anderem im Arbeitsschutzgesetz und den Unfallverhütungsvorschriften Ihrer Berufsgenossenschaft fixiert sind. Die auszugsweisen Gesetzestexte finden Sie ebenfalls im Anhang.

Wenngleich die Formulierungen in den Gesetzen etwas schwammig gewählt sind, so erkennt auch der Laie, dass sowohl Arbeitgeber als auch Arbeitnehmer Pflichten haben, um die Arbeitssicherheit zu sichern.

Aber Gesetzestexte sind die eine Seite, das Erkennen der bedenklichen Stoffe selbst, ihre Wirkungsweise und die gegenständlichen Zeichen, die auf die jeweiligen Präparate hinweisen können, eine andere.

Wie kann man illegale Drogen im Arbeitsbereich erkennen?

Medikamente und Drogen existieren in unendlicher Vielzahl. Es gibt sie in flüssiger und fester Form und in Einzelfällen sogar gasförmig. Nicht alle Stoffe, die berauschende Wirkung haben, sind den bisher beschriebenen Gesetzesnormen unterstellt. Schnüffelstoffe, pflanzliche berauschende Mittel (Fliegenpilze, Tollkirsche u.a.) sind nicht vom BtMG erfasst.

Für Laien stellt sich deshalb die Situation oft sehr kompliziert dar. Sicher ein Grund, weshalb viele Menschen Hemmungen haben, sich bei einem Missbrauchsverdacht zu engagieren.

Doch wie auch in vielen anderen Arbeitsbereichen, bringt systematisches Herantasten an ein Problem oft schnell das gewünschte Verständnis und schafft die Voraussetzungen für weitere Maßnahmen.

Ich möchte Sie deshalb erst einmal über die verschiedenen Formen und Arten illegaler Drogen informieren.

Gibt es einfache Möglichkeiten der Drogen-Erkennung?

Eigentlich gäbe es zwei einfache Möglichkeiten, in Ihrem Arbeitsumfeld festzustellen, ob und wenn „ja" welche Drogen vorhanden sind. Das Problem dabei ist, dass es rechtlich sehr schwierig ist, diese Methoden – nämlich sogenannte *Waste-Water*-Untersuchungen oder Detektionssysteme – zu nutzen, ohne dabei gegen gesetzliche Bestimmungen zu verstoßen oder die Individualrechte Ihrer Mitarbeiter zu verletzen.

Waste-Water-Untersuchungen könnten Sie aber unter Umständen in Auftrag geben. Die Ergebnisse lassen allerdings keinen individuellen Rückschluss auf die Personen zu, die im Betrieb durch Drogenkonsum die Arbeitssicherheit gefährden könnten, sondern zeigen nur, welche Mittel oder deren Abbauprodukte vorhanden sind. Bei dieser Untersuchungsart wird das Brauchwasser auf Drogen oder Drogen-Abbauprodukte untersucht.

Das könnte Ihnen bei positivem Ergebnis dann von Nutzen sein, wenn Sie weitere Präventionsmaßnahmen im Betrieb einleiten wollen. Sie könnten dann konkret nachweisen, dass bedenkliche Stoffe angewendet worden sind und damit weitere Schritte rechtfertigen.

Dadurch wäre belegt, dass die Arbeitssicherheit gefährdet sein könnte und es ließen sich Testverfahren (z. B. Detektionssysteme) leichter einführen. Sie würden bei Ihren Entscheidungen als *Führungskraft* oder *Fachkraft für Arbeitssicherheit* leichter die Akzeptanz von Betriebsräten, Betriebsärzten und Gewerkschaftsvertretern erhalten können. Doch dies nur zum Verständnis und als Anregung! Gut sind jene Betriebe dran, bei denen Betriebsvereinbarungen den Einsatz von Detektionssystemen erlauben. Doch das sind leider sehr wenige.

In der Praxis werden diese Möglichkeiten kaum zur Verfügung stehen, um Drogen- und Medikamentenkonsum im Arbeitsbereich – losgelöst von rechtlichen Problem der Individualrechte – zu untersuchen.

Zur Wahrscheinlichkeit des Drogenkonsums in Ihrem Arbeitsumfeld

In der offiziellen PKS des Landes Bayern wurden im Jahr 2013 insgesamt 35.427 Rauschgiftdelikte statistisch erfasst; im Jahr 2014 waren es 38.555, was einer Steigerung von 8,8 Prozent entspricht. Diese Zahlen sind jedoch *Hellfeld-Zahlen*. Das heißt für Nicht-Kriminologen, dass die Statistik auf dem Zahlenmaterial aufgebaut ist, dass durch registrierte Strafanzeigen zusammengetragen worden ist. Zahlen aus dem *Dunkelfeld* – also Delikte die nicht angezeigt worden sind und dadurch den Strafverfolgungsbehörden nicht für die Statistik bekanntgeworden sind – wären reine Spekulation. Da aber viele Delikte im Dunkelfeld begangen werden, taugt die offizielle PKS nur bedingt zur Darstellung der realen Drogenlage und führt zu falschen Schlüssen bei Strafverfolgungsbehörden, aber auch in Industrie und Wirtschaft.

Wegen des Problems der realistischen Darstellung von Drogendelikten haben sich in Bayern schon mehrere verantwortungsvolle Politiker an die zuständigen Ministerien gewandt, um überprüfen zu lassen, ob die PKS uneingeschränkt zur Bewertung der Kriminalitätshäufigkeit herangezogen werden kann.

Aus meiner Sicht eine kluge Entscheidung, denn nur dann, wenn auch wissenschaftliche Dunkelfeldforschungs-Ergebnisse in einer allgemein anerkannten Statistik über Drogenkriminalität eingearbeitet sind, hat sie die nötige Aussagekraft.

Das heißt für Sie, dass die Wahrscheinlichkeit nicht unterschätzt werden darf, dass auch Sie in Ihrem Arbeitsbereich früher oder später mit einem Drogenfall konfrontiert sein könnten.

Da die Masse der im Umlauf befindlichen, berauschenden Stoffe Einfluss auf Verkehrs- und Arbeitssicherheit haben können und als *andere berauschende Stoffe* im Sinne des Strafgesetzbuches (→) gelten, sollten die nachfolgend angeführten, illegalen Drogen auf keinen Fall im Arbeitsbereich vorkommen oder konsumiert werden.

Darum möchte ich Ihnen die folgenden Drogenarten vorstellen:
– **Haschisch und Marihuana (= Cannabisprodukte)**
– **Amphetamine (Speed) (= Weckamine)**
– **Methamphetamin (Crystal)**
– **Kokain (Koks)**
– **Heroin, Morphium-Derivate**
– **LEGAL HIGHS (SPICE, Badesalze)**

Diese Drogenarten sind die derzeit meistverbreiteten in Deutschland und werden auch im Arbeitsbereich konsumiert, gehandelt und teilweise versteckt. Außerdem ist zu beachten, dass die Wirkung der Drogen auch noch bei Arbeitsbeginn die Arbeitssicherheit gefährden kann, wenn der Konsum am Vortag oder Tage zuvor erfolgt ist. Zu den jeweiligen Drogenarten und

Zeitfenstern der Wirkung finden Sie im Kapitel 2, I. (Detektionssysteme, S. 107 ff., 295 f.) weitere Informationen.

Cannabisprodukte sind die meistkonsumierten Drogen der Welt und die Wirkung ist mittlerweile durch einen hohen THC-Gehalt deutlich stärker als noch vor 20 Jahren. Deshalb, so Mediziner, mit denen ich immer wieder Erfahrungsaustausch betreibe, ist die Möglichkeit gegeben, dass Konsumenten Probleme mit Psychosen und anderen körperlichen und geistigen Nebenwirkungen haben können.

Bedauerlicherweise sind viele Mitbürger, beeinflusst durch die Liberalisierungsbestrebung im Land, der Meinung, dass Cannabisprodukte ungefährlich und beherrschbar sind. Meine beruflichen Erfahrungen zeichnen ein anderes Bild, das sich durch ärztliche Berichte über massive Psychosen und andere Erkrankungen noch verfestigt hat.

Haschisch und Marihuana bleiben auch oder vor allem wegen des hohen THC-Gehaltes gefährliche Drogen, die im Arbeits- und Verkehrsbereich konsequent abzulehnen sind. Das belegen auch Informationsschreiben, die von verschiedenen Behörden und Institutionen als Antwort auf die Liberalisierungsbestrebungen veröffentlicht worden sind.

Eine Möglichkeit, bestimmte Medikamente auf Cannabisbasis, zum Beispiel für MS-Kranke, ärztlich zu verordnen, wäre aber sicher wünschenswert. Zum Teil besteht seit dem letzten Quartal 2016 bereits die Möglichkeit, zu therapeutischen Zwecken Cannabis-Produkte in der Apotheke zu beziehen.

Welche Auswirkungen die Präparate allerdings in Bezug auf Verkehrs- und Arbeitssicherheit haben werden, bleibt abzuwarten.

Die Wahrscheinlichkeit, dass Sie Marihuana oder Haschisch persönlich zu Gesicht bekommen, halte ich im Arbeitsumfeld für gering. Den typischen Geruch von Haschisch oder Marihuana könnten Sie allerdings schon feststellen.

Cannabisprodukte entziehen dem Körper extrem viele Mineralstoffe und Spurenelemente, sodass auch unabhängig vom Rauschproblem weitere gesundheitliche Probleme zu kalkulieren sind.

Typische Verhaltensmuster und Reaktionen, die die Konsumenten zeigen können, liefern weitere Informationen. Und letztlich können Sie bei Gesprächen Hinweise auf Drogenkontakt erhalten.

Speziell Freunde von Cannabisprodukten sind oft sehr redselig, wenn sie auf „ihre" Drogen angesprochen werden, weil sie den Konsum für unbedenklich halten und davon ausgehen, dass der Besitz von Cannabisprodukten bald legalisiert wird.

Hier warne ich aber davor, vorschnelle Schlüsse zu ziehen und das Gehörte sofort als „bare Münze" zu werten. Nicht selten wird in solchen Gesprächen massiv übertrieben oder es wird sogar eine falsche Behauptung aufgestellt, deren Grund in einer falschen Selbstdarstellung liegt.

Allgemeines Gerede über angeblichen Drogenkonsum sollten Sie deshalb immer überprüfen, ehe Sie tätig werden. Aber lassen Sie uns jetzt detaillierter auf die einzelnen Drogenarten eingehen.

2. Haschisch/Marihuana

Haschisch, in der Szene oft als *Hasch, Shit, Dope oder Chocolate* bezeichnet, ist das gepresste Harz der weiblichen Hanfpflanze. Vor allem die Blütenstände der Pflanze, die deutlich mehr Harzdrüsen enthalten als die sonstigen Pflanzenteile, sind zur Produktion von hochwertigen Rauschdrogen beliebt. Oft haben sie einen hohen THC-Gehalt und garantieren somit ein sicheres und intensives Rauscherlebnis.

Männliche Pflanzen sind zur Gewinnung von THC-haltigem Harz (Haschisch) nur sehr bedingt geeignet. Bei Anpflanzungen werden sie deshalb ausgeschnitten, um bei den weiblichen Pflanzen ein besseres Wachstum zu ermöglichen.

Hanfpflanzen werden mittlerweile auch von Konsumenten und Marihuana-Händlern in Deutschland aufgezogen. Geerntet wird dann das sogenannte *Homegrass*. Die Züchter gewinnen aus den Pflanzen nämlich kein Haschisch, sondern verwenden die THC-haltigen Pflanzenteile, wie Blüten und Blätter, zum Konsum. Stiele sind fast wertlos und werden meist vernichtet. Der Anbau der Hanfpflanzen ist grundsätzlich strafbar. Eine Ausnahme bilden nur Hanfsorten die einen geringen THC-Gehalt aufweisen und ausschließlich als Nutz-Hanf angebaut werden. Doch auch für den Anbau von Nutz-Hanf ist eine behördliche Genehmigung erforderlich.

Die Aufzucht von Hanfpflanzen, vor allem in Wohnräumen, ist sehr aufwendig. Man benötigt viel Licht aus künstlichen Wachstumslampen, ausreichende Belüftung und das geeignete, künstlich erzeugte Wachsklima. Doch hier bietet das Internet dem Hobby-Gärtner eine gute Informationsplattform und auch die Möglichkeit, nötiges Equipment zu ordern.

Zur erfolgreichen Aufzucht benötigt man aber auch besonderes botanisches Fachwissen, um bei den Pflanzen die Entwicklung eines hohen THC-

Gehaltes (Tetrahydrocannabinol) zu erreichen. THC ist für die berauschende Wirkung der Droge wesentlich.

Als *Marihuana* bezeichnet man die getrockneten Pflanzenteile der Hanfpflanze. Hier sind die Blüten besonders reich an THC. Getrocknet sind sie als Dolden auf dem illegalen Markt zu erwerben; Marihuana-Blätter oder Teile erinnern optisch an getrocknete Gewürze, wie Thymian oder Gewürzmischungen.

Haschisch und Marihuana zählen wegen der entspannenden Wirkung zu den sogenannten „sanften" psychoaktiven Drogen. Neben vielen Nebenwirkungen zeichnen sie sich auch durch heilende und lindernde Eigenschaften aus, weshalb sie auch im pharmazeutischen Bereich zur Herstellung von Arzneimitteln Verwendung finden.

Der Besitz, Erwerb und der Handel sind in vielen Ländern strafbedroht, da sowohl Haschisch als auch Marihuana den jeweiligen Betäubungsmittelgesetzen unterstellt sind. In verschiedenen europäischen Ländern wird der Besitz einer geringen Menge Cannabisprodukte zum Eigenverbrauch allerdings geduldet und auch die Verarbeitung in bestimmten Fertigarzneimitteln sowie die Verschreibung der Mittel sind teilweise erlaubt.

Produziert werden *Haschisch* und *Marihuana* – traditionell – vor allem in Marokko, Afghanistan und in Zentralasien. Die in den Niederlanden gezüchteten Pflanzen werden durch spezielle Verfahren mit einem hohen Anteil an THC zur Produktion von Haschisch oder im (illegalen) Handel befindlichem Marihuana verwendet. Der Anteil an THC ist oft höher als in Pflanzen aus den traditionellen Anbaugebieten.

An den Farben des *Haschisch* lässt sich meist die Herkunft bestimmen. Das Wissen über die unterschiedliche Herkunft kann wichtig sein, da Sie es im Rahmen von *Fürsorge-Gesprächen* mit einem gefährdeten Mitarbeiter gut einbringen können und dem Mitarbeiter dadurch zeigen, dass Sie sich wohl bereits intensiver mit dem Thema *Drogen* beschäftigt haben.

Deshalb folgende Informationen zu verschiedenen Haschischarten:

Schwarzer Afghane und alle Haschischsorten von schwarzer Farbe kommen insbesondere aus Anbaugebieten in Indien, Pakistan oder auch Nepal.

Die schwarze Farbe entwickelt sich von anfänglichem Grün durch die Bearbeitung des von der Pflanze abgeriebenen Harzes.

Das **rötlich gefärbte Haschisch** kommt meist aus dem Libanon und wird deshalb als Roter Libanese bezeichnet.

Die Farbe entwickelt sich dadurch, dass die Hanfbauern die Pflanzen sehr lange auf den Feldern stehen lassen. Die Harzdrüsen bekommen dadurch die goldgelbe bis rötliche Farbe und verfügen über voll ausgereifte Harzdrüsen.

Marokkanisches Haschisch ist in unterschiedlichen Qualitätsstufen auf dem Markt.

Dies ist möglich, weil man die Pflanzen vor der eigentlichen Reife erntet. Dann wird die ganze Pflanze – wie im Übrigen auch beim Roten Libanesen – in mehreren Bearbeitungsvorgängen geklopft und geschüttet, wobei auch verschiedene Siebvorgänge erfolgen. Der Unterschied in der Farbgebung und Qualität liegt in der Reifezeit.

Diese Haschischart wird gelegentlich noch als Grüner Türke bezeichnet.

Haschisch aus Afghanistan, der Türkei oder südamerikanischen Regionen kommt in den unterschiedlichsten Farben und Qualitäten auf den Markt, nimmt aber nicht den Hauptteil der Vorkommen in Deutschland ein.

Marihuana kommt sowohl aus den traditionellen Hanfanbaugebieten, aber vor allem auch aus den Niederlanden, Tschechien oder den Home-Anpflanzungen.

Konsummöglichkeiten

Haschisch und Marihuana werden meist geraucht oder in Gebäck (*SPACE-Cakes*) verarbeitet. Während beim Rauchen schon nach kurzer Zeit (Sekunden- bzw. Minutenbereich) die berauschende Wirkung eintritt, spürt der Konsument, der die Drogen oral einnimmt, erst deutlich verzögert die Wirkung (bis zu 1 Stunde). Beim oralen Konsum ist gewöhnlich die deutlich stärkere Wirkung länger spürbar.

Zum Rauchen müssen ein „*Piece*" (Stück) oder die Pflanzenteile zerkleinert werden. Dazu verwenden *User* häufig einen handlichen, dosenähnlichen Gegenstand, der als *Crusher* oder auch „Grinder" bezeichnet wird. Andere schneiden die gewünschte Verbrauchsmenge von einem größeren Haschischbrocken ab und zerteilen sie mit einem Messer in kleinste Teile, die dann meist mit Tabak vermischt in *Haschischpfeifen, Bong, selbstgebasteltem Rauchgerät* oder *Wasserpfeifen* geraucht werden.

Auch die getrockneten Pflanzenteile der Hanfpflanzen (Marihuana) werden meist mit Tabak vermischt geraucht.

Der Konsument verspürt nach dem Konsum eine beruhigende, entspannende Wirkung. Konsumenten sprechen von *chilliger Wirkung,* abgeleitet vom englischen Begriff *to chill* (→) – was übersetzt für „sich entspannen", „sich lockermachen" steht.

Allerdings findet man den Begriff auch im Sprachgebrauch der Jugend, wo er nicht immer unbedingt Hinweise auf den Konsum berauschender Mittel gibt. Die Redewendung „*Alter, chill mal*", haben Sie bestimmt schon von Jugendlichen gehört, die damit in subjektiv empfundenen Stresssituationen einfach erreichen wollen, dass ihr Gesprächspartner (Eltern, Chef, Kumpel) den gefühlten Druck aus einer Situation nimmt oder einfach *cool* bleibt, das heißt, sich nicht um Kleinigkeiten kümmert.

Gegenstände, die im Betrieb auf Konsum hinweisen können
- *Piece* in Alufolie oder grünlich-braune Pflanzenteile in Druckverschluss- tütchen
- Tabak-Marihuanagemisch in Papierbriefchen
- Tabakpfeifen mit kleinen Metallgittern im Pfeifenkopf
- Kleine Wasserpfeifen mit Harzanhaftungen und typischem Grasgeruch
- Pflanzenteile von Hanfpflanzen – getrocknet –
- Joints und Jointstummel
- Messer mit harzigen Anhaftungen
- Reste von Verpackungsfolie

Verhalten Cannabis konsumierender Personen

Haschisch- und Marihuanakonsumenten wirken oft ihrer Umwelt gegen- über extrem *gechillt*. Bedeutet, sie scheinen sich durch nichts aus der Ruhe bringen zu lassen, reagieren aber auf Druck von außen oft genervt. Sie wir- ken häufig sehr sanft und anlehnungsbedürftig. Auch Lachattacken sind immer wieder feststellbar. „*Hey Alter, chill mal*", ist ein typischer Spruch, den ich von Konsumenten immer wieder höre, wenn sie wegen eines be- stimmten, unpassenden oder störenden Verhaltens (Beispiele: Laute Musik, Verwendung von Kopfhörern zum Hören eigener Musik im Arbeitsbereich, unordentlicher Arbeitsbereich) angesprochen werden.

Die Pupillen der Konsumenten sind nach dem Konsum geweitet und re- agieren auf unterschiedlich starke Lichtquellen sehr zögerlich.

Während man bei einem gesunden Menschen von einer Pupillengröße von 3–7 mm ausgeht, fällt nach dem Konsum von Cannabisprodukten häufig eine stark geweitete Pupille mit einem Durchmesser von mehr als 7 mm auf.

Koordinations- und Konzentrationsprobleme wie Probleme beim Stehen, schlaffe Körperhaltung, gestörtes Zeitgefühl, verlangsamte Bewegungsab- läufe sind auffällig.

Sprachprobleme wie lallende Sprache ohne erkennbaren Alkoholeinfluss und bei Dauerkiffern schlechter Zahnstatus sind weitere Hinweise, die Rückschlüsse auf möglichen Cannabiskonsum zulassen.

(Drogen-)Nachweismöglichkeiten

Der folgende ROMBERG-Test und seine Anwendung wird sicherlich nicht unbedingt für Sie – außer Sie sind ausgebildeter Arbeitsmediziner – und auch nicht nur bei Haschischkonsumenten geeignet sein, sondern auch bei anderen Drogenarten, die auf Koordination, kognitive Fähigkeiten und sonstige Körperfunktionen wirken. Der Test schärft aber den Blick über den Tellerrand.

Ich stelle ihn an dieser Stelle vor, weil er auch bei polizeilichen Kontrollen häufig angewandt wird. Zudem können bei einem verdächtigen Mitarbeiter auch Sie Reaktionen feststellen, die bei der Testdurchführung für kontrollierende Polizei-Beamte wesentlich zur Beurteilung des Zustandes des Probanden sind.

Weitere Nachweismöglichkeiten finden Sie in einem eigenen Kapitel (Kap. 2, S. 107 ff.).

ROMBERG-Test

Hier steht der Proband mit geschlossenen Beinen und am Körper angelegten Armen im freien Raum. Er schließt die Augen und legt anschließend den Kopf in den Nacken. Dann soll er mit geschlossenen Augen eine Zeitspanne von 30 Sekunden abschätzen.

Der *Tester* misst die Zeit genau und beobachtet, ob der Proband
- *Zittern* am Körper zeigt oder
- *Gesichtszuckungen* und *Flattern der Augenlider* feststellbar sind.
- Auch das *Schwanken* des Kopfes oder des Körpers, sowie
- eine *starke Abweichung* zwischen der *tatsächlichen und geschätzten Zeitspanne* kann ein Zeichen eines vorausgegangenen Drogenkonsums sein.
- Hinzu kommen auffällige Schwierigkeiten beim Stehen oder eine schlaffe Körperhaltung.

Hinweis:

Ein Romberg-Test sollte nur von ausgebildeten Sicherheitsfachkräften oder Betriebsärzten durchgeführt werden, die den Ablauf des Tests beherrschen und auch das Ergebnis sicher interpretieren können.

Wie erwähnt kann der Test auch dann angewandt werden, wenn der Verdacht besteht, dass der Proband andere Drogen oder Medikamente konsumiert hat. Gleiches gilt für die verschiedenen Augentests, wie Nystagmus, Horizontalnystagmus, Finger-Nasen-Tests, Geh- und Drehtests, die ich der Vollständigkeit halber erwähne, um Ihnen einen Eindruck über die Testmöglichkeiten mit einem Probanden zu geben.

Im Übrigen werden die Testmöglichkeiten auch von Polizeibeamten genutzt, um Verkehrsteilnehmer zu testen, bei denen der Verdacht besteht, dass sie unter dem Einfluss berauschender Mittel am Straßenverkehr teilnehmen bzw. ein Kraftfahrzeug lenken.

Neben dem ROMBERG-Test und dem Einsatz von Detektionssystemen werden Sie vermutlich in den meisten Fällen im Rahmen von Gesprächen mit Ihren Mitarbeitern oder Kollegen etwas über den Drogenkonsum oder genauer den Verdacht des Drogenkonsums erfahren.

Gespräche

sind in allen Lebenslagen – so auch bei Drogenkonsum – eine gute Möglichkeit, die eigene Informationslage zu verbessern oder gar überhaupt zu erkennen, dass Substanzmissbrauch vorliegt.

Zunächst ist für mich ein gutes Betriebsklima eine Grundvoraussetzung dafür, dass man als Führungskraft auch Dinge erfährt, die zum Randgeschehen des Arbeitslebens gehören, aber aus meiner Sicht absolut nötig sind, um die Sorgen und Nöte der Mitarbeiter zu kennen, dieses Wissen zu interpretieren und für das Wohl aller – also auch des Betriebes – zu nutzen. Führungsaspekte, wie *Akzeptanz, Schaffung von Motivation oder auch Eigenkontrolle der Betriebsabläufe,* lassen sich dann besser steuern.

Ein vertrauensvoller Umgang miteinander kann auch bei (beginnenden) Suchtproblemen eine gute Voraussetzung dafür sein, dass man als Vorgesetzter schnell informiert ist und handeln kann.

Nicht unterschätzt werden darf die Möglichkeit, mit einem gefährdeten Mitarbeiter bereits nach Bekanntwerden des ersten Verdachts von Drogenmissbrauch ein vertrauliches Gespräch zu führen, bei dem der Fürsorgegedanke des vorgesetzten Gesprächsführers und die Informationsbeschaffung im Vordergrund stehen sollten. (Hierzu finden Sie konkrete Informationen für die praktische Arbeit im Kapitel 3, S. 201 ff.)

Ich möchte an dieser Stelle noch nicht auf den *Stufenplan* eingehen, aber die Möglichkeit hervorheben, dass auch im allgemeinen Gespräch zwischen einem Vorgesetzten und seinen Mitarbeitern wichtige Informationen über eine vermutete Missbrauchsproblematik zu bekommen sind – auch schon vor einem *nötigen Fürsorgegespräch*.

Oft genug berichten betroffene Arbeitnehmer gegenüber Kollegen frei über ihren Drogenkonsum. Sie prahlen und gehen davon aus, dass niemand im Betrieb oder gar Vertreter von Strafverfolgungsbehörden davon erfahren wird. Speziell Haschisch-Konsumenten sind oft sehr mitteilungsbedürftig und glauben, dass ihre Wunschdroge bald legalisiert wird.

Im Kraftsportbereich, in dem man immer wieder Anabolika (→), Amphetamine und Crystal findet, animieren Konsumenten ihre Sportkameraden auch oft, ebenfalls solche Stoffe zu benutzen, um das Muskelwachstum anzuregen. Doch viele dieser Stoffe sind in den Anlagen zum BtMG gelistet, weshalb der Besitz, der Handel und viele andere Umgangsmöglichkeiten strafbar sind.

Werden Drogen konsumiert, die aufputschen, kommen in vielen Fällen auch Cannabisprodukte zum Einsatz, um die aufputschende Wirkung – im Bedarfsfall – wieder zu dämpfen.

Abhängig vom Arbeitsbereich ist die Person aufgrund ihrer möglichen Suchtprobleme dann nicht mehr im gewohnten Arbeitsbereich einsetzbar. Grundsätzlich ist bei Drogenkonsum auch eine fristlose Kündigung zu prüfen. Klagen von Amphetaminkonsumenten gegen eine fristlose Kündigung wurden in einigen Fällen von den Arbeitsgerichten verworfen (einzelne Entscheidungen zitiere ich in den folgenden Kapiteln). Allerdings sollten Sie Drogen konsumierenden Mitarbeitern die Hilfe von Suchtexperten empfehlen. Ob die Hilfsangebote dann angenommen werden oder eine zeitlich begrenzte Versetzung in einen anderen Arbeitsbereich den gewünschten Erfolg bringt, steht auf einem anderen Blatt.

Bedenken Sie in diesem Zusammenhang auch, dass die Fahrt zur Arbeit und nach Hause in unfallrechtlicher Hinsicht bereits zur Arbeit zählt, weshalb auch Cannabiskonsum vor Arbeitsbeginn problematisch ist. Stellen Sie Cannabiskonsum fest und schicken den Mitarbeiter nach Hause, müssen Sie für seinen gefahrlosen Transport sorgen. Ihn selbst fahren zu lassen, wäre fatal.

Im Kapitel III stelle ich Ihnen die Gesprächsmöglichkeiten im Sinne eines Stufenplanes vor, die auch arbeitsrechtlich sinnvoll und anerkannt sind.

Detektionssysteme

Weitere Möglichkeiten, einen Substanzmissbrauch im betrieblichen Bereich nachzuweisen, bieten die mittlerweile sehr zuverlässigen und handhabungssicheren Testsysteme verschiedener Hersteller, sogenannte *Detektionssysteme.* Weitere Informationen zu dieser Möglichkeit, Drogen im Arbeitsumfeld nachzuweisen, finden Sie in Kapitel 2, I, S. 107 ff.

3.   Amphetamin (Speed/Pep)

Amphetamin ist eine synthetisch hergestellte Substanz, die in der Pharmazie als Arzneistoff verwendet und in verschiedensten Fertigarzneimitteln verarbeitet wird.

Für den illegalen Drogenmarkt wird es meist in Pulverform in illegalen Laboren hergestellt und von den Konsumenten geschnupft (*gesnifft*) oder gespritzt (*gedrückt*).

Amphetamin ist eine stimulierende Droge. Es hat eine aufputschende Wirkung, da es den sympathischen Teil des vegetativen Nervensystems anregt.

Amphetamin unterdrückt die Müdigkeit, steigert das Selbstbewusstsein, vermindert das Hungergefühl und wird gerne als Doping- (→) oder Neurodopingmittel (→) genutzt, weil es die menschliche Leistung steigern kann und das Schlafbedürfnis unterdrückt. Auch das Hungergefühl wird beeinflusst. Es kann aber auch aggressives Verhalten auslösen oder begünstigen.

Diese Verhaltensmuster können schon erste Erkennungszeichen sein, wenn sie plötzlich auftreten und eigentlich gar nicht zum Wesen des entsprechenden Mitarbeiters passen.

Fertigarzneimittel, wie RITALIN® oder MEDIKINET®, enthalten das Amphetamin ähnlich wirkende METHYLPHENIDAT (= Anlage III zum BtMG unterstellt). Die Mittel werden bei ADHS (→), ADS (→) und Narkolepsie verordnet und missbräuchlich als Neurodopingmittel benutzt.

In der Partyszene findet man illegales Amphetamin in den unterschiedlichsten Formen, um tagelang durchtanzen zu können. Zuwiderhandlungen – auch in Verbindung mit betäubungsmittelhaltigen Fertigarzneimitteln – werden nach dem BtMG angezeigt.

Amphetamin ist eine häufig konsumierte illegale Droge, die speziell im Süden der Bundesrepublik Deutschland aus illegalen Produktionsstätten in Tschechien kommt.

In Verbindung mit der Einnahme von Medikamenten (siehe Internet WIKIPEDIA – AMPHETAMIN) kann es zu lebensgefährlichen Wechselwirkungen kommen.

Konsummöglichkeiten

Illegaler Amphetaminkonsum erfolgt meist nach Vorbereiten sogenannter *Lines*, die dann mit einem *Trinkhalm* (mit großem Querschnitt) geschnupft werden.

Vereinzelt rauchen Konsumenten Amphetamin auch oder spritzen es in ihre Venen.

Nach dem regelmäßigen Konsum kann auffallen, dass der Konsument immer wieder snifft, wie wenn er die Nase aufgrund einer Erkältung voll hätte. Der Grund liegt häufig in geschädigten Nasenschleimhäuten oder einer durchlöcherten Nasenscheidewand.

Welche Gegenstände im Betrieb können auf Konsum hinweisen?
- Trinkhalme
- Spiegel mit Pulveranhaftungen
- Alufolie
- Druckverschlusstütchen
- Briefchen aus unterschiedlichen Materialien und in unterschiedlichen Größen

Mögliche Verhaltensmuster eines Amphetaminkonsumenten im Betrieb

Siehe die Erläuterungen zu Methamphetamin auf Seite 50, da die Verhaltensmuster ähnlich sind.

Testmöglichkeiten

Hier darf ich auf die in Zusammenhang mit dem Haschisch- und Marihuana-Gebrauch vorgestellten Möglichkeiten hinweisen. Doch sollten Sie bei Amphetaminen im Arbeitsumfeld Folgendes beachten!

Während illegale Amphetamine mit Detektionssystemen nachgewiesen werden können, sind Fertigarzneimittel, die aufgrund des Inhaltsstoffes METHYLPHENIDAT dem BtMG unterstellt sind und amphetamintypische Wirkungen entfalten, mit herkömmlichen Testsystemen nicht nachweisbar.

Hier sind Laboruntersuchungen notwendig, um die betäubungsmittelhaltigen Substanzen nachzuweisen. Dies ist zwar aufwendiger als Schnelltests, aber die einzig sinnvolle Möglichkeit, die Stoffe nachzuweisen.

Bei Verdacht des Amphetamineinflusses im Straßenverkehr oder nach Arbeitsunfällen können aber von Seiten der Staatsanwaltschaft Blut-, Urin- oder Haaruntersuchungen angeordnet werden.

4.   Methamphetamin (Crystal Meth)

Methamphetamin ist ebenfalls eine synthetisch hergestellte Droge, die in der Pharmazie als Arzneistoff verwendet wird und der Gruppe der Amphetamine zuzurechnen ist (Anlage III zum BtMG). Die Drogen hat ein hohes Abhängigkeitspotential.

Es wird auf dem illegalen Markt als *Meth, Crystal Meth* oder *Crystal* bezeichnet. Handel und Besitz sind ohne Erlaubnis der *Bundesopiumstelle* strafbar. In Fernsehserien, wie *Breaking Bad,* wurde die Droge einer breiten Masse vorgestellt. Leider wurden dabei die kriminellen Hauptakteure etwas glorifiziert.

Methamphetamin, das bereits mit der Handelsbezeichnung PERVITIN während des 2. Weltkrieges fragwürdige Berühmtheit erlangte und dafür bekannt war, dass es zwar gegen die Müdigkeit wirkte, aber nach regelmäßiger Anwendung zum Verlust der Leistungsfähigkeit führte, beseitigt neben der Müdigkeit auch Hungergefühle und Schmerz.

Konsumenten nehmen häufig ein kurzweiliges Gefühl von Stärke und Euphorie wahr und nehmen das Leben, subjektiv gesehen, mit einem anderen Zeitgefühl wahr.

Als Nebenwirkungen sind Psychosen, Persönlichkeitsveränderung und paranoides Verhalten bekannt, oft aber auch ausgelöst durch permanenten Schlafentzug. Diese Nebenwirkungen werden von den Konsumenten dann oftmals durch den Gebrauch von *Haschisch, Marihuana* oder auch *Beruhigungs-* und *Schlafmitteln* bekämpft.

Häufiger Konsum von *Crystal* führt meist zu schleichender Wirkungslosigkeit der Droge, was viele Konsumenten durch eine massive Dosissteigerung auszugleichen versuchen.

Dies kann zum körperlichen und geistigen Verfall führen, wie die Fotos von Crystal-Konsumenten – die im Internet kreisen – eindrucksvoll belegen.

Allerdings darf man sich durch diese Internet-Fotos nicht täuschen lassen. Ich kenne einige Menschen, die nach intensivstem Crystal-Konsum immer noch frisch und gesund wirkten, allerdings psychisch total kaputt waren und nicht mehr aus der Sucht flüchten konnten.

Wissenschaftler gehen davon aus, dass die zerstörerische Wirkung der Substanz auch von Verunreinigungen herrühren könnte und nicht unbedingt zu einem sichtbaren Verfall der Konsumenten führen muss.

Fakt ist, Methamphetamin entfaltet sein starkes psychisches Abhängigkeits-potential und die extrem zerstörerische Wirkung oft sehr schnell, was den Kontaktpersonen des Konsumenten auch auffällt.

Konsummöglichkeiten

Meth wird geschnupft, geraucht oder auch intravenös gespritzt. In Einzel-fällen erfolgt die Aufnahme auch rektal.

Gegenstände, die auf Konsum hindeuten können

Hier können Sie die gleichen gegenständlichen Hinweise auf Missbrauch finden wie bei Amphetamin.

Auffälligkeiten bei konsumierenden Personen

- starke Euphorie, nach dem Rausch oft gefolgt von depressiven Stimmungen
- gesenktes Schlafbedürfnis
- gesteigerte Leistungsfähigkeit
- ausgeprägtes Mitteilungsbedürfnis
- Hunger- und Durstgefühl sind massiv reduziert
- gesteigertes sexuelles Verlangen, bei sinkender sexueller Leistungsfä-higkeit
- Halluzinationen, vor allem bei höheren Einnahmedosen
- Wirkungsdauer von 10 bis zu 24 Stunden nach einem Konsum
- nach dem Rauscherlebnis starke Müdigkeit, Erschöpfung, Schlaf-losigkeit
- *Katergefühl* mit Lethargie, Depressionen oder Umkehr der Gefühlslage
- nach längerem Konsum Verlust des Lebensmutes
- körperliche Folgen wie Zahnausfall, Krämpfe, Herz-/Kreislaufprob-leme, Hautreizungen (Meth-Pickel)
- Hang zum Narzissmus und zu Aggressivität
- Magenschmerzen, Magendurchbruch, Gewichtsverlust, Nierenschäden

Testmöglichkeiten

Nachdem Methamphetamin pharmakologisch der Gruppe der Ampheta-mine zuzuordnen ist, können Sie auf die Schnelltests (Detektionssysteme) zurückgreifen, die ich bei Amphetamin beschrieben habe.

5.   Legal Highs

SPICE ist ein Sammelbegriff und eine Verkaufsbezeichnung für eine relativ neue berauschende Droge, die, speziell als Ersatz für natürliches THC, erstmals durch eine englische Firma hergestellt wurde. Man rechnet SPICE der Gruppe der LEGAL HIGHS zu. Es konnte anfangs frei verkauft werden. Dabei tauchten Handelsnamen wie *Jamaica Silver, Gold, Extrem* oder *Diamond* auf.

Der Verkauf oder Handel ist dann verboten, wenn *Cannabinoide* (→) enthalten sind, die unter das BtMG fallen.

Seit November 2016 regelt des *Neue psychoaktive Stoffe Gesetz* den Umgang mit dieser Droge, die zum Teil stärker wirkt als natürliche Cannabisprodukte und dadurch sehr gefährlich sein kann.

Nach einer Entscheidung des Europäischen Gerichtshofes war die rechtliche Situation für die Bewertung von SPICE und LEGAL HIGHS in Deutschland sehr unbefriedigend.

Im November 2016 führte jedoch ein neues Gesetz – das die Gesetzeslücke schließen soll – zur Verbesserung der rechtlichen Lage. Das sogenannte *Neue-psychoaktive-Stoffe-Gesetz (NpSG)* ermöglicht jetzt eine effektivere Einordnung der LEGAL HIGHS.

Wenn allerdings Inhaltsstoffe nachgewiesen werden können, die in den Anlagen zum BtMG aufgelistet sind, greift das BtMG.

Sind LEGAL HIGHS wirklich gefährlich? Warum?

Fälle, bei denen SPICE-Konsumenten glaubten, gefahrlos aus dem Fenster einer Wohnung im 6. oder 7. Stock eines Wohnhauses springen zu können, sind zwar nicht täglich in den Medien, doch leider immer wieder Praxis. Dabei überlebten die Opfer teilweise schwerbehindert.

Hergestellt wird SPICE oft in „Hinterhoffirmen". Für die Hersteller, die regelmäßig neue berauschende Stoffe (*Cannabinoide*) kreieren, um gesetzlich Verbote durch die Änderung der chemischen Zusammensetzung zu umgehen, ließen sich bis zur Einführung eines neuen Gesetzes Gewinne in Millionenhöhe erzielen.

Bei der Herstellung werden unbedenkliche (asiatische) Kräuter, wie *Damiana* oder andere Pflanzenteile mit *Cannabinoiden* besprüht. Da oft auch die Hersteller nichts Genaues über die chemische Zusammensetzung der Cannabinoide und deren Einfluss auf den menschlichen Körper und Geist wissen, kann SPICE lebensgefährlich werden.

Nach Trocknung werden die besprühten Pflanzenteile in kleine, harmlos wirkende Tütchen gepackt und in sogenannten *Headshops oder im Internet* verkauft. In der Vergangenheit waren sie zum Teil sogar an Tankstellen oder in LOTTO-Annahmestellen erhältlich.

Die Reinheit und die Konzentration der verschiedenen Substanzen sind durch die Käufer oder Konsumenten nicht oder nur schwer zu kalkulieren, was nach dem Konsum der Stoffe immer wieder zu Unfällen bis hin zu Todesfällen geführt hat. Doch nicht nur die Konzentration kann gefährlich sein.

Speziell wenn sich die kristallisierenden *Cannabinoide* durch die Bewegung der Verpackungen von den Pflanzenteilen lösen und in konzentrierter Form am Boden der Verpackung sammeln, wird es für Konsumenten gefährlich, weil sie dann massiv höher konzentrierte Rauschstoffe einnehmen.

Die Unkenntnis über die genauen Inhaltsstoffe, die eben nur teilweise dem BtMG unterliegen (wie *Cannabicyclohexanol* – JWH-018 oder ähnliche chemische Stoffe), führte zu den beschriebenen Unfällen und letztlich auch zur Einleitung von Verbotsverfahren und im November 2016 zur Verkündigung des Gesetzes für neue psychoaktive Substanzen.

Neben SPICE (Kräutermischungen) werden Gegenstände des täglichen Bedarfs als LEGAL HIGHS bezeichnet, die ebenfalls durch beigefügte synthetische Rauschstoffe, wie eben *Cannabinoide*, entgegen der angedachten Zweckbestimmung, einen massiven Rauschzustand erleben lassen.

Hier sind in der Praxis Badesalze, sonstige Badezusätze und ähnliche Artikel zu nennen. Auch diese Stoffe sind vom NpSG erfasst.

Gegenstände, die auf SPICE hinweisen können

SPICE-Konsumenten verwenden die gleichen Pfeifen, Joints oder Wasserpfeifen wie Haschisch- oder Marihuanakonsumenten.

Auch bei LEGAL HIGHS sind dem Einfallsreichtum der Konsumenten, die Wunschdroge zu gebrauchen, je nach Aggregatzustand der Substanz keine Grenzen gesetzt.

6.   Kokain (Koks, Coca, Coke, Charly)

Kokain ist der Gruppe der starken Stimulanzien zuzurechnen. Besitz, Erwerb und Handel sind nach dem BtMG verboten (§§ 29, 29a ff. BtMG).

Kokain ist auf der ganzen Welt verbreitet und verfügt über ein enormes psychisches Abhängigkeitspotential. Ursprünglich nur in „besseren Kreisen" anzutreffen, findet man Kokain heute auch in Clubs und Diskotheken, in denen jüngeres, nicht so finanzkräftiges Publikum verkehrt. Speziell in den Metropolen wird im Nachtleben gerne Kokain konsumiert und gehandelt.

Gewonnen wird Kokain aus den Cocablättern, die vorwiegend in den Hochebenen der klassischen Produktionsländer Boliviens, Perus und Kolumbien gedeihen.

Kokain, dessen berauschende Wirkstoffe unter Laborbedingungen aus den zerkleinerten Blättern des Cocastrauches extrahiert werden, war zeitweise in der Augen- und Zahnheilkunde und als Lokalanästhetikum gebräuchlich.

Es wirkt auf das Zentrale Nervensystem und steigert Aktivität und Leistungsfähigkeit. Außerdem verschwinden Hunger- und Müdigkeitsgefühle. Deshalb ist es auch in der Modebranche zu finden, wo *Mannequins* gezwungen sind, schlank zu bleiben. Die Wirkung ist aufheiternd und euphorisierend. Konsumenten fühlen sich arbeitsfähiger. Das sexuelle Verhalten scheint gesteigert zu sein; Dauerkonsumenten fallen durch übertriebenes Selbstbewusstsein auf.

Konsumformen

In den Herkunftsländern des Cocastrauches werden deshalb Cocablätter mit Kalk gekaut, um die Alkaloide in den Blättern zu lösen und die euphorisierende Wirkung zu erreichen.

Kokain kann aber auch geraucht, geschnupft (gezogen) und gespritzt werden. Kleine Taschenspiegel, auf denen nach dem Konsum meist geringe Mengen Pulveranhaftungen sichtbar bleiben, und den obligatorischen Dollarschein, der zum Schnupfrohr gerollt und benutzt wird, um das zu einer *Line* zusammengeschobene Material in die Nase zu ziehen, kennen viele aus zahlreichen Filmen.

Doch es müssen nicht immer 100-Dollar-Noten sein – wie in vielen Spielfilmen dargestellt –, die zum Konsum benutzt werden. Trinkhalmstücke, wie sie von Amphetamin- oder Methamphetamin-Usern genutzt werden, tun es natürlich auch.

Kokainkonsum wirkt sich, je nach Konsumform, auf die Atem- und Pulsfrequenz, aber auch auf den Blutdruck und Schleimhäute aus. Massive

Schädigungen der Nasenschleimhaut bis hin zur Durchlöcherung sind mit ständigem Konsum immer wieder festgestellt worden.

Auch gesteigerte Nervosität, Aggressivität, paranoide Halluzinationen und Verfolgungsängste sind – durch den substanzbedingten Schlafentzug – mögliche Folgen.

Kokain vermindert – beim Mischkonsum mit Alkohol – subjektiv das Empfinden für die Wirkung des Alkohols, sodass auch eine erhöhte Gefahr für Alkoholvergiftungen nicht ausgeschlossen ist.

Gegenstände, die auf einen Konsum hindeuten können, sind
- Rasierklingen, Trinkhalmstücke oder EC–Karten mit Pulveranhaftungen
- Schnupfröhrchen aus unterschiedlichsten Materialien
- Druckverschlusstütchen mit Pulveranhaftungen
- Plomben aus Folie, in denen sich Pulverrückstände feststellen lassen
- Einwegspritzen oder Spritzennadeln
- kleine Pfeifen oder selbstgebastelte Rauchgeräte
- verbrannte Pulverrückstände auf Alufolie

Sozialverhalten Kokain konsumierender Personen

Die Kokser-Szene zeichnete sich durch extrem ausgeprägtes Selbstbewusstsein und oft durch Finanzkraft aus, was dazu führte, dass normale Bürger nur schwer Zugang in diese Kreise fanden.

Dies hat sich heute ein wenig gewandelt. Kokain findet man heute häufiger in der Szene angesagter Clubs und Diskotheken. Die Besucher kommen deshalb nicht nur aus privilegierten Kreisen.

Deshalb finden auch Jugendliche und junge Erwachsene immer wieder Zugang zu einer Kokain konsumierenden Gruppe. Nobel-Diskotheken sind immer noch gute Umschlagplätze.

Bei Konsumenten anderer Suchtstoffe gilt Kokain als *Highlight-Droge*, wenn es ausnahmeweise mal vorhanden ist.

Sonstige Gefahren

Kokain wird mit den unterschiedlichsten Mitteln gestreckt, um die Gewinnmargen zu erhöhen und die Gefährlichkeit reinen Kokains zu senken. Noch vor wenigen Jahren konnten nach Sicherstellungen mehr als 90 Prozent berauschender Wirkstoffe nachgewiesen werden. Da Kokain-Verbrauchseinheiten aber nach wie vor lange illegale Handels- und Schmuggelwege hinter sich haben, kann niemand genaue Angaben über den Wirkstoffgehalt und die beigemengten Zusatzstoffe machen.

Für die Konsumenten ergibt sich dadurch die Gefahr, dass sie nicht wissen, welche Beistoffe sie mit dem vermeintlichen Kokain einnehmen und wie rein der Stoff ist. Nachdem starke *User* Kokain oft täglich grammweise konsumieren, kann es lebensgefährlich sein. Berühmte Musiker kamen schon ums Leben, weil sie Kokain mit Alkohol konsumierten und dann mit dem Auto unterwegs waren und dabei tödlich verunglückten.

Außerdem kommt es immer wieder zu Vergiftungen und zur lebensgefährlichen Überdosierung.

7.   Heroin

Heroin ist ein Abkömmling (*Derivat*) von *Morphium* und wird chemisch als *Diacetylmorphin* bezeichnet. Es ist eine Droge mit extrem hohem Abhängigkeitspotential. Klassifiziert wird Heroin auch als halb-synthetisches, stark analgetisches (schmerzlinderndes) Opioid.

Es wird in Deutschland meist als weißes bis braunes Pulver gehandelt. Die Preise pro Gramm sind je nach Region und Nachfrage unterschiedlich.

Heroin wurde nach seiner Entdeckung zunächst als oral zu konsumierendes Schmerz- und Hustenmittel eingesetzt. Eine Werbekampagne verschaffte der Droge den Bekanntheitsgrad.

Danach wurde es als „nicht süchtigmachendes" Medikament (im Gegensatz zu Morphium) auch zur Behandlung von Bluthochdruck, Organerkrankungen und als Narkosemittel benutzt.

Als Nebenwirkungen von Heroin wurden lediglich leichte Verstopfungen und verminderte sexuelle Lust beschrieben, ehe man etwa um 1910 in den USA die schnelle Gewöhnung an das Mittel und das Abhängigkeitspotential erkannte und begann, gesetzliche Verbote einzuführen.

Heroin ist aber immer noch weltweit und in unterschiedlichen Qualitäten und Farben (siehe Abb. 13 und 14 im Bildteil) auf dem Markt und Süchtige konsumieren die Droge nach wie vor.

Besitz, Erwerb und Handel sind nach §§ 29, 29a, 30 ff. BtMG verboten und werden mit hohen Strafen geahndet.

Es gilt nach wie vor als die Droge mit dem stärksten Abhängigkeitspotential. Im Arbeitsbereich ist es nach meinen Erkenntnissen aber nur in Ausnahmefällen anzutreffen. Substitutionsmittel, wie METHADON oder

SUBUTEX, lassen sich aber bei ehemals Heroin-Abhängigen auch im Arbeitsbereich finden. Auch diese Mittel gelten als Betäubungsmittel und sind im Hinblick auf den Erhalt der Arbeitssicherheit zu beachten.

Realitiv neu ist die kriminologische Feststellung, dass Heroinsüchtige gerne auf gebrauchte FENTANYL-Pflaster (→) zugreifen, wenn Heroin nicht in ausreichender Menge zur Verfügung steht oder der Süchtige nicht das nötige Geld auftreiben kann.

Konsumformen
– spritzen (Szenebegriffe – drücken, fixen, ballern)
– schnupfen (Szenebegriff – sniffen)
– inhalieren
– oraler Konsum
– rauchen

Gegenstände, die auf Konsum hindeuten können, sind
– Bänder, Gummilitzen zum Abbinden des Armes
– Angerußte Löffel mit Cellulose Bällchen, Zigarettenfiltern und Pulveranhaftungen
– Folienstücke mit Pulveranhaftungen
– Alufolie mit Pulveranhaftungen
– Papierbriefchen mit Pulveranhaftungen
– Plastikteile von Nadeln für Einwegspritzen
– Einwegspritzen (gebraucht)
– Fläschchen mit Zitronensäure

Weitere Erkennungszeichen an der Person (Sozialverhalten)
– körperlicher Verfall, Auszehrung, HIV-Infektion
– Einstichstellen am Konsumenten (Armbeuge, Hals, Fuß)
– enge Pupillen (Miosis), die auch bei Lichteinfall kaum Veränderungen zeigen
– szenetypische Tätowierungen
– schlechter Zahnstatus
– Atemdepression (dosisabhängig) oder in Verbindung mit Beikonsum (Benzos)
– Suchtdruck führt zu Beschaffungskriminalität
– Entzugserscheinungen mit Übelkeit, Schüttelfrost und Schweißausbrüchen
– Einstiche in der Armbeuge oder an versteckten Körperstellen (Fuß, Hals)

Heroinentzug ist grundsätzlich möglich, stellt aber für die Konsumenten oft ein nahezu unüberwindliches Hindernis dar, da offensichtlich die Schädigung von Rezeptoren ein Leben ohne Drogen extrem behindert. In der Praxis sind ehemalige Konsumenten oft jahrelang auf Substitutionsmittel angewiesen.

Aus der Literatur sind mir Fälle bekannt, in denen Therapien erfolgreich waren; aus meiner langjährigen Praxis als „Drogenfahnder" kenne ich keinen Fall, in dem hochgradig Heroinsüchtige nach mehreren Therapieversuchen drogenfrei leben konnten.

Deshalb diskutiert man mittlerweile darüber, ob die Zielrichtung von Therapien – nämlich die absolute Drogenfreiheit – nicht geändert werden muss und man statt dessen versucht, Heroinsüchtige durch Substitutionsbehandlungen wieder sozial einzugliedern. Auch Möglichkeiten der kontrollierten Abgabe von Heroin, wie rechtlich in der Schweiz möglich, werden diskutiert.

Substitutionsbehandlungen mit *Methadon*, *Subutex* oder anderen Stoffen stellen aber in Deutschland, sowohl praktisch als auch rechtlich, ein großes Problem dar.

Hinzu kommen das hohe Rückfallrisiko, Beikonsum – also der zusätzliche Konsum von Heroin oder anderen Drogen zu den legal verabreichten Substitutionsmitteln – und die soziale Ausgegrenztheit vieler Konsumenten, die den Erfolg von Therapiemaßnahmen massiv gefährden.

Außerdem möchte ich nicht unerwähnt lassen, dass immer wieder Herointote zu beklagen sind, die aufgrund ihres ersten Heroinkonsums nach einer Langzeittherapie kollabiert sind.

In vielen Fällen wird als Todesursache aber Polytoxikomanie (→) festgestellt. Dabei spielte in den letzten Jahren das Schmerzmittel FENTANYL® eine bedauerliche Rolle.

Zur Behandlung schwerstkranker Menschen ist FENTANYL® ein Segen für die jeweils betroffenen Schmerzpatienten. FENTANYL® hat sich jedoch durch die missbräuchliche Nutzung mit gelegentlichen Todesfällen ein angekratztes Image geschaffen. Das Mittel ist in den Anlagen zum BtMG aufgeführt.

Ein weiteres schwerwiegendes Problem in Zusammenhang mit einer Heroinsucht ist das Fehlen einer ausreichenden Anzahl von Substitutionsärzten. Viele Ärzte sind nicht bereit, Sustitutionsbehandlungen anzubieten und/oder die Qualifikation für derartige Behandlungen zu erwerben, wohl auch, weil Heroinsüchtige nach wie vor einer *Randgruppe (Randsider)* (→)

im soziologischen Sinn zuzurechnen sind und Ärzte oft Angst haben, als Substitutionsärzte rechtliche Probleme zu bekommen. Außerdem kursiert in Kreisen Heroinsüchtiger die Vermutung, dass manche Ärzte ihren (Stamm-)Patienten den Kontakt mit Drogensüchtigen ersparen wollen.

Aus Erfahrung ist jedoch davon auszugehen, dass potentielle Heroinkonsumenten im Arbeitsbereich nicht so häufig anzutreffen sein werden. Doch am Anfang einer Drogenkarriere – mit Heroin – arbeiten noch viele. Und nach einer Therapie suchen viele Betroffene wieder Arbeit. Beim Bewerbungsgespräch vermeiden sie dann gelegentlich, eine Substatutionsbehandlung einzugestehen.

Deshalb scheint es mir schon wichtig, auch über Heroin aufzuklären, da frühzeitig präventive Maßnahmen gefährdete Mitarbeiter schon noch zu einer Umkehr bewegen könnten.

Zusammenfassung

Das statistische Zahlenmaterial und die Dunkelfeldforschung belegen die Wahrscheinlichkeit, dass auch Sie – im Rahmen Ihrer beruflichen Tätigkeit – Probleme in Verbindung mit illegalen Drogen zu lösen haben könnten.

Illegale Drogen sind speziell im Arbeitsbereich in keinem Fall zu tolerieren. Sie gefährden die Arbeitssicherheit und den Betriebsfrieden. In Arbeitsverträgen oder in allgemein gültigen Betriebsvereinbarungen sollten klar beschriebene Konsequenzen bei Drogenumgang im Arbeitsbereich fixiert sein. Damit erleichtern Sie sich oder den Verantwortlichen die Arbeit zum Erhalt der Verkehrs- und Arbeitssicherheit im Unternehmen.

Nutzen Sie das angeeignete Wissen zur Planung von präventiven Maßnahmen. Reagieren Sie beim ersten Verdacht von Drogen im Arbeitsbereich.

Prüfen Sie sofort, ob der Verdacht begründet ist und tatsächlich illegale Drogen vorhanden oder konsumiert worden sind. Bestätigt sich Ihr Verdacht, sollten Sie sofort handeln.

III.   Medikamente im Arbeitsbereich

1.   Allgemeines

Medikamente sind für uns alle in bestimmten Lebenssituationen unerlässlich und auch im Arbeitsbereich nicht wegzudenken. Grundsätzlich werden wir deshalb Medikamente eher positiv bewerten und das ist gut so, wenngleich natürlich bestimmte Präparate und Behandlungsmethoden als fragwürdig diskutiert werden. Denken Sie nur an die CONTERGAN®-Opfer oder an Heroin, das jahrelang als heilbringendes Medikament verkauft worden ist, bis man die Suchtwirkung bemerkt hat.

Sucht- und Abhängigkeitsprobleme im Zusammenhang mit Medikamenten sind ein sehr sensibles Thema, speziell im Arbeitsbereich. Missbrauch oder gar den Beginn einer Sucht zu erkennen und im Hinblick auf die Gefährdung der Arbeitssicherheit richtig einzustufen, ist schwieriger als beim Thema *illegale Drogen.*

Doch der zunehmende Missbrauch von Medikamenten sollte uns motivieren, absehbare Gefahren für uns selbst, Kollegen, Freunde und die Firmen, für die wir arbeiten, zu vermeiden. Aber wie, werden Sie fragen?

In diesem Buch möchte ich deshalb nicht das Für und Wider bestimmter Medikamente oder Heilmethoden behandeln, sondern Ihnen Möglichkeiten bieten, die schwierige Thematik zu verstehen, die möglichen Probleme von Medikamenten im Arbeitsbereich zu erkennen und die straf-, zivil- und arbeitsrechtlichen Folgen zu internalisieren. Ich werde Ihnen Erkennungszeichen beschreiben, die Sie auch als Laie nutzen können, um Medikamentenmissbrauch zu erkennen oder auf legalen Medikamentengebrauch, der die Arbeitssicherheit gefährden könnte, zu reagieren. Sinnvolle Aktionen bei Verdachtsfällen, Präventionsmaßnahmen und Hilfsangebote sind ebenfalls Teilbereiche dieses Kapitels. Dabei geht es um Fakten, die im Arbeitsleben wichtig werden können. Nämlich darum, dass bestimmte Medikamente – unabhängig davon, ob sie therapeutisch notwendig, ärztlich verordnet oder missbräuchlich eingesetzt werden – die Verkehrs- und Arbeitssicherheit gefährden können. Dies frühzeitig zu erkennen, ist wichtig.

Deshalb geht es auch darum, Sie für mögliche Problemfelder zu sensibilisieren und die Folgen von Medikamentenmissbrauch nicht zu unterschätzen. Für bestimmte Handlungen Ihrer Mitarbeiter, in Zusammenhang mit Medikamenten, können Sie nämlich sogar selbst zur Verantwortung gezogen werden; und zwar auch dann, wenn die Mitarbeiter ärztlich verordnete Medikamente einnehmen; nicht nur bei Missbrauch. Ich will Ihnen erklären, welche Substanzen besonders zu beachten sind und wie sie die Mittel selbst und deren Wirkung erkennen oder erahnen können.

Sie erfahren, wann eine Gefahr durch *riskanten, schädlichen oder gefährlichen (Medikamenten-)Konsum* und damit eine Gefährdung der Verkehrs- und Arbeitssicherheit entsteht und welche Möglichkeiten man in Anspruch nehmen kann, um im Rahmen von betrieblicher Hilfsleistung auf eine entsprechende Situation sinnvoll zu reagieren.

Bestimmungsgemäß genutzt, haben Medikamente den entscheidenden Vorteil, dass in der heutigen Zeit grundsätzlich alle Arbeitnehmer auf Mittel zurückgreifen können, die sie im Krankheitsfall arbeitsfähig halten können oder den Heilungsprozess beschleunigen. Die Ausfallzeiten werden dadurch reduziert; die psychischen, geistigen und körperlichen Fähigkeiten auch im Krankheitsfall weitgehend erhalten.

Doch was ist, wenn Substanzen missbräuchlich eingesetzt werden oder wenn sie (auch nach ärztlicher Verordnung) die kognitiven Fähigkeiten der Mitarbeiter so beeinflussen, dass deren Sicherheit und die der Kollegen gefährdet sind? Was dann, wenn die Einnahme der Medikamente bestimmte Verhaltensregeln fordert, deren Missachtung gar den Tatbestand von Strafgesetzen erfüllt? Wenn die Einnahme der Präparate zu Sucht, Abhängigkeit oder zum Verlust des Versicherungsschutzes führen kann?

Was dann, wenn Missbrauch die eigentlichen Vorteile moderner Medikamente in existentielle Nachteile umwandelt?

Aus der Automobilindustrie kennen wir den Versuch, Testgeräte in die Fahrzeuge einzubauen, die den Fahrer verpflichten, vor Fahrtantritt zu kontrollieren, ob er die erlaubte Alkoholgrenze überschritten hat. Erst wenn der Fahrer tatsächlich fahrtüchtig ist, lässt sich das Fahrzeug starten.

Die Nachfrage nach solchen Fahrzeugen ist derzeit allerdings noch nicht sonderlich hoch, da keine rechtliche Verpflichtung besteht, solche Testsysteme in Neufahrzeuge einzubauen und einzusetzen. Was die Zukunft bringt, wird sich zeigen. Fakt ist, dass man versucht, den Problemkreis *Alkoholkonsum und Verkehrssicherheit* aufzulösen. Allerdings ist die Droge *Alkohol* auch relativ leicht zu testen.

Das Testen von Medikamenten ist schwieriger, auch aus rechtlichen Gründen. Die Situation nach der Einnahme von Medikamenten – auch denen, die dem BtMG unterstellt sind – muss im Gegensatz zu Alkohol aus einem anderen Blickwinkel betrachtet werden.

Bestimmte Medikamente oder Medikamentengruppen gelten zwar auch als sogenannte *„andere berauschende Stoffe"* im Sinne des Strafgesetzbuches, aber vergleichbare Höchstgrenzen wie die bekannte Promillegrenze nach Alkoholkonsum sind nicht festgelegt.

Das heißt, dass Medikamenteneinfluss vor allem dann strafrechtlich – und in der Folge auch zivil- oder arbeitsrechtlich – relevant werden kann, wenn zum Beispiel nach einem Unfall oder bei Ausfallerscheinungen beim Führen eines Fahrzeuges festgestellt wird, dass der Medikamenteneinfluss ursächlich war.

Deshalb wird es auch in Zukunft dabei bleiben, dass die Rechtslage nach der Einnahme von Medikamenten unbefriedigend ist und der Patient oder Konsument – mit Einschränkungen – alleine für sein Handeln und die Folgen verantwortlich ist, wenn er Medikamente einnimmt.

Nur wenn ein verordnender Arzt seiner umfassenden Aufklärungspflicht nicht nachgekommen ist oder der Patient oder Benutzer des jeweiligen Medikaments auf Anweisung einer anderen Person in die strafrechtlich relevante Situation geraten ist, beispielsweise weil er als Vorgesetzter wusste, dass sein Mitarbeiter starke betäubungsmittelhaltige Medikamente einnehmen muss und ihm trotzdem den Auftrag erteilte, mit einem Kraftfahrzeug am öffentlichen Straßenverkehr teilzunehmen, kann sich das günstig auf die Schuldfrage und zivilrechtliche Forderungen des Konsumenten auswirken.

Solange man also Medikamente einnimmt und nicht durch Ausfallerscheinungen auffällt oder die Wirkung der Medikamente nach einem Verkehrs- oder Betriebsunfall gutachtlich als ursächlich festgestellt wird, ist strafrechtlich wenig zu befürchten. Passiert jedoch etwas, können die Folgen gravierend sein.

Der Einsatz ähnlicher Testsysteme, wie die in Kraftfahrzeugen zur Feststellung der Fahrtauglichkeit nach Alkoholgenuss einbaubaren, ist bei Arzneimitteln sowohl technisch als auch aufgrund der Rechtslage schwierig, ja derzeit fast unmöglich.

Detektionssysteme, die ich Ihnen im Kapitel 2 detaillierter vorstelle, könnten allerdings eingesetzt werden, um Mitarbeiter routinemäßig auf Drogen- oder Medikamenteneinfluss zu testen. Ein Drogenscreening wäre grundsätzlich auf einfache Art und Weise, kostengünstig und ohne großen Personaleinsatz möglich. Dazu bräuchten Sie aber die rechtlichen Voraussetzungen und es muss Ihnen klar sein, dass Sie mit den derzeit vorhandenen Systemen nicht alle missbräuchlich genutzten Medikamente nachweisen können.

Hier sind Ihnen in Deutschland noch die Hände gebunden, weil die rechtlichen Voraussetzungen nicht generell vorhanden sind, sondern erst betriebsintern geschaffen werden müssten. Somit bleibt es leider Ihre Pflicht, zunächst ohne zuverlässige Nachweisgeräte, die Voraussetzungen dafür zu schaffen, dass Sie Substanzmissbrauch erkennen können.

Andere europäische Länder zeigen hier wesentlich entschlossener Flagge, um die gesetzlich geforderte Arbeitssicherheit zu gewährleisten und setzen dazu Detektionssysteme ein.

In Deutschland werden jedoch immer wieder der *Datenschutz und die Individualrechte der Mitarbeiter* als Entschuldigung herangezogen, um solche Tests zu umgehen. Wenden Sie jedoch die Tests gegen Mitarbeiter ohne Betriebsvereinbarung an, kann es Ihnen passieren, dass ein betroffener Arbeitnehmer den Rechtsweg beschreitet und gegen Sie klagt. Nach Drogenkonsum wurden solche Klagen in einigen Fällen von den Arbeitsgerichten abgeschmettert; bei Medikamenteneinnahme stellt sich die Rechtssituation in Deutschland jedoch schwieriger dar. Allerdings wurden in Europa bereits auch für die Medikamenteneinnahme wichtige Urteile gesprochen.

So entschied ein Gericht in Frankreich im Dezember 2016, dass die Entscheidung in erster Instanz keine Gültigkeit hat und der Einsatz von Detektionssystemen in bestimmten Arbeitsbereichen sehr wohl erfolgen kann. In Deutschland sind mir keine derartigen Gerichtsurteile bekannt. (Quelle: www.prev2r.fr/page/ctrlstup)

Dabei gibt es speziell im Bereich des *Arbeitsschutzgesetzes* (ArbSchG) und der *Unfallverhütungsvorschriften* durchaus Passagen, die den Gebrauch, aber auch den Missbrauch von Alkohol, Drogen und Medikamenten im Arbeitsalltag regeln und von Arbeitgebern und deren Mitarbeitern konkrete Verhaltensregeln fordern. Aus meiner Sicht sollten deshalb die rechtlichen Voraussetzungen geschaffen werden, um zumindest in gefahrgeneigten Bereichen und an firmeneigenen Arbeitsmitteln (z.B. Staplern, Tastatur des Computers usw.), Detektionssysteme zum Nachweis von Medikamenten- und Drogen-Kontaminationen einsetzen zu dürfen. Aufklärung, Überprüfungen der Gefährdungslage und Verbot des Arbeitseinsatzes von Mitarbeitern, die durch Alkohol, Drogen oder Medikamente sich und andere gefährden können, gehören zu gesetzlichen Pflichten von Unternehmern und Mitarbeitern, die aber ohne den Einsatz moderner Techniken kaum befriedigend umsetzbar sind.

Ich finde es deshalb wirklich bedauerlich, dass wir – speziell in Deutschland – bei Drogen- und Medikamentenmissbrauch das Risiko von Abhängigkeit, Sucht sowie tragischer Schadensereignisse in Kauf nehmen und unsere Mitarbeiter nicht frühzeitig genug durch effektive Kontrollmaßnahmen (präventive Testverfahren, Drogenscreenings) schützen und so den Betrieb vor Qualitätseinbußen, Ausfall von Mitarbeitern und juristischen Problemen bewahren. Dabei werden bindende Gesetze ignoriert oder nur unzureichend umgesetzt.

Prekärer als bei Alkohol und illegalen Drogen ist die Situation deshalb bei Medikamenten. Wir vergeuden viel Zeit, bis wir die Möglichkeiten nutzen, die zum Nachweis von bedenklichen Substanzen im Arbeitsbereich zur Verfügung stehen. Oft ist es dann zu spät und die betroffenen Mitarbeiter gelten als suchtkrank mit allen persönlichen Folgen und Nachteilen für die Kollegen und den Betrieb.

Nach der Einnahme von Medikamenten – auch von den für die Arbeits- und Verkehrssicherheit bedenklichen betäubungsmittelhaltigen Arzneien oder Benzodiazepinen (→) – überprüfen wir im Arbeitsbereich noch viel zu oberflächlich, ob die Mitarbeiter fahrtüchtig und arbeitsfähig sind oder die Arbeitssicherheit gefährdet ist. Können wir uns wirklich gefahrlos leisten, die neue Entwicklung zu ignorieren?

Hier erscheint in Anbetracht europäischer Gesetzgebung der wiederholte Hinweis angebracht, dass andere europäische Länder sehr wohl überprüfen, ob ihre Mitarbeiter unter dem Einfluss bedenklicher Drogen oder Medikamente die Arbeits- und Verkehrssicherheit gefährden.

Auch der Einsatz von Detektionssystemen ist dort kein Tabu. Viele europäische Firmen setzen solche Testverfahren ein und/oder regeln den Einsatz in den Arbeitsverträgen oder in Betriebsvereinbarungen, was auch in Deutschland möglich wäre, aber kaum praktiziert wird.

Gerade im Arbeitsbereich mit seinen vielen Fußangeln bei der Einnahme von Drogen und Medikamenten (wobei es hier nicht wesentlich ist, ob die Medikamente ärztlich verordnet oder missbräuchlich verwendet zur Anwendung kommen) schauen manche Arbeitgeber, aber auch Arbeitnehmer gerne weg, wenn die Frage auftaucht, ob man unter dem Einfluss bestimmter Substanzen eigentlich zur Arbeit fahren darf und dort im Vollbesitz aller körperlicher und geistiger Fähigkeiten arbeiten kann.

Manche Führungskräfte wollen bisher nicht glauben, dass auch sie selbst strafrechtlich verantwortlich gemacht werden können, wenn Mitarbeiter unter dem Einfluss von Drogen und Medikamenten arbeiten und dabei ein Unfall passiert.

Andere bauen einfach darauf, dass nichts passiert (weil ja in den letzten Jahren auch nichts passiert ist und Medikamente schon immer eingenommen worden sind).

Diese Einstellung ist weit verbreitet, obwohl sich die Lage massiv verändert hat und mittlerweile auch verschiedene Behörden und Krankenkassen mit gezielt auf die Reduzierung von Substanzmissbrauch ausgerichteten Strategien auf die Situation reagieren. In Kanada und Frankreich wird sogar die Frage diskutiert, ob man nicht vor Examen an Universitäten – aus Gleichheitsgrundsätzen – Tests einsetzen soll, um die vielen Konsumenten von Hirndopingmitteln zu enttarnen.

Ich selbst war an der Organisation der verschiedensten *interdisziplinären Meetings* beteiligt, die zum Informationsaustausch und zur Erarbeitung gemeinsamer Projekte zur Missbrauchsreduzierung in regelmäßigen Abständen stattfinden.

Dabei kamen die Teilnehmer – Vertreter von Strafverfolgungsbehörden, Ärzte- und Apotheker-Kreisverbänden, Gerichtsmediziner und Führungskräfte großer gesetzlicher Krankenkassen – zum Entschluss, dass greifbare Maßnahmen gegen Substanzmissbrauch ein wichtiges Thema sind und gemeinsames Handeln fordern. Im Regierungsbezirk Mittelfranken kam man bei so einem Treffen auch zu konkreten Ergebnissen, die beispielsweise durch ein Rundschreiben der *Kassenärztlichen Vereinigung* an alle in Bayern niedergelassenen Ärzte verteilt wurde. (Den Text dieses Informationsschreibens der Kassenärztlichen Vereinigung finden Sie auszugsweise im Anhang, s. S. 295.)

Das Problem dringt langsam in die Gehirne der Verantwortlichen für Gesundheit und Arbeitssicherheit in der Gesellschaft. Aber wer soll den Prozess beschleunigen?

Die *Kontrolle* der Arbeits- und Verkehrssicherheit in einem Unternehmen ist eine *Führungsaufgabe*, die in innovativen Firmen im Rahmen des betrieblichen Gesundheitsmanagements auch sehr ernst genommen wird. Doch nach wie vor fehlt in vielen Unternehmen die Einsicht, effektive Prävention zu organisieren. Handlungsanweisungen bei Missbrauchsverdacht findet man nur in Ausnahmefällen.

Betriebsvereinbarungen, wie die der Universität Freiburg (im Internet zu finden), bestätigen jedoch, dass Vereinbarungen zwischen Arbeitgeber und Arbeitnehmer möglich sind und durchaus akzeptiert werden.

Doch Mustervereinbarungen von Vorreitern werden nur zögerlich angenommen.

Die Verwendung *illegaler Drogen* im Arbeitsbereich wird sicherlich von den meisten *Führungskräften* und *Fachkräften für Arbeitssicherheit* abgelehnt. Hier sind die Gefahren meist wenigstens im Groben bekannt, wobei der Informationsstand über die möglichen körperlichen und rechtlichen Folgen oft sehr unterschiedlich ist und die Entscheidungen von Arbeitgebern und Arbeitnehmern zum Thema massiv beeinflussen kann.

Welche Verhaltensregeln bei Medikamenteneinnahme, Erwerb und Abgabe zu beachten sind, welche Gruppen sich negativ auf die Arbeitssicherheit auswirken können, ist vielen Menschen nicht bekannt.

Ich werde deshalb in diesem Kapitel intensiver auf Medikamentenmissbrauch und therapeutisch notwendigen Gebrauch eingehen. Dabei kann ich vorausschicken, dass vor allem betäubungsmittelhaltige Medikamente wie die häufig verordneten Arzneien RITALIN®, MEDIKINET®, FENTANYL®, OXYCODON® oder auch LYRICA®, sowie Benzodiazepine (Schlaf- und Beruhigungsmittel) und die Risikofaktoren für die Arbeitssicherheit im Fokus dieses Kapitels stehen werden.

Vor allem bei der Anwendung dieser letztgenannten *Fertigarzneimittel* habe ich in den letzten Jahren festgestellt, dass viele Führungskräfte keinerlei Probleme erkannten, wenn ihre Mitarbeiter solche Medikamente eingenommen haben. Sie sind häufig davon ausgegangen, dass die Medikamente aufgrund einer Erkrankung eingenommen werden müssen. Wurden sie von einem Arzt verschrieben, glaubten sie, damit würde ihr Verantwortungsbereich enden. Zunehmender Missbrauch und die Auswirkungen auf die Sicherheit am Arbeitsplatz war kein Thema.

Dass Substanzmissbrauch und die Einnahme bestimmter Fertigarzneimittel für den Betroffenen, seine Kollegen und den Betrieb große Probleme aufwerfen können, wurde vielen erst bewusst, als der Mitarbeiter – deutlich wahrnehmbar – erste Anzeichen einer Suchterkrankung gezeigt hat oder das Thema nach einem Betriebsunfall aktuell wurde. Doch oft war der Kollege, die Kollegin dann schon *suchtkrank,* was dazu führte, dass Therapiemaßnahmen und Wiedereingliederungsmaßnahmen nötig wurden und dies zu einem Mitarbeiterausfall von mehreren Monaten, manchmal bis zu einem Jahr, führte.

In anderen Fällen waren es Betriebsunfälle, die die Verantwortlichen zum Nachdenken bewegten.

In diesem Zusammenhang einige, vielleicht provokante Fragen!

Ist Ihnen bewusst, dass Schmerzpatienten, die FENTANYL®-Pflaster, aber auch andere betäubungsmittelhaltige Arzneien einsetzen, einen sogenannten *anderen berauschenden Stoff* im Sinne des Strafgesetzbuches einnehmen und dadurch nicht ohne Weiteres mit Fahrzeugen am Straßenverkehr teilnehmen dürfen oder in verschiedenen Arbeitsbereichen mit anderen Aufgaben betraut werden müssten?

Ist Ihnen klar, dass es zu massiven Schwierigkeiten kommen kann, wenn einer Ihrer Mitarbeiter auf einer Geschäftsreise in Länder des Schengen-Raumes betäubungsmittelhaltige Medikamente mitführen muss und nicht im Besitz der dafür nötigen Erlaubnis (nach Art. 75 des Schengener Durchführungsabkommens) ist, die vom behandelnden Arzt und der Gesundheitsbehörde geprüft und unterschriftlich genehmigt sein muss?

Ähnlich kann es sich bei Leuten verhalten, die ärztlich verordnete Medikamente einnehmen, die dem BtMG unterstellt sind. Beispielsweise Auszubildende, die wegen ADS oder ADHS Präparate wie RITALIN®, CONCERTA® oder MEDIKINET® einnehmen.

Der Unterschied liegt in der Tatsache, dass bei der Anwendung von FENTANYL, RITALIN oder OXYCODON, wenn die Mittel ärztlich verordnet wurden, in erster Linie verkehrs- und sicherheitsrechtliche Aspekte zu beachten sind, während bei der missbräuchlichen Nutzung zusätzlich gegen Strafbestimmungen des BtMG verstoßen wird.

Regelungen für Grenzübertritte mit betäubungsmittelhaltigen Substanzen sind ein Thema für sich, auf das ich im Kapitel *Sonderthemen* eingehen werde.

Schlagworte, die zur Vorsicht mahnen, können sowohl bei ärztlich verordneten, als auch missbräuchlich verwendeten Medikamenten *Hirndoping, Neuro-Enhancement, ADS, ADHS* oder auch *Burnout* (→) sein.

Auch bei ambitionierten Sportlern, die *Amphetamine* oder *Anabolika* einsetzen, greift das BtMG neben Verkehrs- und Arbeitssicherheitsvorschriften.

Hier lautet das Stichwort: *Sport-Doping*, das zunehmend auch im Amateurbereich verbreitet ist und sogar schon zu Todesopfern geführt hat.

Und es gibt einige weitere Bereiche, in denen Medikamente auftauchen, die sich auf die Arbeitssicherheit auswirken können und das Handeln der Führungskräfte oder deren Beauftragter fordern.

Sie sehen, Medikamente kommen in den unterschiedlichsten Bereichen des Arbeitslebens vor und erfordern dort Beachtung und auch angepasste Maßnahmen, soll die Arbeits- und Verkehrssicherheit bewahrt werden.

Das Thema *Medikamente und Drogen im Arbeitsbereich* muss dann interdisziplinär betrachtet werden, will man mit effektiver Prävention und mit gezielten Hilfsangeboten in einem Verdachtsfall professionelles Gesundheitsmanagement betreiben.

Für Ihre Aufgaben als Führungskraft ist zunächst die Unterscheidung wichtig, ob entsprechende Medikamente aufgrund

– *ärztlicher Verordnung und therapeutischer Notwendigkeit eingenommen werden,*
– *um welche Medikamente es sich handelt (rezeptfreie, rezeptpflichtige oder illegal erworbene) und*
– *welche spezielle Wirkung die Verkehrs- und Arbeitssicherheit beeinträchtigen kann.*

Diese Unterscheidung ist zur Beurteilung des Gefährdungspotentials im Arbeitsumfeld und zur Beurteilung der Rechtslage nötig.

Doch bevor ich die Besonderheiten der einzelnen Bereiche behandle, möchte ich Ihnen durch einige Beispiele verdeutlichen, wie das Thema *Medikamente im Arbeitsbereich* relevant werden könnte und Verkehrs- und Arbeitssicherheit beeinträchtigt.

Beispiele:

An einem Dienstagmorgen durchsuchen Kriminalbeamte nach Vorlage eines richterlichen Durchsuchungsbeschlusses die Geschäftsräume einer Speditionsfirma.

Der Durchsuchungsbeschluss richtet sich in erster Linie gegen einen Mitarbeiter, der im Verdacht steht, Handel mit Crystal, einer stark wirkenden Droge, die dem BtMG unterstellt ist, zu treiben. Der Mitarbeiter arbeitet als LKW-Fahrer und betreut Touren zwischen Deutschland und europäischen Nachbarländern. Die Tätigkeit soll er zum Schmuggel von Drogen genutzt haben.

Die Firmenräume des Unternehmens, in dem der Verdächtige arbeitet, werden deshalb durchsucht, weil der Verdacht bestand, dass der Spind als Versteck benutzt wird.

Bei der Durchsuchung werden 25 Flaschen CODIPRONT (Hustenstiller) und eine geringe Menge Crystal gefunden und sichergestellt.

(Dazu muss man wissen, dass es findige Hobbychemiker gibt, die die Inhaltsstoffe dieses Hustenmittels zur illegalen Herstellung von Crystal Meth nutzen.)

Wie würden Sie also reagieren, wenn Sie – vielleicht durch Zufall – als Fachkraft für Arbeitssicherheit oder Führungskraft erfahren, dass einer Ihrer LKW-Fahrer im Verdacht steht, Drogen zu schmuggeln, regelmäßig

CODIPRONT einnimmt und in seinem Spind die beschriebenen 25 Flaschen verwahrt oder sammelt? Spielen Sie die Situation doch gedanklich durch und gehen dabei davon aus, dass Sie ohne polizeiliche Aktion, von Kollegen des Verdächtigen vom Verdacht erfahren haben.

*** *

In einem Supermarkt fällt eine 34-jährige Frau, die in Begleitung ihres kleinen Sohnes war, bewusstlos um. Der herbeigerufene Notarzt stellte Lebensgefahr fest und ließ die Frau in eine Fachklinik transportieren, da sich bereits bei der ersten Diagnose der Verdacht aufdrängte, dass als Ursache eine Hirnblutung wahrscheinlich ist.

Im Krankenhaus bestätigte sich der Verdacht. Die Frau hatte tatsächlich eine schwere Hirnblutung, die zum Verlust des Sprechvermögens und zu einer einseitigen Lähmung führte.

Als Auslöser der Hirnblutung wurde nach der ersten Diagnose langjähriger Medikamentenmissbrauch, sowie massiver Konsum von Methamphetamin (= Crystal) in Verbindung mit regelmäßigem Cannabiskonsum vermutet.

Nachdem bereits im Supermarkt eine polizeiliche Aufnahme des Vorfalles erfolgt war, wurden nach der ersten Diagnose weitere polizeiliche Ermittlungen eingeleitet. Der Verdacht des Umgangs mit illegalen Drogen und der missbräuchliche Gebrauch von Medikamenten stand im Raum.

In der Wohnung der Frau konnten neben verschiedenen Medikamenten in großer Zahl, Crystal und Haschisch gefunden und beschlagnahmt werden.

Außerdem fand man Arbeitsunterlagen, die dann an den Chef der Verletzten zurückgegeben wurden. Bei der Übergabe der Unterlagen äußerte der Mann, dass er schon etwa eineinhalb Jahre vor dem Vorfall einen Substanzmissbrauch vermutet hatte, sich aber unsicher war, wie er mit seinem Verdacht umgehen sollte. Aus Gründen der Persönlichkeitsrechte hatte er nicht den Mut, seine Vermutung mit seiner qualifizierten Mitarbeiterin zu besprechen.

Dies führte dazu, dass die Vorgesetzten der Verunglückten über ein Jahr lang zusahen, wie sich ihre Kollegin in eine Suchtproblematik manövrierte, die letztlich die Ursache für die Hirnblutungen und die folgende Behinderung war.

Hätte der Chef reagiert, beispielsweise durch ein Fürsorgegespräch oder durch Testung von firmeneigenen Arbeitsmaterial mit Detektionssyste-

men, hätte er feststellen können, dass die Frau im Betrieb Crystal, Haschisch und verschiedene Medikamente verwendete, um die Doppelbelastung als Alleinerziehende und berufliche Hoffnungsträgerin zu meistern. Anzeichen für einen möglichen Substanzmissbrauch hatte es vor dem Unfall ausreichend gegeben. Sie wurden aber ignoriert und der Vorgesetzte der Verletzten hatte nichts unternommen.

* * *

In einem Maurerbetrieb meldet sich der langjährige Mitarbeiter Hans wieder arbeitsfähig. Er war wegen eines schweren Bandscheibenleidens im Krankenstand und muss nach wie vor starke Schmerzmittel auf Morphium-Basis einnehmen. Bei Arbeitsbeginn erzählt er das seinem Chef und erklärt, dass er die nächsten Monate noch nicht so schwer heben soll und langes Stehen oder Sitzen vermeiden sollte.

In der Meinung, er tut seinem Mitarbeiter etwas Gutes, schickt ihn der Chef auf eine Baustelle, die Ausbesserungsarbeiten auf einem Gerüst in ca. 2 Meter Höhe erfordert.

Hans erledigt die Arbeiten anfangs ohne Probleme. Trotz der relativ geringen Höhe spürte er jedoch nach ca. einer Stunde ein starkes Schwindelgefühl und sagte das auch seinen Kollegen. Niemand reagierte.

Plötzlich fiel Hans kopfüber vom Gerüst, schlug mit dem Kopf auf und verletzte sich lebensgefährlich.

Zwei Tage nach dem Unfall starb er.

Die Ehefrau von Hans erklärte während der Vernehmungen, die durch Kriminalbeamte im Rahmen von Ermittlungen wegen des Betriebsunfalles geführt werden mussten, dass Hans unter Einfluss seiner Medikamente niemals auf einem Gerüst hätte arbeiten dürfen.

Die Ermittlungen wurde deshalb auf den Chef ausgeweitet, der die Anordnung zum Ausführen der Gerüstarbeiten erteilt hatte, obwohl er wusste, dass Hans hochwirksame, betäubungsmittelhaltige Morphium-Präparate eingenommen hatte.

Ich möchte diese Beispiele zunächst unkommentiert stehen lassen und Sie bitten, zu überlegen, ob Sie vielleicht sogar selbst ähnliche Fälle erlebt haben.

Richtungswechsel!

Wenn Sie an den Umgang mit Medikamenten im Arbeitsbereich denken, sollten Sie auch darüber nachdenken, dass auch die Beschaffung der Mittel ein Thema werden kann, nämlich dann, wenn die Substanzen illegal beschafft werden müssen und das Entdeckungsrisiko minimiert werden soll.

Auch hier kann man Mitarbeiter und Betrieb vor Schäden schützen, indem man aufmerksam ist, speziell dann, wenn bestimmte Mitarbeiter bereits durch Aktivitäten aufgefallen sind, die durchaus mit Substanzmissbrauch in Zusammenhang stehen könnten.

Während meiner Buchrecherchen bin ich gelegentlich auf Betriebe gestoßen, in denen es unter den einzelnen Mitarbeitern üblich war, die persönlichen Kennwörter für die Nutzung der betrieblichen PCs (mit Internet-Anschluss) auszutauschen. In der Praxis war dies gelegentlich sehr vorteilhaft, da jeder an jedem Computer arbeiten konnte und oft lange Wege und Wartezeiten vermieden werden konnten.

Doch im Einzelfall kann diese Praxis gefährlich sein, vor allem, wenn Medikamentenmissbrauch oder die illegale Beschaffung der Mittel im Rahmen polizeilicher Ermittlungen bekannt wird und davon auszugehen ist, dass Möglichkeiten am Arbeitsplatz genutzt wurden, um an die verbotenen Präparate zu kommen.

Auch dazu ein

Beispiel:

In einem Fall kam es zu einem Strafverfahren gegen einen Mitarbeiter B. und deshalb zum Vollzug eines richterlichen Durchsuchungsbeschlusses, der sich auch auf den Arbeitsplatz des Beschuldigten bezog.

Bei polizeilichen Ermittlungen in anderer Sache war nämlich festgestellt worden, dass B. regen Handel mit Amphetamin, Haschisch und RITALIN®, sowie VIAGRA® und Anabolika betrieb. Die Mittel hatte er, wie sich feststellen ließ, mit einem Computer der Firma bestellt. Allerdings hatte er nicht seinen eigenen (Firmen-)PC genutzt, sondern sich mit dem bekannten Kennwort seines Arbeitskollegen in das sogenannte Darknet eingeloggt und seine Bestellungen aufgegeben.

Mit seiner „Cleverness" prahlte B. allerdings bei seinen (Drogen- und Medikamenten-)Kunden. Nach der Festnahme eines der Drogenkäufer, nutzte dieser die rechtlichen Möglichkeiten des § 31 BtMG (eine Art Kronzeugenregelung, die dem Aussagebereiten gewisse Vorteile bei sei-

ner gerichtlichen Hauptverhandlung garantiert) und erzählte alles über seinen Drogenlieferanten B. und dessen Arbeitsweise.

Die Aussage zwang zur Einleitung weiterer Ermittlungsverfahren und zur Durchsuchung des Mitarbeiters und seines Arbeitsplatzes.

Nachdem heute die zahlreichen *Darknet*-Plattformen alle Arten von Drogen und Medikamenten anbieten, sind sie für Konsumenten und Händler natürlich eine (scheinbar) gute Möglichkeit, ohne großes Risiko an die gewünschten Drogen und Medikamente zu gelangen. Die Ware wird meist mit *Bitcoins* bezahlt und kommt meist per Post.

Die Nutzung von Firmen-Computern zur Bestellung der illegalen Waren ermöglicht nicht unbedingt einen direkten Rückschluss auf den Nutzer bzw. Besteller, vor allem wenn die Kennwörter für den Zugang unter der Belegschaft ausgetauscht worden sind. Dann können sie von den Bestellern illegaler Waren genutzt werden. Das Entdeckungsrisiko lässt sich so auf ein Minimum senken.

Regelmäßige Überprüfungen durch die Administratoren und Hinweise an die Mitarbeiter, die persönlichen Kennwörter für den Zugang in die IT-Systeme wirklich nur persönlich zu nutzen, halte ich – auch in Bezug auf Substanzmissbrauch – für absolut notwendig.

Natürlich kommen solche Fälle nicht jeden Tag vor und es können auch andere verbotene Gegenstände, wie Waffen, bestellt werden. Auch das Thema Werkspionage passt hier gut. Doch in diesem Buch geht es um Substanzmissbrauch. Haben Sie aber den Verdacht, dass einer Ihrer Mitarbeiter Substanzmissbrauch betreibt, kann man im Einzelfall sicherlich auch abklären, welche Aktivitäten am PC im Betrieb von Ihren Administratoren festgestellt werden können.

Und noch ein **Beispiel**, bei dem Sie sich gedanklich in die Rolle des Vorgesetzten versetzen können und selbstkritisch prüfen, wie sie sich verhalten hätten, wenn Ihnen der Kollege von seinen Medikamenten erzählt hätte:

Ihr Kollege Meier kommt nach längerer Erkrankung (schwerer Bandscheibenvorfall) wieder zur Arbeit. Er soll mit einer Wiedereingliederungsmaßnahme langsam an den Arbeitsalltag herangeführt werden.

Am ersten Arbeitstag begrüßen Sie den verdienten Mitarbeiter und erkundigen sich nach seinem Wohlbefinden.

Im Betrieb herrscht grundsätzlich ein vertrauensvolles Betriebsklima und Meier erzählt Ihnen fröhlich und frei, dass es ihm nach der schwie-

rigen Operation schon wieder relativ gut geht, vor allem, weil er FENTANYL®-Schmerzpflaster gegen die Schmerzen erhält. Er berichtet auch, dass er bestimmte Tätigkeiten, wie Heben, langes Sitzen oder Stehen, vermeiden soll. Er hofft aber, dass er nach der Wiedereingliederungsmaßnahme wieder voll arbeitsfähig ist und auf Schmerzpflaster verzichten kann.

Sie haben Verständnis für die Anfangsschwierigkeiten des Kollegen und wollen ihn noch schonen. Deshalb erteilen Sie ihm den Auftrag, mit dem Firmenfahrzeug in die Nachbarstadt zu fahren, um dort bei der Post eine wichtige Lieferung abzuholen. Meier nimmt den Auftrag gerne an und fährt auftragsgemäß los.

Schon nach wenigen Kilometern Fahrt wird er in einen schweren Verkehrsunfall verwickelt. Sowohl er selbst als auch sein Unfallgegner kommen bewusstlos und schwer verletzt in das nächstgelegene Krankenhaus.

Im Rahmen der Unfallaufnahme, ordnet die zuständige Staatsanwaltschaft bei den Unfallbeteiligten Blut- und Urinproben und die anschließende gutachtliche Untersuchung an.

Die weiteren Ermittlungen bringen keine klaren Erkenntnisse darüber, wer letztlich der Verursacher des Verkehrsunfalles war. Leider gibt es keine Augenzeugen.

Durch die Untersuchung der Blut- und Urinproben wird jedoch festgestellt, dass Ihr Mitarbeiter unter dem Einfluss von FENTANYL (Morphium) stand; bei seinem Unfallgegner konnte keine Unregelmäßigkeit bezüglich der Fahrtauglichkeit festgestellt werden.

Die Spurenlage am Unfallort gab auch keinen Aufschluss über die Unfallursache.

Somit besteht gegen Ihren Mitarbeiter der Verdacht einer Straftat nach dem Strafgesetzbuch, weil er unter dem Einfluss anderer berauschender Mittel einen Verkehrsunfall verursacht hat. Hier kommt Straßenverkehrsgefährdung (§ 315c StGB) sowie fahrlässige Körperverletzung (§§ 223, 223a StGB) als Straftatbestand in Betracht. Ein Ermittlungsverfahren wird eingeleitet, der Führerschein ihres Mitarbeiters beschlagnahmt.

Natürlich nimmt sich Ihr Mitarbeiter einen Rechtsanwalt, der aber nur die Chance sieht, den Verstoß gegen das Strafgesetzbuch zuzugeben. Zu klar ist die Beweislage. Ihr Mitarbeiter hatte unter dem Einfluss sogenannter anderer berauschender Mittel (FENTANYL®) am Straßenverkehr teilgenommen und dabei einen schweren Verkehrsunfall mit massiven Verletzungen des Unfallgegners verursacht. So zumindest der Vorwurf der Staatsanwaltschaft. Wenngleich erst bei Gericht festgestellt werden wird (Gutachter?), ob das FENTANYL® wirklich für den Unfall ursächlich war, wird Ihr Mitarbeiter kaum um die Unannehmlichkeiten eines Strafverfahrens herumkommen. Das wird ihm auch sein Rechtsanwalt erklären.

Allerdings wird der Rechtsanwalt auch Möglichkeiten sehen, zumindest eine Teilschuld – und dies kann bei der Regelung zivilrechtlicher Forderungen des Unfallgegners Ihres Kollegen Meier entscheidend sein – auf andere Beteiligte zu übertragen. Und dies kann der behandelnde Arzt oder der Auftraggeber der Geschäftsfahrt sein.

Der Rechtsanwalt wird deshalb die Aufklärungspflichten des behandelnden Arztes hinterfragen und – natürlich – die Frage klären lassen, wer den Auftrag zu dieser Fahrt unter Morphium-Einfluss gegeben hat.

Nachdem Ihr Kollege Meier Sie über seinen Krankheitsverlauf und die eingesetzten Medikamente umfassend informiert hatte, wird sich in jedem Fall die Frage stellen, ob es für Sie hätte erkennbar sein müssen, dass der Mitarbeiter unter dem Einfluss der verordneten Medikamente nicht hätte am Straßenverkehr teilnehmen dürfen. Da Sie im rechtlichen Sinne als Vorgesetzter in die sogenannte „Garantenstellung" (→) (nach dem Strafgesetzbuch) geraten könnten und dadurch auch für Straftaten eines Mitarbeiters zur Verantwortung gezogen werden können, ist nicht auszuschließen, dass auch gegen Sie ein Strafverfahren eingeleitet werden würde und Sie, auch zivilrechtlich, für die Schadensregulierung verantwortlich gemacht werden. Abhängig ist dies in erster Linie vom Einzelfall.

Arbeitsrechtliche Verfehlungen, die durch ihren Auftrag im Raum stehen könnten, will ich an dieser Stelle zunächst vernachlässigen.

Die Entscheidung des zuständigen Richters bleibt abzuwarten. Doch Sie können sich sicherlich vorstellen, welche Schwierigkeiten eine Führungskraft, wie die im Beispiel beschriebene, zu lösen hätte.

Im Kapitel *Sonderthemen*, S. 227 ff., gehe ich im Übrigen noch einmal detaillierter auf Drogen und Medikamente im Straßenverkehr ein und werde auch Lösungsmöglichkeiten aufzeigen, die zur Verfügung stehen, um einem Mitarbeiter, der am Straßenverkehr teilnehmen muss, aber auch auf betäubungsmittelhaltige Fertigarzneimittel angewiesen ist, die Möglichkeit zu schaffen, ohne Probleme ein Kraftfahrzeug zu führen.

Die geschilderten Beispiele sollten Ihnen einmal mehr zeigen, wie vielfältig sich die Thematik *Medikamente und Drogen* in Ihren Arbeitsbereich drängen kann. Dabei gibt es viele weitere Fallkonstellationen, in denen Sie auch als Führungskraft persönlich Verantwortung übernehmen müssen, und sei es „nur" nach einer polizeilichen Durchsuchungsaktion, die von der Presse ausgeschlachtet wurde und dem Unternehmen negative Schlagzeilen brachte.

Dass hier die unterschiedlichsten Aufgaben der Mitarbeiter im Rahmen eines *Brainstorming* zum Thema berücksichtigt werden müssen, festgelegte Organisationsabläufe, wie die Zustimmung des Betriebs- oder Personalrates, einzuhalten sind oder sonstige betriebsspezifische Besonderheiten Beachtung finden müssen, versteht sich von selbst. Doch nichts zu unternehmen, wäre in jedem Fall die schlechteste Lösung.

Zunächst sollte aber klargestellt werden, dass es jeder Führungskraft bewusst sein sollte, dass es bei der Betrachtung von Problemfeldern, die in Zusammenhang mit dem Einsatz von Medikamenten zu beackern sind, nicht darum geht, Mitarbeitern die nötigen Medikamente vorzuenthalten. Das wäre fatal, menschlich und rechtlich auch bedenklich. Es geht einfach darum, ein Gespür dafür zu entwickeln, das Richtige zu tun, um Substanzmissbrauch im Arbeitsbereich zu reduzieren oder zu verhindern.

Deshalb ist es wichtig, die Mittel zu kennen, die im Arbeitsbereich problematisch sein können, die rechtlichen Spielregeln beim Umgang mit solchen Stoffen zu internalisieren, die eigene Position und Verantwortlichkeit als Arbeitgeber oder Arbeitnehmer richtig einzuschätzen und vorgestellte Lösungsmöglichkeiten zu nutzen, wenn der Verdacht eines Missbrauchs aufkommt.

Wer sind die Mitarbeiter, die besonders gefährdet sind?

Grundsätzlich würde ich aufgrund eines großen Dunkelfeldes sagen, dass kein Mitarbeiter von Substanzmissbrauch auszuschließen ist. Das soll aber nicht heißen, dass Sie nun jeden Mitarbeiter als verdächtigen Drogen- oder Medikamentenkonsumenten betrachten sollen.

Die *Arzneimittelkommission* sieht allerdings drei Kategorien von Menschen als besonders anfällig für Substanzmissbrauch an. Das sind vor allem,
− Dependente Persönlichkeiten,
− ältere Menschen und
− Jugendliche mit Verhaltensproblemen.

Um die Leute und deren Persönlichkeit kennenzulernen, sollten Sie versuchen – soweit möglich –, einen „Draht" zu Ihren Mitarbeitern zu finden, da Sie durch persönliche Gespräche mehr erfahren können. Sie bauen dabei auch die nötige Vertrauensbasis auf, die bei einer Problemlösung nützlich sein kann und stellen Veränderungen an der Person am schnellsten fest. Probleme mit der Gesundheit, extreme, ungewöhnliche Leistungsfähigkeit, Konzentration oder unnatürlicher Muskelzuwachs fallen so schneller auf und ermöglichen Nachfragen.

In diesem Zusammenhang sollte Ihnen aber auch bewusst sein, dass bestimmte Ereignisse im Leben eines Menschen (Mitarbeiters), wie der Tod eines nahestehenden Freundes oder Verwandten, Krankheit oder auch private oder berufliche Belastungen durch Über- oder Unterforderung, die Auslöser von Substanzmissbrauch, aber auch oft anderen Verhaltensauffälligkeiten mit und ohne Substanzmissbrauch sein können.

Somit hätten Sie im Bedarfsfall wieder Gründe und Möglichkeiten, mit dem betroffenen Mitarbeiter ins Gespräch zu kommen und wichtige Fakten zu erfahren, die für die Erfüllung Ihrer Führungsaufgaben maßgeblich sein können.

Falscher Verdacht – ein Hinweis in die andere Richtung

Fatal wäre es darum, wenn ein erster, vager Verdacht zu vorschnellen Folgerungen führen würde und ein Mitarbeiter dadurch unberechtigt verdächtigt wird, in eine Missbrauchs- oder Abhängigkeitsproblematik durch Medikamente geraten zu sein.

Die Gefahr einer Fehleinschätzung steigt aber, wenn Sie sich nicht mit der Thematik beschäftigt haben.

Binden Sie – bei Zweifeln immer – Betriebsärzte und/oder Betriebsräte in Ihren Entscheidungsprozess ein.

2.   Medikamenteneinnahme nach ärztlicher Verordnung

Geht man das Thema *Medikamentenmissbrauch* im Arbeitsbereich an, sollte man zunächst einmal versuchen zu klären, ob der betreffende Mitarbeiter die Präparate aufgrund ärztlicher Verordnung einnehmen muss. Zur Einschätzung der Einwirkung auf die Arbeitssicherheit ist dann zu klären, um welche Medikamente es sich handelt.

Handelt es sich um Präparate, die die Arbeitssicherheit durch massiven Einfluss auf die kognitiven Fähigkeiten beeinflussen können – z. B. betäubungsmittelhaltige Mittel oder Benzodiazepine –, sollte man besonders aufmerksam sein und klären,

– wie der betroffene Mitarbeiter zur Arbeit und nach Hause kommt (Wegeunfall?) und
– welche Tätigkeiten die Person genau ausführt.
– Ist die Tätigkeit nicht mit den eingenommenen Substanzen und der Verkehrs- und Arbeitssicherheit vereinbar, müssen sofort Schutzmaßnahmen eingeleitet werden.

Bei der Klärung kann Ihnen der Betriebsarzt Unterstützung leisten. Im Vorfeld können Sie sich schon durch Abklärungen, z.B. über WIKIPEDIA, informieren, welche Wirkungen die Mittel grundsätzlich auslösen.

Auch wenn die Mittel ärztlich verordnet worden sind, verlangen bestimmte Medikamentengruppen die Einhaltung strikter Regeln, um nicht gegen Verkehrs- oder arbeitsrechtliche Regeln zu verstoßen.

Die Belegschaft hier für die Gefahren zu sensibilisieren, kann nur gelingen, wenn mit Beispielen aus der Praxis sichergestellt wird, dass alle – verständlich – über die Tragweite informiert sind. Das schreiben auch das Arbeitsschutzgesetz und die Unfallverhütungsvorschriften vor.

Um die Mitarbeiter zu bewegen, ihrem Vorgesetzten gemäß der geltenden Vorschriften mitzuteilen, dass sie Mittel einnehmen, die die Sicherheit beeinträchtigen können, sollten Sie konsequent auf eine allgemein gültige Betriebsvereinbarung hinwirken. Diese sollte Verhaltensmaßregeln für die Nutzung ärztlich verordneter Medikamente und klare Vorgaben für den Fall missbräuchlicher Nutzung beinhalten und unterscheiden, ob es sich um betäubungsmittelhaltige oder sonstige Medikamente handelt. Es sollte auch geklärt sein, wo ein Mitarbeiter eingesetzt wird, wenn er aufgrund einer medikamentösen Behandlung – dauerhaft oder vorübergehend – nicht an seinem gewohnten Arbeitsplatz eingesetzt werden kann.

Solche Maßnahmen umzusetzen erfordert das Zusammenspiel aller Gremien im Betrieb.

Für meine Begriffe eine wichtige Voraussetzung dafür, dass sich Mitarbeiter öffnen und ihren Vorgesetzten mitteilen, dass sie gezwungen sind, bestimmte Medikamente einzunehmen.

Bleiben wir zunächst bei ärztlich verordneten Medikamenten selbst.

Sowohl der verordnende Arzt, als auch (vor allem) der Patient müssen sich bewusst sein, welche Präparate eingesetzt werden, welche Wirkungen sie entfalten und ob diese zur Beeinträchtigung von Verkehrs- oder Arbeitssicherheit führen können.

Gerade bei betäubungsmittelhaltigen Substanzen ist es zusätzlich wesentlich, sich bewusst zu machen, dass die Teilnahme am Straßenverkehr unter Einfluss der Medikamente sogar Strafgesetze verletzen kann und deshalb den Verzicht auf bestimmte Tätigkeiten erfordert, solange nicht gutachtlich festgestellt ist, dass der Konsument der Mittel auch unter deren Einfluss gefahrlos am Straßenverkehr teilnehmen und an seinem Arbeitsplatz ohne Gefährdung agieren kann.

Dies zu beurteilen ist bei der Verschreibung schon einmal die Aufgabe des behandelnden Arztes, der – wie Sie es vielleicht beim Arztgespräch vor einer Operation oder Narkose kennen – verpflichtet ist, den Patienten über alle therapeutischen und sonstigen Besonderheiten umfassend zu informieren, die bei der Einnahme des Medikaments beachtet werden sollten *(Entsprechende rechtliche Hinweise über die Aufklärungspflichten eines Arztes finden Sie in vielen Urteilsbegründungen des Bundesgerichtshofs, die im Internet veröffentlicht sind)*.

Grundsätzlich ist aber der Patient selbst für sein Tun und Handeln verantwortlich. Der Arzt kann ihm aber schriftlich bescheinigen, welche Tätigkeiten er aufgrund der Medikamenteneinnahme nicht ausüben sollte bzw. wie der verordnende Arzt den Einfluss der Präparate auf die spezielle Tätigkeit seines Patienten und die Arbeitssicherheit einstuft.

Auch für Patienten ist es wichtig, die gesetzlichen Vorgaben zu kennen, speziell wenn sie hochwirksame Medikamente einnehmen müssen. (Gesetzestexte finden Sie auszugsweise im Anhang.)

Doch keine Rechtsvorschrift gibt konkrete Auskunft darüber, welche Substanzen in Bezug auf die Arbeitssicherheit gefährlich werden können. Dieses (Grund-)Wissen brauchen Sie aber für Ihre Führungsarbeit. Doch woher nehmen, wenn es um Medikamente geht?

Diese Frage beantwortet aus meiner Sicht eine *Liste problematischer Arzneimittel*, die die *Arzneimittelkommission der Bundesvereinigung Deutscher Apothekerverbände* veröffentlichte. Aus dieser Liste können Sie entnehmen, bei welchen Medikamenten grundsätzlich das genauere Hinschauen sinnvoll sein kann. In unklaren Fällen oder bei weiteren Fragen zu bestimmten Medikamenten sollten Sie in jedem Fall Ihren Betriebsarzt hinzuziehen oder bei den Krankenkassen, Gerichtsmedizinischen Instituten, der Polizei oder Staatsanwaltschaft nachfragen.

Beachten Sie aber, dass Polizei und Staatsanwaltschaft dem Strafverfolgungszwang nach der Strafprozessordnung unterliegen und deshalb bei Verdacht einer Straftat Ermittlungen einleiten müssen. Sind die Mittel jedoch ordnungsgemäß verordnet und bezogen worden, sind kaum Schwierigkeiten zu befürchten, außer der Betroffene nimmt am Straßenverkehr teil und die Mittel sind in die Gruppe der sogenannten *anderen berauschenden Mittel* einzustufen, was bei betäubungsmittelhaltigen Substanzen grundsätzlich vorausgesetzt werden muss.

## 3.	Problematische Arzneimittelgruppen (Quelle: Arzneimittelkommission)

Die *Arzneimittelkommission der Bundesvereinigung Deutscher Apothekerverbände* hat beim Symposium *Medikamentenmissbrauch* der *ABDA*, des *ADAC* und des *Deutschen Olympischen Sportbundes* im November 2009 u. a. drei Gruppen von Arzneimitteln vorgestellt, die besondere Aufmerksamkeit erfordern, weil sie immer wieder in Zusammenhang mit Missbrauchsfällen auftauchen können. Diese Mittel werden häufig verordnet und die Einnahme wird auch von den verordnenden Ärzten besonders überwacht – oder – sollte besonders gut überwacht werden.

Dennoch ist die folgende Liste in Bezug auf den Erhalt der Arbeitssicherheit und der nötigen Aufmerksamkeit im Umgang mit den jeweiligen Präparaten interessant, aber sicherlich nicht erschöpfend. Aus meiner Sicht ist sie geeignet, medizinischen Laien ein Gespür dafür zu vermitteln, bei welchen Präparaten eine genauere Bewertung im Hinblick auf Verkehrs- und Arbeitssicherheit bzw. Abhängigkeits- und Suchtpotential erfolgen sollte.

Schlaf- und Beruhigungsmittel
– Opiate
– Dextromethorphan (Hustenstiller)
– Nichtopioide (Kopf-)Schmerzmittel
– Abführmittel (Gewichtsabnahme, Gewöhnung)
– Entwässerungsmittel (Diuretika – Gewichtsabnahme)
– Schnupfenmittel (Gewöhnung)
– Schlaf- und Beruhigungsmittel (Selbstmedikation*)*

Benzodiazepine/Benzodiazepin-Analoga (Z-Substanzen)
– Lorazepam	– Flunitrazepam
– Diazepam	– Zopiclon
– Bromazepam	– Zolpidem
– Oxazepam	
– Lormetazepam	
– Temazepam	

Stimulanzien

- Methylphendiat (z. B. RITALIN®, MEDIKINET®, CONCERTA®)
- Ephedrin
- Modafinil (Vigil®)
- Pseudoephedrin (z. B. in Grippemitteln)
- Methamphetamin
- Amfepramon
- Cathin
- Phenylpropanolamin

Hinzu kommen mittlerweile die in der Schmerztherapie häufig verordneten FENTANYL-Pflaster oder das Psycho-Medikament OXYCODON, das speziell im Rahmen von Ärzte-Hopping erschwindelt wird. Aber auch CODIPRONT, Betablocker und Analgetika (Schmerzmittel) werden zunehmend missbräuchlich benutzt.

Wenn Sie diese Liste studiert haben, werden Sie sicherlich überrascht sein, wie viele Substanzen von der Arzneimittelkommission als „bedenklich" eingestuft sind, die Sie persönlich kennen. Viele Präparate werden Sie vielleicht sogar schon selbst angewandt haben.

Doch zurück zu den gesetzlichen Verpflichtungen außerhalb von Straf- und Zivilrecht, zurück zu Arbeitssicherheit und Unfallvorsorge. Im Arbeitsbereich sind Verantwortlichkeiten von Führungskräften und Mitarbeitern geregelt, auch wenn Medikamente oder Drogen im Arbeitsbereich eingenommen werden.

Gesetzlich sind Sie als Arbeitgeber oder Beauftragter den Arbeitsschutzgesetzen (*DGUV-Vorschrift 1 § 7*) entsprechend verpflichtet, einen Arbeitnehmer, der aufgrund von Alkohol, Drogen, anderen berauschenden Stoffen oder Medikamenten erkennbar nicht in der Lage ist, ohne Gefahr für sich und andere zu arbeiten, nicht mit dieser Arbeit zu beschäftigen.

Eine Verpflichtung, die auch der Mitarbeiter hat, ist in der *DGUV-Vorschrift 1 § 15* formuliert und fordert vom versicherten Arbeitnehmer, dass er sich nicht durch Alkohol, Drogen oder Medikamente in einen Zustand versetzen darf, in dem er sich oder andere gefährdet.

Aus meiner Sicht sind diese Bestimmungen zwar etwas unpräzise formuliert, was ich darauf zurückführe, dass diese Vorschriften aus einer Zeit stammen, in der das Thema *Medikamente und Drogen* nicht so brisant und akut war wie momentan. Im Anbetracht der Aufklärungs- und Informationspflichten des Arbeitsgebers, die in den Arbeitsschutzgesetzen formuliert sind, lässt sich nach meinem Rechtsverständnis aber sehr wohl ableiten, dass sich der Arbeitgeber intensiv mit dem Thema *Medikamente und Dro-*

gen im Arbeitsbereich auseinandersetzen muss, um die gesetzlich auferlegten Pflichten zum Arbeits- und Unfallschutz zu erfüllen. Den Vorgaben des Arbeitsschutzgesetzes entsprechend (§ 4 ArbSchG) *muss er die Ursachen an der Quelle* bekämpfen.

Im *Anhang* finden Sie weitere wichtige Bestimmungen des Arbeitsschutzgesetzes sowie der Unfallverhütungsvorschriften abgedruckt, aus denen sich konkret ablesen lässt, wie weit die Pflichten von Arbeitgebern und deren Mitarbeitern bei Substanzgebrauch und Substanzmissbrauch gehen.

Das sich dabei die Frage stellt, *ob* und *wann* ein Arbeitgeber erkennen muss, dass sein Mitarbeiter nicht mehr arbeitsfähig ist, ist klar. Über verschiedene Fallbeispiele könnte man juristisch lange diskutieren. Doch wenn ein Arbeitnehmer seiner Verpflichtung nachkommt und seinem Vorgesetzten berichtet, dass er betäubungsmittelhaltige Schmerzmittel oder Psychopharmaka einnehmen muss, sollte dieser schon wissen, dass die Einnahme solcher Medikamente – auch wenn sie ärztlich verordnet worden sind – im Straßenverkehr und im Bereich der Arbeitssicherheit einen sogenannten *anderen berauschenden Stoff* darstellen und somit eine genaue Überprüfung der Arbeitssicherheit in Verbindung mit seinem beruflichem Einsatzgebiet und u. U. eine andere Tätigkeit des Betroffenen erfordern, damit neben schutzrechtlichen Bestimmungen nicht zusätzlich gegen Strafgesetze verstoßen wird.

Der Mitarbeiter muss nicht über jede Einzelheit seiner Erkrankung und die Liste der verordneten Präparate berichten. Aus meiner Sicht ist er aber aufgrund der zitierten Rechtsvorschriften sehr wohl aufgefordert, seinen Vorgesetzten oder einem Beauftragten (z. B. Betriebsarzt) mitzuteilen, dass er Medikamente einnehmen muss, die die Arbeitssicherheit und Verkehrstüchtigkeit gefährden können. Und diese Verpflichtung sollte allen Mitarbeitern in geeigneter Form – am besten unterschriftlich bestätigt – bekannt gemacht werden und juristisch sauber und für jeden Mitarbeiter verständlich formuliert sein.

Steht fest, dass der Mitarbeiter – substanzbedingt – nicht im gewohnten Arbeitsbereich eingesetzt werden kann, muss von Seiten der Betriebsleitung entschieden werden, ob und wie der Mitarbeiter eingesetzt werden kann oder ob bestimmte Gutachten einzuholen sind, um sicherzustellen, dass der Mitarbeiter weder Verkehrs- noch Arbeitssicherheit gefährdet. Hier ist sofort situationsbezogen zu reagieren. Betriebsräte und Betriebsärzte sollten dabei eingebunden werden.

Unter dem Einfluss bestimmter Arzneien ist er und andere aber auch bei der Fahrt zur Arbeit (Wegeunfall), am Arbeitsplatz selbst und auch auf dem Nachhauseweg mit dem Auto besonders gefährdet.

Wissen die Vorgesetzten Bescheid oder müssten sie aufgrund von bestimmten Verhaltensmustern, die der Mitarbeiter zeigt, feststellen, dass Handlungsbedarf besteht, kann sich auch die straf-, zivil- und arbeitsrechtliche Verantwortlichkeit auf die Vorgesetzten des betroffenen Mitarbeiters übertragen.

Dies ist auch bei der Ärzteschaft bekannt, sodass auch die Verantwortlichen mehrerer Krankenhäuser, die ich kenne, damit beschäftigt sind, informative Schreiben für ihre Patienten vorzubereiten, um erstens der ärztlichen Aufklärungspflicht nachzukommen und zweitens auf die gesetzlichen Verpflichtungen hinzuweisen, die unter der Wirkung bestimmter Medikamente zu beachten sind.

Die nachfolgende beispielhafte Vorgehensweise soll Ihnen einige Anregungen geben:

> Im Rahmen eines effektiven Gesundheitsmanagements sollte allen Mitarbeitern – am besten gegen Unterschrift – bekannt gemacht werden, welche rechtlichen Verpflichtungen speziell bei der Einnahme betäubungsmittelhaltiger Arzneien und sonstiger Medikamente bestehen. Wesentlich ist dabei, dass man bei Präventionsmaßnahmen, im Rahmen von betrieblichen Gesundheitsmanagements, auf Begriffe wie *legalen oder illegalen Suchtmittelkonsum oder -missbrauch* sowie *Abhängigkeit und Sucht* verzichtet und stattdessen Vokabeln wie *risikoarmer, riskanter oder schädlicher, gefährlicher Hochkonsum* verwendet.
>
> Dazu bieten sich unter anderem *Betriebsvereinbarungen, Fortbildungsveranstaltungen* wie *Inhouse-Seminare* oder die Teilnahme an *Veranstaltungen der Berufsgenossenschaften* oder der *Bayerischen Akademie für Sucht- und Gesundheitsfragen (BAS)* an. (Mustervereinbarungen finden Sie im Internet)

Die wichtigsten betäubungsmittelhaltigen Präparate, die derzeit, auch im Rahmen von interdisziplinären Meetings zum Thema *Substanzmissbrauch,* neben illegalen Drogen diskutiert werden, möchte ich auch hier noch einmal auflisten:

- RITALIN®
- MEDIKINET®
- CONCERTA®,
- OXYCODON®
- LYRICA®
- FENTANYL®

Hinweis:

Halten Sie einen Mitarbeiter aufgrund von Medikamenteneinnahme für arbeitsunfähig, dürfen Sie ihn nicht einfach – ohne Überwachung – nach Hause schicken.

Sie sollten in jedem Fall dafür sorgen, dass der betroffene Mitarbeiter nach Hause oder zum Arzt gefahren wird und sich nicht selbst ans Lenkrad setzt.

Gibt es Lösungsmöglichkeiten, damit der Mitarbeiter unter Einfluss ärztlich verordneter Medikamente weiterarbeiten und am Straßenverkehr teilnehmen darf?

Das Problem, welches auch bei ärztlicher Verschreibung von betäubungsmittelhaltigen Substanzen besteht, kann aber in vielen Fällen gelöst werden. Auch dem Gesetzgeber ist bekannt, dass viele Menschen auf die Anwendung hochwirksamer Medikamente angewiesen sind und nur durch diese Mittel die Chance besteht, am sozialen Leben und am Arbeitsprozess teilzunehmen.

Deshalb hat er auch Möglichkeiten geschaffen, bei ordnungsgemäßer Anwendung der verordneten Arzneien, relativ ungehindert am Leben im Straßenverkehr und im Arbeitsbereich teilnehmen zu können, auch wenn täglich betäubungsmittelhaltige Arzneien eingenommen werden müssen.

Doch auf diese Möglichkeiten möchte ich detailliert, zu einem späteren Zeitpunkt, eingehen und Ihnen Lösungsvorschläge anbieten. (Siehe Kapitel Sonderthemen – *Straßenverkehr*)

Damit Sie aber handeln können, empfiehlt sich schon im Vorfeld von Regelungen zur Thematik eine selbstkritische Analyse, wie in Ihrem Arbeitsumfeld die Praxis beim Umgang mit Krankheit und der Einnahme von Substanzen aussieht.

Kommen Sie zu dem Schluss, dass Sie aufgrund der Gepflogenheiten im Betrieb kaum eine Chance haben, von ihren Mitarbeitern zu erfahren, ob und wenn „ja" welche Medikamente sie einnehmen oder einnehmen müssen, ist es höchste Zeit über effektive Prävention nachzudenken, die diesen ungünstigen Umstand verbessert, um die Akzeptanz der Verpflichtungen nach dem **ArbSchG** und den Unfallvorhütungsvorschriften (DGUV) zu erhöhen, und im Bedarfsfall auch zu melden, wenn Medikamente eingesetzt werden, die als bedenklich für die Arbeitssicherheit anzusehen sind.

Haben Sie selbst nicht die Kompetenz, sollten Sie sich bei Betriebsräten, Betriebsmedizinern, Fachkräften für Arbeitssicherheit oder sonstigen verständnisvollen und innovativen Mitarbeitern Unterstützungen holen und das Thema *Medikamente und Drogen* auf die Agenda bringen.

Die Vorschriften unterstreichen die Notwendigkeit, das Thema im Arbeitsleben ernst zu nehmen.

Dabei sind – neben den bereits erwähnten Mitteln – noch folgende Medikamente oder Medikamentengruppen besonders zu beachten:

- Alle betäubungsmittelhaltigen Medikamente
- Benzodiazepine und Z-Präparate
- Psychopharmaka
- Anabolika

aber auch Mittel wie

- Antiepileptika
- Blutdrucksenkende Mittel
- Antihistaminika (Arzneimittel gegen Allergien)
- Blutzuckersenkende Mittel (Insulin)
- Anticholinergika
- Atropinhaltige Augentropfen, die die Pupillen weiten.

Dr. H. Peschke (Arbeitsmediziner aus Hamburg) hat im Rahmen eines Vortrages im Herbst 2015 aber auch darauf hingewiesen, dass speziell bei Medikamentengruppen, die hier mit einem Punkt markiert sind, vor allem für die Zeit der Einstellung der Patienten auf das jeweilige Medikament Warnhinweise angebracht sind.

4.   Missbräuchliche Medikamenteneinnahme

Von missbräuchlicher Anwendung spezieller Medikamentengruppen geht die größte Gefahr für die Anwender, deren Kollegen und die Arbeitssicherheit im Allgemeinen aus.

Aus Erfahrung weiß ich, dass Begriffe, wie *risikoarmer oder riskanter Konsum, ebenso wie schädlicher, gefährlicher Hochkonsum* – das sind Begriffe, die heute von Präventionsfachleuten gewünscht werden – von der Tragweite ablenken, die die Missachtung von Regeln bei der Einnahme hochwirksamer Medikamente auslösen kann. Die Begriffe verharmlosen aus meiner Sicht die Thematik und täuschen über die oft die Existenz bedrohenden Folgen hinweg.

Deshalb verwende ich Begriffe wie Konsum, Missbrauch und Abhängigkeit, um wachzurütteln und die Effektivität bei meiner auf Prävention ausgerichteten Arbeit zu steigern. Eine Verharmlosung ist in Anbetracht der dramatischen Missbrauchszahlen nicht angebracht.

Während meiner Vortragstätigkeit habe ich immer wieder erfahren müssen, dass manche Aufklärungsbroschüren mit hochtrabenden Vokabeln bestückt sind, die viele Menschen gar nicht verstehen. Worte wie Missbrauch usw. verstehen die Menschen aber.

Denn eine Variante von Medikamentengebrauch ist die leider mittlerweile weit verbreitete Unsitte der missbräuchlichen Medikamenteneinnahme.

Hier werden vor allem betäubungsmittelhaltige Präparate, wie RITALIN®, MEDIKINET®, CONCERTA®, OXYCODON®, FENTANYL® oder LYRICA®, sowie Benzodiazepine (Schlaf- und Beruhigungsmittel) für unterschiedliche Ziele, ohne therapeutischen Sinn, eingesetzt. Hinzu kommen Betablocker (missbräuchlich angewandt) sowie im Sportbereich Anabolika und Hormonpräparate, was rechtlich ebenfalls zu vielen Problemen führen kann. Nehmen Ihre Mitarbeiter (Konsumenten) derartige Mittel über einen längeren Zeitraum ein, erhöht sich die Gefahr einer Abhängigkeit oder Sucht massiv.

Die möglichen Folgen sind den *Usern (Nutzern)* der Mittel kaum bekannt. Sie lassen sich oft von fragwürdigen Informationen aus dem Internet manipulieren. Wichtig ist ihnen, die pharmakologischen Wirkungen der Substanzen – auch wenn sie teilweise nur subjektiv empfunden vorhanden sind – zu nutzen, um *besser, schneller, aufmerksamer, leistungsfähiger* oder einfach *glücklicher* zu werden.

Die Nebenwirkungen auf Körper, Geist und Seele werden dann verdrängt oder einfach aus Naivität ausgeblendet. Der Einfluss auf Fahreignung und Arbeitsfähigkeit ebenfalls.

Viele Leser kennen das Phänomen sicherlich aus dem Profisport. Die Dopingfälle der *Tour de France* fand man in vielen Gazetten. Und was seit Jahrzehnten im Sportbereich üblich war, drängte in den letzten Jahren intensiv in den Arbeits- und Freizeitsportbereich.

Ja richtig, der Amateur-Sportbereich und die Nutzung bestimmter Mittel zur Steigerung von Muskelwachstum (Anabolika, Amphetamine), zur Aufmerksamkeits- und Leistungssteigerung (RITALIN® & Co.) oder zur Vermeidung von Angstzuständen (Beta-Blocker) kann auch Einfluss auf die Arbeitssicherheit oder die Verkehrstüchtigkeit nehmen. Wirken die Mittel im Arbeitsumfeld negativ und führen dort zu einem Unfall, ergeben sich unweigerlich auch Fragen hinsichtlich der Verantwortlichkeit, die die Führungskräfte oder die von ihnen für den Erhalt der Arbeitssicherheit bestimmte Person (Fachkräfte für Arbeitssicherheit) betreffen.

Ähnliches gilt für Fälle, in denen Mitarbeiter im Rahmen von *Neurodoping* oder *Neuro-Enhancement* oder zur Vermeidung von *Burnout* hochwirksame Arzneien einsetzen.

Die Wirkung der Mittel hält oft Stunden oder Tage an, weshalb im Hinblick auf die Arbeitssicherheit die sogenannten *Halbwertszeiten* der eingenommenen Medikamente zu beachten sind. Für absolute Laien sei dazu erklärt, dass die Wirkung bestimmter Substanzen nicht nur nach einer Einnahme während der Arbeitszeit (Alkohol ist hier sicherlich die bekannteste Substanz) eine gewisse Zeit anhält, sondern oft über mehrere Tage. Abbauprodukte sind oft wochenlang nachweisbar.

Das heißt, dass eine Substanz, die sich negativ auf die Arbeitssicherheit auswirken kann, ihre Wirkung auch noch am Montag zeigt, selbst wenn das Mittel am Sonntagabend eingenommen worden ist.

So steht ein Mitarbeiter, der am Wochenende extrem viel Alkohol genossen hat, bei Arbeitsbeginn am Montag immer noch unter dem Einfluss der Restalkoholmenge im Blut.

Ähnlich verhält es sich bei Drogen und Medikamenten. (Näheres zu den Zeitfenstern, in denen diese Substanzen wirken und mit Detektionssystemen festgestellt werden können, finden Sie im Kapitel *Detektionssysteme.*)

Die nachfolgende Aufstellung gibt Aufschluss darüber, welche Auffälligkeiten auf einen Substanzgebrauch oder -missbrauch hinweisen könnten:
- unerklärliche und für den Mitarbeiter ungewohnte Reaktions-veränderung
- auffällige negative Veränderungen der Konzentration (gemindert)
- erklärte Schlaflosigkeit
- veränderter Bewegungsablauf
- Realitätsverlust, der in Gesprächen erkennbar wird
- Überschätzung der eigenen Leistung und Leistungsfähigkeit
- Halluzinationen
- Angstzustände (generell oder vor wichtigen Entscheidungen)
- Gleichgültigkeit als „neue" Einstellung
- der gewohnte Antrieb ist gestört
- nicht nachvollziehbarer Erschöpfungszustand
- Augenreaktion – Pupillen erweitert oder verengt oder Augen gerötet, glasig

Diese Erkennungszeichen sollten allen Mitarbeitern bekannt sein. Gleichzeitig ist die Ausarbeitung präventiver, gut durchdachter und auf die Besonderheiten des jeweiligen Betriebes ausgerichteter Maßnahmen und ein Handlungskatalog für den Fall eines Missbrauchsverdachts zielführend.

Die Arbeitsbereiche, in denen Sie mit besonderen Medikamenten konfrontiert werden könnten, sind sehr vielfältig. Die folgenden Hinweise beziehen sich auf Themenbereiche, in denen in Verbindung mit dem Alter der Konsumenten oder Freizeitbeschäftigungen bestimmte Medikamente häufiger auftreten können als andere.

Verhaltensauffälligkeiten (ADS/ADHS)

Denken Sie nur an Jugendliche, die während der Ausbildung Medikamente wie RITALIN®, MEDIKINET® oder CONCERTA® einnehmen müssen, um damit ihre Verhaltensprobleme zu dämpfen.

Die nachfolgende, offizielle Grafik zeigt Ihnen die systematische Steigerung der Verordnung von METHYLPHENIDAT-haltigen Medikamenten zur Behandlung von ADS, ADHS und Narkolepsie.

Hirndoping/Neuro-Enhancement

Ein anderer Bereich, der zunehmende Aufmerksamkeit verdient, ist das sogenannte Neurodoping oder Neuro-Enhancement, bei dem es um die

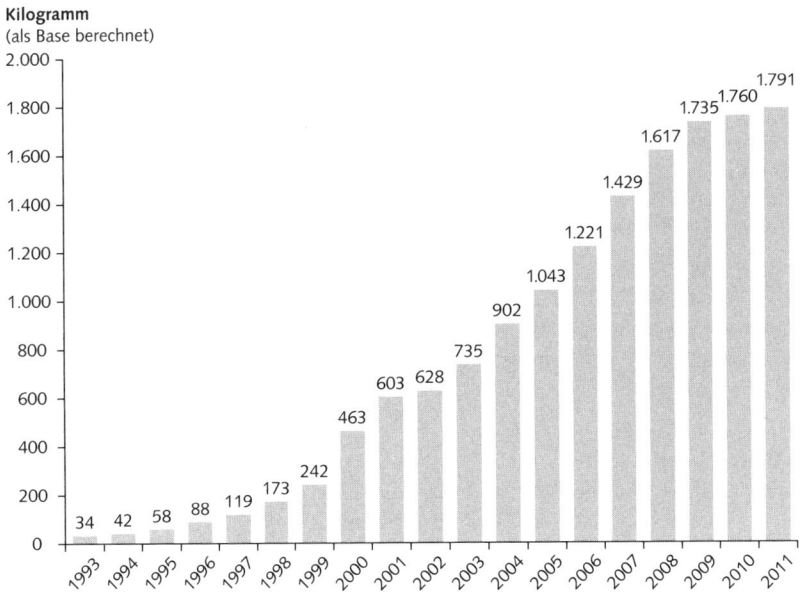

Abb. 2: Verbrauchsstatistik METHYLPHENIDAT, Quelle: BfArM, Bundesopiumstelle

87

Steigerung von Aufmerksamkeit, Leistungsfähigkeit oder Lernausdauer mit Medikamenten geht, ohne dass dafür ein therapeutischer Grund vorliegt. In diesem Bereich sollten folgende Medikamente Ihre Aufmerksamkeit erhöhen:

- **METHYLPHENIDAT** – soll Konzentrations-, Leistungs- und Entscheidungsfähigkeit sowie Aufmerksamkeit steigern, sowie Hunger und Müdigkeit unterdrücken.
- **Modafinil (VIRGIL)** – wirkt auf den Schlaf-Wach-Rhythmus
- **Piracetam** – soll die kognitiven Fähigkeiten steigern
- **Memantin** – soll beim Lernen, Erinnern und Alltagsaktivitäten wirken
- **Dihydroergotoxin** – wirkt auf Lern- und Gedächtnisleistung
- **Fluoxetin (PROZAC)** – steigert den Antrieb und wirkt stimmungsaufhellend
- **Metoprolol (Beta-Blocker)** – soll Prüfungsangst bzw. Angstzustände senken

Die Liste ist nicht erschöpfend, zeigt allerdings die Präparate, die derzeit gerne zu Neurodoping-Zwecken genutzt werden. Hier werden in der „Szene" immer neue Ideen entwickelt und neue Mittel ausprobiert.

Sportdoping

ist ein zusätzlicher Bereich, der durch die Einnahme von leistungssteigernden Mitteln oder Hormonen, Wachstumspräparaten und anderen Arzneien im Arbeitsbereich Beachtung verdient.

Denken Sie an Kraftsportler, die sich illegale Anabolika oft aus osteuropäischen Ländern besorgen, um das Muskelwachstum zu fördern. Betablocker zur Minderung von Angstzuständen, Psychopharmaka bei Burnout oder aufputschende Medikamente für verhaltensauffällige Menschen, von Gesunden als Neurodoping-Mittel angewandt, um Aufmerksamkeit und Leistungsfähigkeit zu steigern, findet man auch immer.

Die Frage ist auch hier, wie Sie als Laie auf diesem Gebiet frühzeitig erkennen können, ob Ihr Kollege bedenkliche Substanzen einnimmt, wie Sie checken können, welche Präparate es sind und ob sie sich aufgrund des Wirkmechanismus auf Reaktion, Aufmerksamkeit und sonstige Körper- oder Geistesfunktionen auswirken können. Können Sie in Ihrem Arbeitsumfeld auf Betriebsärzte oder andere Fachleute zurückgreifen, können Sie sich glücklich schätzen. Sind Sie persönlich der Entscheidungsträger, müssen Sie all diese Fragen beantworten, um Lösungsvorschläge und Organigramme für ihren Betrieb erarbeiten zu können. Machen Sie sich klar:

Substanzmissbrauch kommt in den unterschiedlichsten Lebensbereichen vor und berührt dadurch auch den Arbeitsbereich und somit die Verkehrs- und Arbeitssicherheit.

Dabei verbringen Ihre Mitarbeiter mehr Zeit mit ihren Kollegen als mit den Familienangehörigen, weshalb ich aufgrund meiner Erfahrungswerte behaupten kann, dass gerade Kollegen bei entsprechender Aufmerksamkeit diejenigen sein können, die negative Verhaltensänderungen am ehesten mitbekommen und dann handeln könnten. Auch wenn die Gründe im Missbrauch von Alkohol, Drogen oder Medikamenten liegen könnten.

Entscheidend ist dabei aus meiner Sicht das Vorhandensein oder die Schaffung eines guten, offenen Betriebsklimas. Für mich eine der wesentlichen Führungsaufgaben, um den „Laden – in allen Bereichen – erfolgreich laufen zu lassen" und in Konfliktsituationen das Vertrauen der Mitarbeiter zu genießen und darauf akzeptierte Lösungen zu bauen.

Ein Mitarbeiter, der Vertrauen genießt und es im Gegenzug auch seinen Vorgesetzten gegenüber haben kann, ist eher bereit, sich nach einer Erkrankung aus Kollegialitätsgründen zu outen und über verordnete Mittel zu erzählen. Selbst bei Substanzmissbrauch ist die Chance deutlich größer, dass sich ein Mitarbeiter outet, wenn eine gute Vertrauensbasis besteht.

Geht es um Substanzmissbrauch, kann ein vertrauensvoller Umgang die Voraussetzung dafür sein, dass Sie als Vorgesetzter frühzeitig von dem Problem erfahren und angemessen handeln können. Dazu ist aber Basiswissen sinnvoll.

Sie müssen also kein Fachmann auf dem Gebiet der Medikamente und Drogen sein. Sie sollten aber die derzeit gängigen und bevorzugten Mittelchen kennen oder gehört haben, welche Medikamente missbräuchlich verwendet werden. Dazu ist es hilfreich zu wissen, wo Sie nachschauen können, wenn Sie von einem bestimmten Mittel erfahren, das Ihr Mitarbeiter nutzt, von dem Sie aber nicht wissen, welche Wirkungen dieses Mittel haben kann, also für welchen Zweck es gewöhnlich genutzt wird.

Sie sollten auch die grundlegenden rechtlichen Probleme im Bereich des Betäubungsmittelgesetzes (BtMG), des Arzneimittelgesetzes (AMG), sowie die für Ihren Verantwortungsbereich wesentliche Arbeits- und Unfallschutzvorschrift kennen und nicht nur auf den Betriebsarzt bauen.

Tipp:

Sollten Sie ein bestimmtes Medikament, einen bestimmten Stoff oder den Handelsnamen nicht kennen, empfehle ich Ihnen Ihren Betriebsarzt oder eine Recherche im Internet (z.B. bei Wikipedia). In der sogenannten ROTEN LISTE können Sie nachprüfen, für welche Behandlungsart das Mittel eingesetzt wird, welche Wirkungen und Nebenwirkungen bekannt sind und ob das Mittel rezeptfrei, rezeptpflichtig oder gar – als betäubungsmittelhaltiges Präparat – nur mit einem *Betäubungsmittelrezept* (→) verordnet werden darf.

Das klingt auf den ersten Blick alles komplizierter, als es ist. In vielen größeren Betrieben können entsprechende Kontrollaufgaben delegiert werden. Denken Sie an Betriebsärzte, Fachkräfte für Arbeitssicherheit, Ersthelfer oder Personalverantwortliche.

Bei Medikamentenmissbrauch ist es ähnlich wie bei Alkohol. Bestimmte Substanzen lösen typische Wirkungen aus. Missbräuchlicher Konsum von Medikamenten kann durch Ausfallzeiten an bestimmten Tagen (*blauer Montag*), Entschuldigung wegen des Fernbleibens von der Arbeit durch Angehörige, spezifische Körpergerüche und andere Verhaltensmuster auffallen.

Doch zunächst zu den möglichen Nebenwirkungen problematischer Arzneimittel nach Einschätzung der *Arzneimittelkommission der Bundesvereinigung Deutscher Apothekerverbände* und der *DHS*.

Wie können sich Medikamente grundsätzlich auf die Arbeitsleistung auswirken?

– Schwindel und Übelkeit können eintreten
– Reaktionszeiten können sich verlängern
– Gleichgewicht kann gestört werden
– Reaktionsvermögen kann sich verschlechtern
– Informationsaufnahme und -verarbeitung verschlechtern sich
– Aufmerksamkeit kann vermindert werden
– Lichtempfindlichkeit wird negativ beeinflusst
– Sichtfeldbeeinträchtigung ist möglich
– Geschick wird nachteilig beeinflusst

Nun können Sie überlegen, inwieweit diese Nebenwirkungen Einfluss auf die Arbeitssicherheit in den jeweiligen Arbeitsbereichen haben könnten.

Wichtig ist mir dabei an dieser Stelle auch, darauf hinzuweisen, dass nicht in allen Fällen eine klare Trennlinie zwischen Medikamenten- oder Drogenmissbrauch gezogen werden kann. Deshalb kann die beispielhafte Auflistung der Erkennungszeichen für eine vorhandene oder beginnende (Medikamenten-)Abhängigkeit auch für illegale Drogen gelten und Hinweise auf eine problematische Entwicklung des Mitarbeiters liefern.

Außerdem bedeutet die Listung eines bestimmten *problematischen Arznei-mittels* nicht, dass dieses Mittel grundsätzlich therapeutisch bedenklich ist. Es bedeutet in erster Linie, dass dieses Mittel schon bei der Verordnung durch den Arzt besondere Vorsicht erfordert und bei falscher (missbräuch-licher) Anwendung auch zu Nebenwirkungen oder gar zu Sucht oder Ab-hängigkeit führen kann. Fachgesellschaften der Ärzte weisen auch immer wieder darauf hin, nach der Verordnung der aufgelisteten Mittel besonders auf die Reaktion des Patienten zu achten.

Was in diesem Zusammenhang nicht vergessen werden darf, ist die Tatsa-che, dass heute viele Menschen die unterschiedlichsten Medikamente gleichzeitig einnehmen, oft mit Alkohol oder auch mit illegalen Drogen. Somit fordert nicht nur ein bestimmtes Medikament zur Wachsamkeit auf, sondern es kann auch oder erst in Kombination mit anderen Substanzen gefährlich werden – auch im Arbeitsbereich.

Polytoxikomanie ist heute weitverbreitet, das heißt, die Menschen nehmen aus verschiedenen Gründen die unterschiedlichsten Substanzen ein. Teil-weise mischen sie die Substanzen auch, in der Hoffnung, so die pharmako-logischen Fähigkeiten der Mittel umfassend nutzen zu können. Das können dann eben illegale Drogen zusammen mit Alkohol und Medikamenten gleichzeitig sein.

Gleich nach diesen ersten Informationen zu Medikamenten im Arbeitsalltag erscheint es mir auch wichtig, darauf hinzuweisen, dass vor allem Medika-mente mit einem erhöhten Abhängigkeits- oder Missbrauchsrisiko im Fo-kus Ihrer Beobachtungen stehen sollten.

Das sind nach Angaben der *Deutschen Hauptstelle für Suchtfragen ca. 5–6 % aller Medikamente;* in erster Linie die bereits mehrfach erwähnten betäubungsmittelhaltigen Präparate und Benzodiazepine, sowie sogenannte Z-Präparate.

Allerdings sollte Ihnen aber bewusst sein, dass auch *rezeptfreie Präparate* nicht grundsätzlich als „unbedenklich" eingestuft werden können, wenn es um Fragen der Verkehrs- und Arbeitssicherheit geht. Auch diese Medi-kamente, die die kognitiven Fähigkeiten des Konsumenten massiv beein-flussen und deshalb bei der Teilnahme am Straßenverkehr oder im Arbeits-bereich durchaus gefährlich werden können, ganz abgesehen von den möglichen strafrechtlichen oder versicherungstechnischen Konsequenzen, sollten im Einzelfall Ihre Aufmerksamkeit fordern.

Die Aufstellung auf der Seite 150 soll Ihnen zeigen, welche rezeptfreien Medikamente besonders häufig gekauft und dadurch auch im Arbeits-bereich eingenommen werden könnten. In dieser Grafik tauchen rezeptfreie

Schmerzmittel auf, die sehr wirksam sind und nahezu in jedem Haushalt vorrätig gehalten werden.

Die Gruppe der rezeptfreien Medikamente wird Ihnen in Bezug auf die Arbeitssicherheit allerdings keine großen Probleme machen. Aber um über den Tellerrand hinaus zu schauen, wollte ich auch diese Art von Arzneien nicht unerwähnt lassen. Dazu ein Beispiel, bei dem ein scheinbar völlig unbedenklich eingestuftes (abschwellend wirkendes) Nasenspray zu massiven gesundheitlichen Einschränkungen der Nutzerin führte.

Beispiel:

Einige Monate vor Fertigstellung des Skripts zu diesem Buch hatte ich bei einem Seminar Kontakt mit einer ehemaligen Fußballauswahlspielerin. Sie erzählte mir, dass sie sieben Jahre gebraucht hat, um von der Abhängigkeit von abschwellenden Nasensprays loszukommen. Egal wo sie war, sie suchte ständig nach ihrem Spray und konnte sich oftmals nicht auf die eigentlichen Aufgaben konzentrieren. Wenn sie „ihr Spray" verlegt hatte, begann eine panische Suche und andere, eigentlich vordringliche Aufgaben blieben liegen, bis das ersehnte Spray gefunden und genutzt worden war.

Stellen Sie sich vor, diese Sportlerin würde für Ihr Unternehmen arbeiten und regelmäßig mit Firmenfahrzeugen unterwegs sein. Oder sie würde an einer Maschine arbeiten, die ständig die volle Konzentration erfordert.

Beim Suchen ihres Nasensprays wäre sie unachtsam und würde deshalb einen schweren Verkehrsunfall verursachen, möglicherweise mit massivem Personenschaden.

Welche Auswirkungen ein derartiges Suchtverhalten auf die Tätigkeit einzelner Arbeitsbereiche haben kann, überlasse ich hier Ihrer Phantasie. Man muss deshalb kein Pessimist sein, um im Rahmen von Überlegungen zu einem bestimmten Problem mögliche Wirkungen oder Auswirkungen zu überdenken, um gute Lösungsansätze zu finden.

Im Fokus Ihrer Arbeit müssen erfahrungsgemäß, neben illegalen Drogen, betäubungsmittelhaltige Medikamente, wie RITALIN®, MEDIKINET®, FENTANYL®, OXYCODON® und LYRICA®, aber auch Schlaf- oder Beruhigungsmittel aus der Gruppe der Benzodiazepine stehen.

Gerade diese Mittel können körperliche und geistige Funktionen massiv beeinflussen und sich dadurch negativ auf die Verkehrs- und Arbeitssicherheit auswirken.

Hinweis:

Vom Verband des Rheinischen Gemeindeunfallversicherungsverbandes wurde veröffentlicht, dass Arzneimittel am Arbeitsplatz in 7 % der tödlichen Arbeitsunfälle nachgewiesen wurden. Bei Alkohol betrug der Anteil 13 %.

Was den alkoholtypischen Fahrstil anbelangte, wurde festgestellt, dass von 400 kontrollierten Verkehrsteilnehmern 360 unter Arzneimitteleinfluss standen. Diese Arzneimittel führten nach Auskunft des Verbandes zu verminderter Reaktionsfähigkeit, zu reduzierter Hör- und Sehfähigkeit, zu nervöser Agitiertheit und zu Gleichgewichtsstörungen.

Ich finde, diese Veröffentlichung regt zum Nachdenken an.

Wesentlich ist dabei aber nicht, ob die Zahlen genau stimmen und jeder statistischen Überprüfung standhalten. Wichtig ist vielmehr, welche Tendenz erkennbar ist und ob sie sich mit den Feststellungen anderer Institutionen und Behörden deckt.

Aber wie kommen die Menschen überhaupt so häufig an bedenkliche Medikamente? Sind sie alle so krank? Besorgen sie sich die Mittel auf dunklen Wegen oder werden sie auch ärztlich verordnet, vielleicht auch durch Vorspiegelung falscher Tatsachen?

Ich denke, jeder Teilaspekt kommt im Einzelfall zum Tragen, doch der größte Teil der Medikamente wird durch Ärzte verordnet.

Im Hinblick auf effektive Prävention und wirksame Gespräche beim Verdacht des bedenklichen Substanzgebrauchs oder -missbrauchs am Arbeitsplatz, ist es sicherlich nützlich, auch etwas über die rechtlichen Voraussetzungen der Verordnung von betäubungsmittelhaltigen Fertigarzneimitteln und anderen hochwirksamen Arzneien, wie eben Benzodiazepinen, durch Ärzte zu wissen.

5. Ärztliche Verordnung betäubungsmittelhaltiger Medikamente

Oft genug habe ich von Seminarteilnehmern gehört, dass sie im Rahmen eines *Fürsorgegespräches* mit der Behauptung konfrontiert worden sind, dass es doch gar keine Probleme durch die Medikamente geben kann, weil sie doch von einem Arzt verordnet worden sind und dieser keinerlei Andeutungen auf nötige Vorsichtsmaßnahmen bei der Arbeit gemacht hatte.

Aus diesem Grund halte ich es für sinnvoll, Sie mit einigen Grundregeln bei der Verordnung von betäubungsmittelhaltigen Medikamenten vertraut zu machen.

Beschäftigen wir uns zunächst mit betäubungsmittelhaltigen Medikamenten, die ordnungsgemäß von einem Arzt verordnet worden sind.

Besonders im Rahmen eines *Fürsorgegespräches, Klärungs- oder Stufengespräches* in Zusammenhang mit einem Missbrauchsverdachtsfall kann es Ihnen helfen, die Regeln für die Verordnung vor allem betäubungsmittelhaltiger Arzneien zu kennen.

Süchtige oder suchtgefährdete Menschen neigen oft dazu, ihrem Gesprächspartner, vor allem dann, wenn er den wunden Punkt *Substanzmissbrauch* aufgreift, die tollsten Ausreden zu präsentieren, um vom Problem abzulenken. Dabei wirken die Betroffenen oft absolut überzeugend und ein unerfahrener oder unvorbereiteter Vorgesetzter – ohne die vielfach zitierten Grundkenntnisse – wird oft zweifeln, ob er hier tatsächlich einen suchtgefährdeten Mitarbeiter vor sich sitzen hat.

Aus meinen zahlreichen Seminarerfahrungen kann ich Ihnen versichern, dass es immer wieder aufschlussreich war, wie schwer es selbst routinierte Führungskräfte trotz langjähriger Führungserfahrung hatten, sich – im Rollenspiel – bei einem vermeintlich suchtgefährdeten Mitarbeiter durchzusetzen und ihn zu überzeugen, dass er etwas gegen den Substanzmissbrauch unternehmen sollte.

Meist mangelte es wirklich am Grundwissen zum Thema, was dann zu einer deutlich spürbaren Unsicherheit des Vorgesetzten führte, da er sich sehr wohl bewusst war, dass er sich auf unbekanntem Terrain bewegen muss. Der Gesprächserfolg war deshalb meist sehr bescheiden. Gelegentlich waren es aber auch die mangelnde (Gesprächs-)Vorbereitung, eine unpassende Atmosphäre oder der falsche Ton des Vorgesetzten seinem Mitarbeiter gegenüber, der zum Scheitern des Gesprächszieles führte.

Vor allem, wenn der Suchtgefährdete faule Erklärungen für sein Verhalten oder kleinere Verfehlungen vorbrachte und die eingenommenen Medikamente mit der ärztlichen Verordnung oder Dauerverordnung von betäubungsmittelhaltigen Medikamenten begründete und die Gesprächsführung übernahm, waren Vorgesetzte häufig überfordert, weil sie oft keine Argumente hatten, um das Gespräch tatsächlich in die gewünschte Richtung zu steuern und dadurch einen Erfolg zur Vermeidung von gefährlichem Substanzgebrauch oder gar -missbrauch zu verbuchen.

Auch hier sollte Ihnen klar sein, dass Sie zwar kein Drogen- oder Medikamentenfachmann und auch kein Arzt sein müssen, um ein Fürsorgegespräch zu führen, dass Sie aber vor allem in Betrieben, die keinen betriebsärztlichen Dienst unterhalten, die Aufgabe der Gesprächsführung in einem Verdachtsfall übernehmen müssen.

Führungskräfte, die eine gute Portion Basiswissen zum Thema präsentieren konnten, waren viel erfolgreicher und kamen vor allem authentischer beim Gesprächspartner an. Vor allem, wenn Medikamente im Spiel sind, deren Inhaltsstoffe dem BtMG unterstellt sind, kann die Arbeitssicherheit gefährdet sein und Sie müssen handeln.

Bleiben wir hier bei betäubungsmittelhaltigen Medikamenten, die missbräuchlich benutzt werden oder bei denjenigen, die aufgrund ärztlicher Verordnung die Verkehrs- und Arbeitssicherheit in einer Art beeinflussen können, die Ihr Handeln erfordert.

Fakt ist, dass auch ein Arzt betäubungsmittelhaltige Medikamente nur nach den Vorgaben des BtMG verordnen darf.

Diese Bestimmung erlaubt die Verordnung von betäubungsmittelhaltigen Medikamenten nur, wenn die Verordnung begründet ist (Ultima-Ratio-Regel) und dem Patienten nicht geschadet wird (Primum nihil nocere).

Nicht begründet ist die Verordnung betäubungsmittelhaltiger Substanzen, wenn die Heilung, Schmerzlinderung oder Lebensführung auch auf andere Weise erreicht werden kann.

Ärzte sollen dann, nach der Bestimmung des § 13 BtMG, auf die Verordnung betäubungsmittelhaltiger Mittel verzichten.

Liegen die Voraussetzungen für die Verordnung allerdings vor und der Arzt stellt ein Betäubungsmittelrezept aus (3-facher Rezeptsatz), muss er auch einer umfassenden Aufklärungspflicht nachkommen.

Aus einer Veröffentlichung der Landesärztekammer des Landes Baden-Württemberg können Sie sehen, welche Pflichten Ärzte dann haben. In anderen Bundesländern sind die Verhaltensregeln natürlich ähnlich.

Aufklärungspflichten der Ärzte

Hier soll der Hinweis genügen, dass der Bundesgerichtshof und andere Gerichte, wie Sozialgerichte, immer wieder Entscheidungen bezüglich ärztlicher Aufklärungspflichten den Patienten gegenüber getroffen haben. Die rechtlichen Grundlagen ergeben sich aus dem Bürgerlichen Gesetzbuch (§§ 630 ff. BGB).

Diese Aufklärungspflichten der Ärzte und deren Umsetzung können im Einzelfall rechtlich sehr entscheidend sein, wenn es darum geht, Verantwortlichkeiten bei strafrechtlichen oder zivilrechtlichen Fragen zu klären.

Im Anhang finden Sie die Aktenzeichen von Fällen, die gerichtliche Entscheidungen im Hinblick auf die Aufklärungspflichten von Ärzten – ihren Patienten gegenüber – brachten.

Beweislastumkehr

Erst seit ca. 2 Jahren existieren verschiedene gerichtliche Entscheidungen über die Beweislastumkehr auf den behandelnden Arzt. Vorher musste der Patient im Bedarfsfall dem Arzt beweisen, dass er gegen die Regel der ärztlichen Kunst verstoßen hat.

Nun entschieden Gerichte, dass der behandelnde Arzt belegen muss, dass er nach diesen Regeln der ärztlichen Kunst behandelt hat. Um dies im Bedarfsfall auch belegen zu können, dokumentieren Ärzte die Krankengeschichte und die verordneten Medikamente einschließlich der ausgesprochenen Verhaltensregeln an den Patienten noch genauer als früher. Zumindest müssen oder sollten Sie davon ausgehen.

Letztlich bedeuten diese Erläuterungen, dass Ärzte sich genau an die gesetzlichen Vorgaben halten werden, da sonst möglicherweise sogar ihre *Approbation* gefährdet ist.

Im Arbeitsbereich heißt dies, dass Ärzte zunehmend auch auf die Risiken von bestimmten Medikamenten im Arbeitsbereich hinweisen werden (oder sollten).

Demzufolge sind Ihre Mitarbeiter, die ärztlich verordnete Medikamente einnehmen müssen, im Regelfall schon umfassend über Nebenwirkung und Risiken im Alltag informiert..

Bei missbräuchlicher Nutzung versteht sich von selbst, dass die Nutzer die Warnhinweise der Beipackzettel oft nicht lesen und sie die möglichen Nebenwirkungen auch nicht wirklich interessieren.

Logischerweise fand in solchen Fällen keine ärztliche Aufklärung statt und die Aufklärung durch einen Apotheker ist auch sehr fraglich. In solchen Fällen können Sie aber Ihr Grundwissen einbringen und auf die Strafbarkeit des Handels hinweisen.

6. Nochmal ein Wort zu rezeptfreien Medikamenten

Bisher haben wir in erster Linie betäubungsmittelhaltige Medikamente und andere rezeptpflichtige Arzneien sowie die möglichen Gefahren im Arbeitsbereich angerissen. Doch auch wenn rezeptfreie Medikamente sicherlich ein deutlich geringeres Risiko darstellen, wenn es um den Erhalt von Arbeitssicherheit geht, sind sie doch nicht gänzlich zu vernachlässigen.

In der Ausgabe des *JAHRBUCH SUCHT 2016* finden sich in einer Zusammenfassung zum Thema *Medikamente 2014 – Psychotrope und andere Arzneimittel mit Missbrauchs- und Abhängigkeitspotential* nennenswerte Informationen zu rezeptfreien Medikamenten, die auch für den Arbeitsbereich sehr aufschlussreich sein können.

Dort kann der aufmerksame Leser nämlich erfahren, dass im Jahr 2014 insgesamt ca. 1,51 Milliarden Arzneimittelpackungen verkauft worden sind.

Davon waren 46 %, also ca. 650 Millionen Packungen, nicht-rezeptpflichtige Arzneimittel, die über die Ladentische der Apotheken abgegeben wurden.

Der Gesamtumsatz in den Apotheken betrug fast 40 Milliarden Euro.

Ein Jahr später wurde schon ein Zuwachs von 5,8 % gemeldet und der Gesamtumsatz mit 42 Milliarden Euro beziffert. Die Medikamente, die auf illegalem oder halbillegalem Weg beschafft worden sind, werden in diesen Zahlen aber erfahrungsgemäß nicht berücksichtigt. Das heißt, das sogenannte *Dunkelfeld* ist sicherlich sehr hoch.

Daraus lässt sich schließen, dass die Wahrscheinlichkeit auch in Ihrem Betrieb groß ist, dass Medikamente in irgendeiner – vielleicht auch unbedenklichen Art – auftauchen, zumal die Verordnungs- oder Verkaufszahlen auch im Jahr 2016 wieder gesteigert werden konnten.

Die Frage ist dann, „ob" sich diese Mittel auf Verkehrs- und Arbeitssicherheit auswirken können und wenn „ja" in welcher Form.

Hierzu liefert die DHS e.V. Informationen über rezeptfreie *Arzneimittel* mit Missbrauchs- oder Abhängigkeitspotential und beschreibt die Anwendungsbereiche:

Genannt sind Abführmittel, die von jüngeren Frauen missbraucht werden um abzunehmen, und Analgetika, vorzugsweise mit Koffein, um die Alltagsanforderungen bewältigen zu können, sowie Nasentropfen (abschwellend), da hier nach einer Anwendungszeit von nur 5–7 Tagen die Gefahr besteht, dass die Nutzer in eine Missbrauchs- oder Abhängigkeitsproblematik „rutschen". (Quelle – Jahrbuch Sucht 2016 der DHS e.V.)

7.   Der Patient, seine Medikamente und Pflichten im Arbeitsleben

Arbeitgeber und Arbeitnehmer haben im Rahmen der Arbeitsschutzgesetze sowie der Unfallverhütungsvorschriften klar festgelegte Pflichten, die ich schon vorgestellt habe.

Aus dem Beispiel eines Bauarbeiters, der unter FENTANYL-Wirkung von einem Gerüst fällt und Tage später verstirbt, sowie der Schilderung eines Verkehrsunfalls unter Einfluss von Medikamenten, lässt sich ableiten, dass auch gegen Vorschriften des Strafgesetzbuches verstoßen werden kann.

Sobald Drogen oder missbräuchlich genutzte Medikamente im Spiel sind, müssen auch die Vorschriften des Betäubungsmittelgesetzes (BtMG) und die Betäubungsmittelverschreibungsverordnung beachtet werden.

Verstöße stellen Verbrechen (→), Vergehen (→) oder Ordnungswidrigkeiten (→) dar und können auch zum Entzug oder zur Versagung einer Fahrerlaubnis, eines Waffen- oder Gewerbescheines, einer Gaststättenkonzession und anderer Erlaubnispapiere führen, da sie als Voraussetzung für die Erteilung der Bescheinigungen die *Zuverlässigkeit* des Inhabers oder Antragstellers fordern. Und diese *Zuverlässigkeit* ist bei Verstößen gegen das BtMG zunächst zu prüfen.

Deshalb eine kurze Exkursion ins Betäubungsmittelrecht und die möglichen Verknüpfungen mit der Arbeits- und Verkehrssicherheit. Was sollten Sie wissen?

Hinweise zum Betäubungsmittelrecht (betäubungsmittelhaltige Fertigarzneien)

Anders als beim Besitz von illegalen Drogen sind *Erwerb, Besitz* und *Gebrauch* von *betäubungsmittelhaltigen Medikamenten grundsätzlich einmal nicht strafbewehrt, solange* die Medikamente ärztlich verordnet und/oder ordnungsgemäß in der Apotheke gekauft wurden.

Außerdem müssen die ärztlichen Anweisungen zur Einnahme der Medikamente eingehalten werden.

Die Abgabe von betäubungsmittelhaltigen Medikamenten unter Arbeitskollegen kann den Tatbestand einer rechtswidrigen Abgabe oder gar des Verkaufs von Drogen im Sinne des Betäubungsmittelgesetzes erfüllen, was gemäß § 29 BtMG mit einer Geldstrafe oder einer Freiheitsstrafe bis zu 5 Jahren geahndet werden kann.

Übersteigt die Menge der Medikamente eine bestimmte Grenze, die man im BtMG als *nicht geringe Menge* beschreibt oder sind andere strafverschärfende Kriterien erfüllt, kann gar ein Verbrechenstatbestand vorliegen. In diesen Fällen bewegt sich das Strafmaß in einem Rahmen von mindestens einem Jahr bis zu 5 Jahren Freiheitsstrafe (§§ 29a, 30, 30a BtMG).

Als Folge von angezeigten Verstößen gegen das BtMG müssen die Strafverfolgungsbehörden – gesetzlich verpflichtend – auch bestimmte Mitteilungspflichten erfüllen.

Wird jemand wegen eines Verstoßes gegen das Betäubungsmittelgesetz angezeigt, muss die ermittelnde Behörde die Führerscheinstelle informieren. Die Mitteilungspflicht ergibt sich aus dem Straßenverkehrsgesetz (→) (§ 2 StVG).

Nach der Gewerbeordnung (§ 35 GewO) kann einem Gewerbetreibenden oder Unternehmer nach einem Verstoß gegen das BtMG – wegen Unzuverlässigkeit, zum Schutz der Allgemeinheit – die Erlaubnis entzogen werden, ein Gewerbe zu betreiben. Eine Praxis, die Eingeweihte speziell aus dem Gastronomiebereich kennen. Oft genug schon haben Gastwirte, die wegen entsprechender Verfehlungen angezeigt worden sind, ihre Gaststättenkonzession verloren.

Das **Betäubungsmittelgesetz** (**BtMG**) fordert bei vielen Arten des Umgangs mit Betäubungsmitteln (auch bei betäubungsmittelhaltigen [Fertig-]Medikamenten) grundsätzlich eine *Erlaubnis*. Liegt diese nicht vor, verstößt man gegen das BtMG.

Die Auffassung, dass eine geringe Menge bestimmter Drogen aufgrund ihres Bestimmungszweckes, nämlich des *Eigengebrauchs*, vor strafrechtlicher Verfolgung schützt, ist falsch. Das gilt auch für kleinste Mengen betäubungsmittelhaltiger Medikamente.

Ein Schüler, bei dem ADHS diagnostiziert wurde und der mit METHYL-PHENIDAT-haltigen Fertigarzneimitteln (wie RITALIN®, MEDIKINET®, CONCERTA® u. a.) behandelt wird, macht sich dann nach dem BtMG strafbar, wenn er die ärztlich verordneten Pillen – auch unentgeltlich – an Mitschüler weitergibt.

Soweit die wichtigsten Verhaltensregeln, die ein Patient beachten sollte, wenn ihm ein Arzt betäubungsmittelhaltige Medikamente verordnet.

Aber damit ist die Liste der möglichen Fußangeln noch nicht abgearbeitet.

Ein Patient, der Medikamente einnimmt oder einnehmen muss, die sich auf die Arbeits- und Verkehrssicherheit auswirken können, ist verpflichtet, auch gegenüber seinem Arbeitgeber bestimmte Regeln einzuhalten, wenn sich die Wirkung der Arzneien auf die Fahreignung oder die Arbeitsfähigkeit auswirken kann. Die Regeln, deren Einhaltung das Arbeitsschutzgesetz verlangt, konnten Sie bereits lesen.

Diese Regeln wirken sich auf die Teilnahme am Straßenverkehr (StVO, StVZO, StVG und StGB), Reisen ins Ausland mit bestimmten Medikamenten im Gepäck (Art. 75 Schengener Durchführungsabkommen) und viele alltägliche Handlungen aus.

Dass Verstöße gegen die zitierten Rechtsnormen mit Strafe oder mit Geldbuße bedroht sind, habe ich schon beschrieben, sie können aber auch zum Entzug der Fahrerlaubnis führen oder die Gültigkeit von Versicherungsverträgen gefährden. Außerdem können sich angezeigte Verstöße negativ auf die Zuverlässigkeit, eine der geforderten Voraussetzungen für bestimmte Erlaubnisbescheinigungen, wie Waffenscheine, Gaststättenerlaubnisse, Jagdschein und andere auswirken.

An dieser Stelle ist sicherlich der Hinweis passend, dass zum Beispiel ein Sicherheitsunternehmen, das Waffenträger beschäftigt, größte Probleme haben könnte, wenn festgestellt werden würde, dass einer dieser Mitarbeiter ständig unter (strafrechtlich relevantem) Drogen- oder Medikamenteneinfluss steht und gar Beschuldigter in einem polizeilichen Ermittlungsverfahren ist.

Das Gleiche gilt, wenn es um Berufskraftfahrer in Transportunternehmen geht.

Dabei ist es mir aber wichtig, ausdrücklich noch einmal darauf hinzuweisen, dass es mir nicht darum geht, einen leidgeplagten Patienten, der (betäubungsmittelhaltige) Medikamente braucht, zu kriminalisieren oder ihn von der Einnahme nötiger Arzneien abzuhalten. Ganz im Gegenteil!

Die gesetzlichen Vorgaben zur Verordnung betäubungsmittelhaltiger Medikamente durch den Arzt im Bedarfsfall, sollen die Möglichkeit bieten, im Rahmen einer Risiko-/Nutzen-Bewertung des Arztes auch hochwirksame Mittel mit Suchtpotential verordnen zu können, wenn dies aus therapeutischen Gründen sinnvoll erscheint.

Gleichzeitig sollen die strengen Vorgaben aber auch Abhängigkeit und Sucht durch die verordneten Präparate verhindern.

Diese Systematik aufzuzeigen, halte ich für wichtig! Sie sollen wissen, welche rechtlichen Fußangeln ausgelegt sein können, wenn sich eine Person nicht an die rechtlichen Vorgaben im Umgang mit den verschiedensten Arzneien hält und welche weitreichenden Folgen dies haben kann. Mir persönlich geht es darum aufzuklären und zu helfen. Und das sollte auch Ihre Motivation sein, wenn Sie das Thema aufgreifen.

Der Patient hat schon das Problem seiner Erkrankung! Weitere Probleme durch Unwissenheit im Umgang mit seinen Medikamenten möchte ich ihm und auch seinem Arbeitgeber ersparen.

Klar ist auch, dass kranke Menschen, die gezwungen sind Medikamente einzunehmen, die bei der Arbeit oder der Teilnahme am Straßenverkehr auch noch problematisch sind, oft schwierige Situationen zu meistern haben. Sie brauchen dann Unterstützung, vielleicht auch von Ihnen als Kollege oder Vorgesetzter.

Denn einerseits müssen sie aus therapeutischen Gründen hochwirksame Mittel einnehmen, um wieder arbeitsfähig zu werden oder zu bleiben, andererseits können sie unter Einfluss dieser Präparate nicht ungehindert an bestimmten Arbeitsprozessen teilnehmen, weil sich eben die Wirkung der Mittel negativ auf Verkehrs- und Arbeitssicherheit auswirken kann.

Die Angst, den Arbeitsplatz auch noch aufgeben zu müssen, ist oft genug sehr groß und verleitet dazu, Warnhinweise von Ärzten, Kollegen und Familienmitgliedern zu ignorieren. Deshalb müssen Sie bei einem Gespräch mit einem gefährdeten Mitarbeiter damit rechnen, dass er versucht, seine tatsächliche Situation weniger dramatisch darzustellen und auch den Medikamenteneinfluss herunterzuspielen.

Vermeiden Sie allerdings in jedem Fall Versprechungen, die Sie nicht einhalten können. Sie würden damit das Vertrauen Ihrer Mitarbeiter verlieren und niemand würde sich in der Zukunft trauen, Ihnen die Wahrheit zu erzählen und sich zu *outen*.

Noch wahrscheinlicher verleugnet ein Mitarbeiter den Drogen- oder Medikamentenmissbrauch. Er ist sich bewusst, dass er etwas Unrechtes tut und Warnhinweise ignoriert. Seine Motivation liegt im Bestreben, besser, schneller, leistungsfähiger zu sein. Wird festgestellt, dass er die Verbesserung seiner Arbeitsleistung durch illegale oder fragwürdige Methoden erreichen will, wird er erfahrungsgemäß versuchen, sich zu rechtfertigen oder die Angelegenheit zu verharmlosen. Abhängigkeits- oder Suchtprobleme wird er meist verleugnen.

Sie, in Ihrer Führungsfunktion oder als Verantwortlicher für Arbeitssicherheit, sollten für solch einen Echt-Fall gerüstet sein, um zu wissen, was auf einen Mitarbeiter zukommen kann, der betäubungsmittelhaltige Mittel missbräuchlich beschafft, um sie einzunehmen. Oder wenn er sie im Betrieb aufbewahrt, um sie zu konsumieren, weiterzugeben oder zu verkaufen.

Dieses Wissen kann sehr nützlich sein, wenn Sie tatsächlich Maßnahmen ergreifen wollen oder müssen, um dem Mitarbeiter einen suchtbedingten Leidensweg zu ersparen.

Außerdem sind Fallkonstellationen denkbar, in denen Führungskräfte auch selbst gegen das BtMG verstoßen, nämlich dann, wenn ihr Verhalten rechtlich gesehen als „*Gelegenheit verschaffen*" im Sinne des BtMG gewertet werden kann.

In der Praxis sind solche Fälle in einem Betrieb sicherlich äußerst selten denkbar, aber es gibt sie eben im Einzelfall, weshalb sie in diesem Buch auch erwähnt und an anderer Stelle (Kapitel – Illegale Drogen) näher erläutert werden sollen.

Wie gesagt, eine Strafanzeige wegen Verstoßes gegen das BtMG führt häufig zu einer Verurteilung und kann der Ausgangpunkt weiterer Folgemaßnahmen sein, wie dem Entzug der Fahrerlaubnis, Verlust der Zuverlässigkeit nach der Gewerbeordnung oder in waffenrechtlicher Hinsicht.

Es kommt deshalb nicht darauf an, dass Sie ständig entsprechende Fälle registrieren und zu regeln haben, sondern für die Einzelfälle vorbereitet zu sein, die Arbeitssicherheit, Arbeitsleistung oder den Betriebsfrieden und die Arbeitsqualität gefährden.

Denn wird den Strafverfolgungsbehörden ein Verdacht angezeigt, sind sie verpflichtet „Straftaten zu erforschen und alle keinen Aufschub gestattenden Anordnungen zu treffen, um die Verdunkelung der Sache zu verhüten". Diese, für rechtliche Laien vielleicht etwas unverständliche Formulierung bedeutet für Polizei und Staatsanwaltschaft, dass sie einem *Strafverfolgungszwang* unterliegen.

Strafverfolgungspflicht (§ 163 Strafprozessordnung)

Die Pflicht der Strafverfolgungsbehörden, bei einem sogenannten *Anfangsverdacht* tätig zu werden, ist in der Strafprozessordnung geregelt.

Die Vorschrift ist bindend und beinhaltet keinen Ermessensspielraum für Polizei und Staatsanwaltschaft. Der auf Seite 295 im Anhang wiedergegebene Auszug aus einem Schreiben der *Kassenärztlichen Vereinigung Bayern (KVB)* verdeutlicht die Tragweite dieser Vorschrift, die auch Ärzte bei der (nicht rechtskonformen) Verordnung von betäubungsmittelhaltigen Präparaten treffen kann.

Was sollten Sie aus diesem Abschnitt mitnehmen? Trotz aller Regeln und Gesetze sind viele Menschen extrem leichtsinnig und meinen letztlich, dass ein Mehr an Medizin ein Mehr für die Gesundheit bringen kann. Oder sie betrachten den missbräuchlichen Gebrauch hochwirksamer Arzneien als „ihr" persönliches Recht, ohne an die möglichen gesundheitlichen und rechtlichen Folgen zu denken.

Zusammenfassung

Auch in Ihrem Betrieb könnten Mitarbeiter gezwungen sein, ärztlich verordnet betäubungsmittelhaltige oder andere Medikamente, die für den Erhalt der Arbeitssicherheit beachtenswert sind, einzunehmen. Sie sind deshalb sicher gut beraten, sich in Anbetracht Ihrer gesetzlichen Verpflichtungen als Führungskraft auf diese Situation durch vorgefertigte Handlungsstrategien, aber auch durch Arbeitsverträge, Betriebsvereinbarungen, Fortbildungsveranstaltungen usw. auf diese Situation einzustellen und sich rechtliches Grundwissen anzueignen.

Je nach Firmenstruktur können diese Aufgaben natürlich auch auf Personalverantwortliche oder Verantwortliche für Betriebliches Gesundheitsmanagement übertragen werden.

Wichtig ist für die Vorausplanung greifbarer Maßnahmen, auf die Besonderheiten zu achten, die die unterschiedlichen Wirkungsweisen der eingesetzten Medikamente und das Motiv der Einnahme (ärztlich verordnet oder missbräuchlich) fordern.

Frühzeitiges Handeln ist sicherlich eine edle Pflicht, aber auch verpflichtender Beitrag zum Erhalt und zur Gewährleistung der Arbeitssicherheit und zum Schutz von Mitarbeitern und Unternehmen.

Kapitel 2
Erkennen bedenklicher Substanzen im Arbeitsbereich

I. Detektionssysteme/Drogen(schnell)tests – Anwendung und Nutzen

1. Was sind Drogen(schnell)tests?

In den vorigen Kapiteln und Abschnitten habe ich Ihnen Drogen und Medikamente vorgestellt, die sich auf die Verkehrs- und Arbeitssicherheit auswirken könnten. Dabei haben Sie Erkennungszeichen kennengelernt, die Ihnen möglicherweise auch als therapeutischer Laie auffallen könnten.

Sicherer zum Nachweis berauschender oder bedenklicher Substanzen im Arbeitsleben sind aber Drogen(schnell)tests oder sogenannte *Detektionssysteme*.

Laut Wikipedia ist *„ein Drogentest eine Untersuchungsmethode zur Bestimmung von Art und Menge der Aufnahme einer Droge oder eines Medikaments im Körper eines Menschen oder Tieres. Er wird in der Regel aufgrund eines Missbrauchsverdachtes durchgeführt.“*

Zum Testen eignen sich verschiedene Körpermaterialien, wie Blut, Urin, Speichel, Haare oder Zähne und natürlich die jeweilige Substanz selbst. Jedes Material hat eigene Eigenschaften und Zeitfenster, in denen sich der Konsum nachweisen lässt. Wie aus der folgenden Grafik ersichtlich, kann man dann Drogen, Medikamente oder Abbauprodukte in folgenden Zeiträumen feststellen.

Neben dem Nachweis der beschriebenen Testmaterialien ist es auch möglich, sogenannte Oberflächen- oder Wischtests einzusetzen.

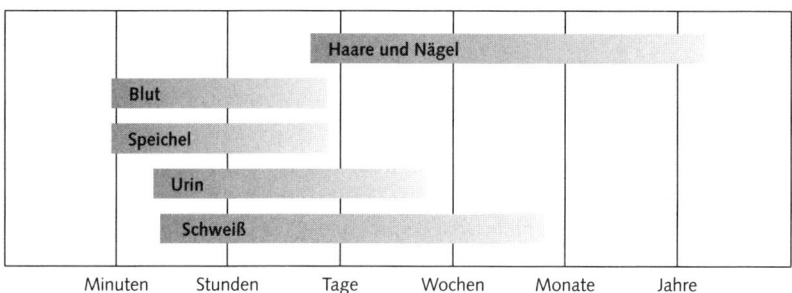

Abb. 3: Nachweiszeiten, nach: WIKIPEDIA

Über Schweiß und Speichel werden nämlich bei jedem Menschen konsumierte Drogen, Medikamente oder Abbauprodukte ausgeschieden.

Flächen oder Gegenstände, die der Konsument dann berührt, werden kontaminiert. Moderne Detektionssysteme reagieren auf geringe Schweiß- oder Speichelrückstände oder deren Inhaltsstoffe und zeigen an, wenn der Spurenverursacher tatsächlich Drogen oder die mit dem jeweiligen System nachweisbaren Medikamente konsumiert hat.

Die Testergebnisse sind anerkannt und reichen bei Polizei und Staatsanwaltschaft aus, um bei den zuständigen Gerichten den Tatverdacht zu begründen und darauf weitere Maßnahmen, wie Durchsuchungen oder Festnahmen, zu stützen.

Suchen wir im Hinblick auf den Erhalt der Arbeitssicherheit Drogentests, werden wir Systeme brauchen, die uns mit wenig Personal-, Zeit- und Finanzaufwand eine zuverlässige Möglichkeit bieten, Drogen und Medikamente im Arbeitsbereich festzustellen.

Die Systeme sollten zuverlässig sein und die Ergebnisse im Bedarfsfall auch von Gerichten anerkannt werden. Solche Systeme bieten in Europa die unterschiedlichsten Firmen an.

Auch die Strafverfolgungsbehörden suchten bereits vor Jahren nach zuverlässigen Nachweismöglichkeiten für Drogen und Medikamente, die aufgrund des Beweiswertes die Anforderungen erfüllen, die die gängigen Tests zum Nachweis von Alkohol bieten.

Es wurden unter anderem von den Polizeiverbänden der europäischen Länder Studien, wie die ROSITA 1 und 2 Studie oder die DRUID-Studie, in Auftrag gegeben.

Systeme, die im Rahmen dieser Studien gut abgeschnitten hatten, sind nun bei vielen Polizeiverbänden im Einsatz und liefern täglich in mehreren tausend Fällen zuverlässige Ergebnisse.

Die Systeme bezeichnet man als sogenannte *Detektionssysteme*. Ich möchte Ihnen in diesem Kapitel Varianten zwei verschiedener Hersteller vorstellen.

Zum einen handelt es sich um ein Gerät der Firma DRÄGER – Gerätebezeichnung DRÄGER DrugTest 5000® –, zum anderen um ein System der Firma SECURETEC, das sich DrugWipe® nennt.

Beide Varianten sind zum Nachweis der meisten gängigen illegalen Drogen sowie einiger Medikamentengruppen geeignet.

Ich kenne die Systeme aufgrund meiner langjährigen Arbeit in einem Kommissariat, das für die Bekämpfung von Drogendelikten und Verstößen gegen das Arzneimittelgesetz zuständig ist.

Die Ergebnisse werden bei Gericht anerkannt und erlauben den Nachweis von Drogen- und Medikamentenmissbrauch in praktikablen Zeitfenstern.

Aus diesem Grund halte ich persönlich diese Detektionssysteme auch gut geeignet für den Einsatz in Industrie, Wirtschaft und im Handwerk.

Wichtig ist dabei, dass Sie für die Anwendung eine Berechtigung benötigen, die sich aus Arbeitsverträgen oder allgemein gültigen Betriebsvereinbarungen ergeben kann, wenn die Zielrichtung des Tests gegen einen bestimmten Mitarbeiter gerichtet ist.

Beabsichtigen Sie ganz allgemein durch die Testung von firmeneigenem Arbeitsgerät (Autos, Stapler, Toilettenanlagen usw.) feststellen zu können, ob Drogen oder Medikamente konsumiert werden, die die Arbeitssicherheit gefährden könnten, sehe ich rechtlich keine Hindernisse.

Ich weise aber ausdrücklich darauf hin, dass Sie den Einsatz von Detektionssystemen nicht nur aus rechtlichen Gründen auf stabile Füße stellen sollten. Heimliche Tests würden aus meiner Sicht ein bestehendes Vertrauensverhältnis zerstören und sich negativ auf das Betriebsklima auswirken können.

Deshalb sollte der Einsatz solcher Testsysteme mit der Akzeptanz aller ermöglicht werden.

Um Ihnen Argumente für betriebliche Meetings und die Einführung von Detektionssystemen zur Sicherung der Arbeitssicherheit zu liefern, werde ich Ihnen in diesem Kapitel Wissenswertes vorstellen.

Es war im Dezember 2016, als mir ein Bekannter einen Hinweis auf die englischen *EWDTS Guidelines* (= *European Workplace Drug Testing Society*) schickte und mich wissen ließ, dass in England eine neue Richtlinie für den Arbeitsbereich existiert, die zum Erhalt der Arbeitssicherheit Anweisungen zur Anwendung von Speicheltests regelt.

Ebenfalls im Dezember 2016 bekam ein französischer Unternehmer vom *Conseil d'État* das Recht zugesprochen, unter bestimmten Voraussetzungen Detektionssysteme zur Kontrolle von Drogen- oder Medikamentengebrauch am Arbeitsplatz einzusetzen. Gleichzeitig legte das Gericht aber bestimmte Bedingungen für den Einsatz fest. Diese Regeln beziehen sich auf die Besonderheiten der Arbeit (gefahrgeneigter Arbeitsbereich), die Verschwiegenheit bzgl. der Kontrolle und auf andere Voraussetzungen. Nachdem der Unternehmer nämlich einen Arbeitnehmer getestet hatte, um die Arbeitssicherheit zu gewährleisten, war dieser vor Gericht gezogen und hatte in erster Instanz Recht bekommen. Dieser ersten richterlichen Entscheidung zufolge wäre der Test unrechtmäßig gewesen. Doch in höchster Instanz (Conseil d'État) wurde festgestellt, dass dem Unternehmer das Recht zusteht, unter bestimmten Voraussetzungen Mitarbeiter zu testen.

Der **Conseil d'État** (CE, deutsch: *Staatsrat*) ist eine französische Institution. Er ist zum einen das oberste Verwaltungsgericht und zum anderen ein Beratungsgremium der Regierung in Rechtsfragen. In der ersten Funktion ist er mit dem deutschen Bundesverwaltungsgericht vergleichbar, in der zweiten mit dem deutschen Justizministerium, das die Gesetze prüft, bevor sie dem Kabinett vorgelegt werden. (Quelle: WIKIPEDIA)

Die Originalartikel zum Thema finden Sie unter:
http://cgtst2n.over-blog.fr/2016/12/le-conseil-d-etat-autorise-le-test-de-depistage-salivaire-des-stupefiants.html
http://www.village-justice.com/articles/test-salivaire-detection-immediate-produits-stupefiants-peut-ere-pratique-par,23752.html

Sinngemäße Übersetzung aus dem oben angegebenen Originalartikel:

Seit 01.01.2017 darf der Verantwortliche eines Unternehmens oder ein Vertreter am Arbeitsplatz Speicheltests durchführen. Ein Zeuge muss anwesend sein. Die Anwesenheit anderer Angestellter ist nicht erlaubt. Die Tatsache, dass getestet worden ist, muss im Betrieb geheim gehalten werden.

Der Getestete darf ein Gegengutachten verlangen.

Verweigert der Arbeitnehmer den Test, kann dies zu Disziplinarmaßnahmen (bis zur Entlassung) führen.

Die Entscheidung war die logische Konsequenz auf den massiv steigenden Substanzmissbrauch in Europa und die dadurch bedrohte Arbeitssicherheit. Dabei gibt es bereits Länder in Europa, die längst solche Testverfahren eingeführt haben. Dort wird in Bergwerken, bei großen Betonfirmen mit Schwerlast–Fahrzeugen oder auch bei Car-Sharing-Firmen getestet. Also in Firmen, in denen das Thema Arbeitssicherheit einen hohen Stellenwert besitzt.

Deutschland tut sich dagegen sehr schwer. Für meine Begriffe ist das eine ambivalente Situation. Denn einerseits verlangt man die Einhaltung von Regeln zur Sicherheit der Arbeitssicherheit, andererseits erlaubt man den Verantwortlichen den Einsatz der nötigen Testverfahren nicht. Doch ich denke, es ist nur eine Sache von wenigen Jahren, bis sich auch in Deutschland etwas ändert.

Erste Anzeichen sind einzelne Betriebsvereinbarungen oder die Änderungen des Luftsicherheitsgesetzes (zuletzt geändert durch Gesetz von 23.02.2017) und des Luftverkehrsgesetzes (zuletzt geändert durch Gesetz vom 20.07.2017), wonach u. a. unangekündigte Kontrollen auf Alkohol, Drogen und Medikamente durch die Fluggesellschaften bzw. die Luftsicherheitsbehörden erlaubt sind. Eine Einschränkung von Persönlichkeitsrechten sehe ich in solchen Regularien im Übrigen nicht.

Und sollten einzelne Rechtstheoretiker immer noch gegen derartige Präventivmaßnahmen sein, sollten sie an die Persönlichkeitsrechte derjenigen denken, die durch die lasche Überprüfung des Alkohol-, Drogen- und Medikamentenkonsums von Verkehrspiloten, wie dem GERMANWINGS-Piloten, der vor ca. zwei Jahren den Tod von 150 Menschen verschuldete, gefährdet werden.

Beim Thema *Drogen und Medikamente* werden – wie in vielen anderen Lebensbereichen auch – die Rechte einzelner Personen vielfach dem Recht einer ganzen Personengruppe vorgezogen. Die Mehrheit muss dann auf die eigenen Rechte zugunsten des Einzelnen verzichten.

Der Arbeitsbereich ist hierfür ein gutes Beispiel: Einerseits wird der Einsatz von Detektionssystemen zur Sicherung der Arbeitssicherheit für alle untersagt; andererseits hat der Einzelne aber das Recht, solche Systeme zum Schutz der ganzen Belegschaft abzulehnen oder dagegen zu klagen und jahrelang Rechtsstreitigkeiten voranzutreiben. Ist der „worst case" jedoch eingetreten und dieser Einzelne unter Einfluss berauschender Substanzen für einen Betriebsunfall oder gar den Tod eines Kollegen verantwortlich, wird unter Umständen der Unternehmer oder ein Beauftragter zur Verantwortung gezogen, weil er nichts gegen den Missbrauch oder die ärztlich angeordnete Einnahme bedenklicher Substanzen unternommen hat. Diese Situation ist nur schwer zu ertragen.

Deshalb muss etwas geschehen, um den unrechtmäßigen Drogen- und Medikamentenmissbrauch zur Steigerung von Aufmerksamkeit und Leistungsfähigkeit, sportlicher Leistungen oder aus sonstigen, nicht therapeutischen Gründen zu stoppen.

Derzeit ist die Rechtslage grundsätzlich noch unbefriedigend.

Das wird sich mit Sicherheit bald ändern, wie am obigen Beispiel des Luftverkehrsgesetzes und des Luftsicherheitsgesetzes bereits zu sehen ist. Doch die Frage ist: „*wann genau?*" Ich bin überzeugt, dass die Unternehmen, die ihre Fachkräfte für Arbeitssicherheit bereits jetzt schulen lassen und die Thematik *Drogen und Medikamente* sowie Arbeitssicherheit in zielführende Fortbildungsveranstaltungen eingebettet haben, wesentlich weniger Umstellungsprobleme haben werden. Denn eines muss klar sein:

Akzeptieren wir den zunehmenden und nachgewiesenen Substanzmissbrauch mit seinen vielen, negativen Auswirkungen auf die Arbeitssicherheit, können wir uns auch den Aufwand sparen, den wir in anderen Bereichen in punkto Sicherheit betreiben.

Aus diesem Grund denke ich, es ist nur eine Frage der Zeit, bis auch Deutschland aus der Lethargie erwacht und Drogen- und Medikamententests erlaubt oder gar vorschreibt. Und genau aus diesem Grund sollten Sie sich schon jetzt mit den Möglichkeiten und Einsatzbereichen beschäftigen, die moderne Detektionssysteme bieten.

Was spricht denn dagegen, Mitarbeiter an Detektionssystemen ausbilden zu lassen, um im Bedarfsfall sofort handeln zu können? Das Argument, bisher ist auch nichts passiert, ist sehr trügerisch und darf nicht zählen.

Feuerlöscher – um ein banales Beispiel zu nennen – haben Sie doch sicherlich auch installiert, obwohl die Wahrscheinlichkeit des Ausbruchs eines Brandes nicht unbedingt jeden Tag gegeben ist.

Zugegebenermaßen haben Sie die Feuerlöscher nur installiert, weil Sie gesetzlich dazu verpflichtet sind. Dann ist aber auch meine Frage berechtigt, warum es für eine abstrakte Feuergefahr im industriellen und wirtschaftlichen Bereich gesetzliche Verpflichtungen gibt; bei der wesentlich größeren Gefahr durch Substanzmissbrauch aber bisher niemand angemessen reagiert hat. Brauchen wir in Deutschland vielleicht wirklich für alles eine eigene Vorschrift? Ist sinnvolle Eigeninitiative nicht mehr gefragt?

Bei einem Telefonat mit der Verantwortlichen einer großen, international tätigen *Car-Sharing-Firma* erfuhr ich, dass das Thema „*Medikamente und Drogen im Arbeitsbereich*" in allen weltweit existierenden Stützpunkten dieses Unternehmens regelmäßig bei Fortbildungsveranstaltungen behandelt wird und auch stichprobenartige Tests bei Angestellten und Kunden die Regel sind. In Deutschland kämpft man aber noch um Akzeptanz und die rechtlichen Grundlagen für die Umsetzung solcher Präventionsmaßnahmen.

Die vor Jahren geführte Diskussion über das Verbot von Bierautomaten im Arbeitsbereich ist ein Beispiel. Es zeigte sich, dass dem anfänglichen Widerstand das Verständnis für die Maßnahme folgte, weil man einfach erkannt hatte, dass sie dem Erhalt der Arbeitssicherheit dient. Und heute redet niemand mehr darüber. Aber erst einmal waren schriftlich fixierte

Anordnungen notwendig, es wurde massiv genörgelt und sogar der Rechtsweg beschritten.

Sie haben es aber alleine in der Hand, eigenverantwortlich tätig zu werden und zur Reduzierung von Substanzmissbrauch beizutragen.

Also machen wir uns in diesem Kapitel „schlau" und beschäftigen uns mit Detektionssystemen, die auch schon bald Normalität sein werden.

Anwendungsmöglichkeiten und rechtliche Hinweise

Wie bereits angedeutet, werde ich in diesem Buch die Detektionssysteme der Herstellerfirmen DRÄGER und SECURETEC vorstellen. Diese beiden Firmen haben mir die Erlaubnis erteilt, Grafiken, Bilder und Schautafeln zu verwenden.

Außerdem kenne ich die Systeme durch meine praktische Arbeit als Kriminalbeamter.

Alternativen stellen Systeme wie P. I. A. (Fa. PROTZEK) oder die Systeme *ORALStat* oder *Cozart RapiScan* dar, die ebenfalls gute Testergebnisse in europaweiten Versuchen erzielten und zum Teil auch bei Verkehrspolizeistationen genutzt werden.

Ich werde Ihnen die Nachweismöglichkeiten, die einzelnen Testmaterialien und die Zeitfenster vorstellen, in denen die Testsysteme zuverlässige Ergebnisse liefern können. Allerdings verzichte ich bewusst auf hochwissenschaftliche Abhandlungen über die Tests, sondern stelle Ihnen die Fakten vor, die für Ihre praktische Arbeit sinnvoll sind. Ich will Ihnen damit verdeutlichen, wie Sie mit relativ niedrigem finanziellen, personellen und zeitlichen Aufwand die technischen Möglichkeiten moderner, zuverlässiger Drogentests kennenlernen und nutzen könnten; vorausgesetzt, die rechtlichen Voraussetzungen sind geschaffen.

Wie und wann kann ich Detektionssysteme einsetzen?
Was bringen sie mir an Ergebnissen?

Wenn Sie den Verdacht haben, dass eine Mitarbeiterin oder ein Mitarbeiter unter Drogen- oder Medikamenteneinfluss arbeitet, stehen Sie natürlich häufig vor dem Problem, nicht genau zu wissen, ob der Verdacht begründet ist.

Vielleicht sind die Betroffenen zwar durch Wesensänderungen oder durch ungewöhnliche, unerklärliche (Arbeits-)Fehler aufgefallen, aber Sie haben noch Zweifel, was die Ursachen für diese Auffälligkeiten anbelangt. Eine Möglichkeit von mehreren könnte Substanzmissbrauch sein.

Um den Verdacht zu untermauern, dass Medikamente oder Drogen ursächlich sind und Sie konkrete Maßnahmen einleiten können, wäre es doch sinnvoll, wenn Sie eine Chance hätten, ein verlässliches Detektionssystem zu nutzen. Die anwenderfreundlichen Systeme erlauben den Test von Speichel, Oberflächen, Blut oder Urin sowie von den Drogen und Medikamenten selbst. Als Testmaterialien könnten demzufolge Blut, Urin, Schweiß, Speichel oder auch die Oberflächen von Arbeitsgeräten sowie Stoffproben in Frage kommen. Zwar ist nicht jedes Testmaterial im Arbeitsbereich praktisch nutzbar, aber Speichel- und Oberflächentests würden Ihnen – aus meiner Sicht – in den meisten Fällen die umsetzbaren Möglichkeiten bieten, das Vorhandensein von unerlaubten Substanzen mit hoher Wahrscheinlichkeit zu belegen oder im Einzelfall beweisen, dass (momentan) kein Substanzmissbrauch vorliegt.

Zur Beachtung!

Die vorgestellten Detektionssysteme können allerdings nicht alle Ihre Fragen beantworten und Bedürfnisse zufriedenstellen, die sich in Bezug auf einen „verdächtigen" Mitarbeiter und dessen möglichen Substanzmissbrauch stellen.

Sie analysieren jedoch die gebräuchlichsten illegalen Drogen, aber auch Medikamente, wie Benzodiazepine, Barbiturate oder Ketamine. Nicht nachweisen lassen sich mit den meisten Detektionssystemen METHYLPHENIDAT-haltige Präparate, wie RITALIN®, CONCERTA® oder MEDIKINET®. Hier wären im Verdachtsfall Laboruntersuchungen erforderlich.

Zum Handling!

Vor dem Einsatz ist eine ausführliche Einweisung oder Ausbildung für die Anwender erforderlich, um sie in die Lage zu versetzen, die Tests fachgerecht einzusetzen, deren Vorteile und Nachteile zu kennen und die Testergebnisse richtig zu interpretieren.

Fehlinterpretationen der Testergebnisse – durch falsche Handhabung – wäre aus den verschiedensten Gründen fatal. Die Einweisung ist aber weder kompliziert noch zeitraubend und die Herstellerfirmen bieten häufig die nötigen Seminare an und stellen Ihnen die Tests und deren Anwendung in Ihrem Unternehmen vor.

2. Was sollte vor dem Einsatz von Detektionssystemen geklärt sein?

Voraussetzung für die Einführung der Testsysteme in Ihrem Arbeitsbereich ist zunächst einmal, dass Sie sich im Klaren darüber sind, ob die Detektionssysteme präventiv zur Testung an Arbeitsgeräten oder verdachtsorientiert, beim Missbrauchsverdacht gegen einen Mitarbeiter, eingesetzt werden sollen.

Diese Unterscheidung ist im Hinblick auf die Rechtmäßigkeit der Anwendung wesentlich.

Bei *konkreten Verdachtsfällen* gegen Mitarbeiter ist es empfehlenswert, soweit möglich, schon vor der Frage nach dem Einsatz von Detektionssystemen abzuklären, ob die Verhaltensänderungen oder die Ursache für Arbeitspflichtverletzungen andere Ursachen als den vermeintlichen Substanzmissbrauch haben können.

Das vielfach zitierte Grundwissen über Drogen und Medikamente kann Ihnen dabei auch bei der Beantwortung dieser Frage sehr nützlich sein. In Zweifelsfällen kann auch die Einbindung des Betriebsarztes helfen.

Bleibt nach dieser Lagebeurteilung der *konkrete Missbrauchsverdacht* bestehen, dass der Mitarbeiter bedenkliche Substanzen einnimmt, ist es wichtig zu wissen, um welche Stoffe, um welche Stoffgruppe es sich handeln könnte. Die Beantwortung dieser Frage ist wichtig, um das richtige Testsystem zu nutzen.

Wesentlich ist, ob die Arbeitssicherheit gefährdet sein könnte und Sie weitere Fakten brauchen, um den Missbrauchsverdacht auszuräumen oder zu bestätigen und anschließend zu handeln.

Steht im Gegensatz zu einem konkreten Missbrauchsverdacht „nur" ein *allgemeiner Verdacht* im Raum, der nicht auf einen bestimmten Mitarbeiter, sondern vielleicht auf einen ganzen Arbeitsbereich gerichtet ist, werden Sie sich als *Führungskraft* oder *Fachkraft für Arbeitssicherheit* schwertun, festzustellen, ob überhaupt bedenkliche Substanzen im Betrieb genutzt werden. Befragungen der Betroffenen können natürlich zu Ergebnissen führen, einen Nachweis haben Sie dann aber auch nur bedingt. Testergebnisse könnten – vor allem auch im Hinblick auf mögliche, arbeitsrechtliche Streitigkeiten – wesentlich sinnvoller sein und auch Hinweise von Mitarbeitern zum Substanzmissbrauch untermauern.

Die Mitteilung dieses „allgemeinen Verdachts" an den nächsten Vorgesetzten wäre – ohne konkretes Testergebnis – sicher eine der Lösungsmöglichkeiten, auf die mögliche Gefährdung eines Mitarbeiters oder eines Arbeitsbereiches hinzuweisen. Denn der unmittelbare Vorgesetzte des Mitarbeiters könnte dann im Rahmen eines „Fürsorgegespräches" beginnen, die Problemlösung einzuleiten, in dem er dem Mitarbeiter gegenüber den Verdacht schildert, mit ihm Lösungsmöglichkeiten bespricht und im Bedarfsfall konkrete Hilfsangebote macht, damit sich das Problem nicht ausweitet.

Einen sicheren Nachweis für einen Substanzmissbrauch haben Sie dann aber noch nicht. Sie können nämlich nicht davon ausgehen, dass sich der betroffene Mitarbeiter dem *Chef* gegenüber in einem Fürsorgegespräch sofort outet. Der Verdacht hätte weiterhin Bestand. Sie wären weiterhin verunsichert und könnten Ihre Führungsaufgabe nicht befriedigend ausfüllen.

In solchen Fällen könnten Sie darüber nachdenken, ob nicht der (präventive) Einsatz von Detektionssystemen – an firmeneigenem Arbeitsgerät – möglich wäre.

Hier vertrete ich die Meinung, dass keine besonderen Rechtsgrundlagen oder die Zustimmung eines Betriebsrats erforderlich sind, da es eine Maßnahme zum Erhalt der Arbeitssicherheit und zum Schutz eines Mitarbeiters darstellt und durch das Testergebnis keine direkten Rückschlüsse auf einen bestimmten Mitarbeiter möglich sind. Die Zielrichtung wäre hier festzustellen, ob überhaupt Substanzen vorhanden sind, die den Arbeitsschutz beeinträchtigen.

Diese Meinung teilten im Übrigen auch Staatsanwälte, mit denen ich den Sachverhalt besprochen habe.

Meine persönliche Meinung ist jedoch trotz Zustimmung einiger Staatsanwälte nicht rechtsverbindlich. Ich schlage deshalb vor, vor der präventiven Anwendung von Drogentests Absprachen mit den Hausjuristen und den Betriebsräten zu treffen, um die Akzeptanz zu erhalten.

3.   Der Einsatz von Detektionssystemen bei ärztlich verordneten Substanzen

Müssen Mitarbeiter Medikamente aufgrund ärztlicher Verordnung einnehmen, sind Sie als Verantwortlicher des Unternehmens oder der Abteilung dennoch nicht automatisch aus der Verantwortung, vor allem dann nicht, wenn sich ein Betriebsunfall ereignet hat und nicht auszuschließen ist, dass bestimmte Substanzen unfallursächlich gewesen sein könnten, von denen Sie wussten oder gewusst haben müssten. Können sich die verordneten Medikamente nämlich auf die kognitiven Fähigkeiten Ihres Mitarbeiters, auf sein Arbeitsverhalten oder die Arbeitssicherheit auswirken, wären Sie gefordert (gewesen), greifbare Maßnahmen einzuleiten, die den Mitarbeiter schützen und die Arbeitssicherheit gewährleisten.

Natürlich werden jetzt einige Leser sofort wieder den Einwand bringen, dass Mitarbeiter doch nicht verpflichtet sind, private Informationen über

Krankheiten oder nötige Medikamente an Vertreter des Arbeitgebers weiterzugeben.

Zugegeben, es ist oft eine heikle Situation. Aber ich habe bereits darauf hingewiesen, dass auch Arbeitnehmer – gesetzlich vorgeschrieben (siehe §§ 15, 16 ArbSchG) – Unterstützung zum Erhalt der Arbeitssicherheit leisten müssen.

Demzufolge müssten Mitarbeiter – meiner Meinung nach – ihrem Arbeitgeber sehr wohl melden, wenn sie Medikamente einnehmen müssen, die die Arbeitssicherheit beeinträchtigen könnten. Die nötigen Informationen und Warnhinweise sollte eigentlich der behandelnde Arzt geliefert haben. Im Bedarfsfall kann es sinnvoll sein, dem betroffenen Mitarbeiter ein Gespräch mit dem Betriebsarzt vorzuschlagen.

Stehen Sie in der Verantwortung, was den Erhalt der Arbeitssicherheit betrifft, sollten Sie wissen, dass die Medikamente, die häufig ärztlich verordnet werden und die im Hinblick auf die Arbeitssicherheit Relevanz haben, in erster Linie rezeptpflichtige Präparate wie Benzodiazepine oder betäubungsmittelhaltige Arzneien sind.

Während die meisten Detektionssysteme für den Nachweis von Benzodiazepinen geeignet sind, können Sie bei METHYLPHENIDAT, das in RITALIN®, MEDIKINET® oder CONCERTA® verarbeitet ist und dem BtMG unterstellt ist, keine zuverlässigen Testergebnisse erwarten.

Doch diese Mittel können ebenfalls negativ auf den Konsumenten und die Arbeitssicherheit wirken und können speziell in Bereichen, in denen die Beschäftigten einem höheren Risiko von Betriebsunfällen ausgesetzt sind, nicht akzeptiert werden. Sie müssen also etwas tun, wenn betäubungsmittelhaltige Medikamente eingenommen werden, die ein Arzt verschrieben hat.

Hier halte ich als Lösungsmöglichkeit ein ausführliches Gespräch zwischen Vorgesetztem und betroffenem Mitarbeiter für sinnvoll, bei dem die Führungskraft aber vor allem den Hilfsaspekt, den Erhalt der Sicherheit für alle im Betrieb und die Sorge vor negativen Konsequenzen für den betroffenen Mitarbeiter am Arbeitsplatz, bei der Fahrt zur Arbeit und nach Hause, aber auch bezüglich der Gültigkeit von bestehenden Versicherungsverträgen, vorbringt.

Bei meinen Seminaren habe ich von den teilnehmenden Führungskräften immer wieder die Rückmeldung erhalten, dass dies ein gangbarer Weg ist und von den meisten Mitarbeitern durchaus positiv bewertet wurde. Möglicherweise müssen Sie für Ihren Mitarbeiter dann, wenn er Ihnen entsprechende Mitteilungen über die Einnahme von Medikamenten macht, die sich negativ auf die Arbeitssicherheit auswirken können, eine Lösung finden, etwa ihn in einem anderen Arbeitsbereich einzusetzen. Besonders Firmen, die bereits entsprechende transparente Konzepte besaßen, konnten die Bereitschaft von Mitarbeitern, die Einnahme von Medikamenten zu melden, deutlich steigern.

Besteht im Betrieb keine Transparenz hinsichtlich der Verwendungsmöglichkeiten eines betroffenen Mitarbeiters bis zum Abschluss der medikamentösen Behandlung, wird es sehr wahrscheinlich, dass diese Unsicherheit einer der Gründe sein kann, dass sich Betroffene nicht offenbaren. Folglich erfahren Sie als Führungskraft deshalb nichts von Substanzen im Betrieb, die ein Sicherheitsproblem darstellen können.

Dieses Manko zu beseitigen, ist sicher eine schwierige Führungsaufgabe, die auch hohe organisatorische Fähigkeiten erfordert und zeitnah erledigt werden sollte.

Der Einsatz von Detektionssystemen wird in Fällen legaler Medikamenteneinnahme aus den beschriebenen Gründen nur bei bestimmten Medikamentengruppen möglich und erfolgversprechend sein. Hier können Ihnen Vorkehrungen, wie ich sie in Kapitel 2, S. 116 ff., vorstelle, weiterhelfen.

Wenn **Drogenkonsum** oder die **missbräuchliche Nutzung betäubungsmittelhaltiger Medikamente** die Arbeitssicherheit gefährden, stellt sich die Lage – speziell für den Entscheidungsträger – schwierig dar, weil er nur selten konkrete Hinweise auf die Art der eingesetzten Substanzen erhält.

Die Schwierigkeiten liegen aus meiner Sicht in erster Linie im praktischen Bereich. Der Konsument ist sich meist im Klaren darüber, dass er etwas Verbotenes oder zumindest etwas Problematisches tut. Er wird aus diesem Grund versuchen, die Verwendung der Substanzen (wie beim Alkohol) auch vor den Kollegen zu vertuschen oder, falls er darauf angesprochen wird, zu leugnen und Ausreden suchen.

Zudem fehlt in solchen Fällen bei vielen Führungs- oder Sicherheitskräften das nötige Bewusstsein für die Tragweite des Tuns, was dazu führt, dass sie sich im konkreten Fall mit dem Problem überfordert fühlen und abwarten (oft bis es zu spät ist). Oft genug haben Führungskräfte auch keinerlei Vorstellung, welche Drogenart verwendet wird und welche Detektionssysteme einsetzbar sind und versuchen, bekanntgewordene Hinweise, die Handeln erfordern würden, auszusitzen.

Haben Sie schon einmal überlegt, wie Sie konkret handeln würden, wenn Sie erfahren, dass einer Ihrer Mitarbeiter verdächtigt wird, missbräuchlich

Medikamente einzusetzen, um leistungsfähiger oder aufmerksamer zu sein, seinen Muskelzuwachs zu steigern oder die Fettverbrennung anzuregen?

Wie würden Sie sich verhalten, wenn der Mitarbeiter gar in der Führungs-etage sitzt oder an einer hochkomplizierten Maschine arbeitet, die schnelle Reaktion, einen klaren Blick und extreme Konzentration fordert?

Würden Sie wissen, welche Substanzen in solchen Fällen vorzugsweise eingesetzt werden und dadurch nachgewiesen werden könnten? Wie re-agieren Sie, wenn Amphetamine, Kokain oder aber Medikamente wie RITALIN® zur Leistungssteigerung eingesetzt werden?

Welche Möglichkeiten hätten Sie konkret, um diesen Substanzmissbrauch nachzuweisen?

Von der menschlichen Seite aus betrachtet, sind Sie wahrscheinlich erst einmal hin und her gerissen. *„Der oder die doch nicht – oder – doch?"*, würden Sie sich vielleicht fragen. Oft handelt es sich ja um „altgediente" Mitarbeiter, die immer für die Firma präsent waren. Nun gibt es aber offen-sichtlich ein Drogen- oder Medikamentenproblem, das noch nicht konkret belegt ist. Aber Sie müssen *etwas* unternehmen, um die Situation zu klären. Die Frage ist: Was?

Am Anfang einer Substanz-Missbrauchs-Geschichte steht meist nur ein vager Verdacht. Ob Drogen oder Medikamente im Spiel sind, lässt sich auch nicht immer sofort konkret sagen. Oder sind die Ursachen für kleinere Auffälligkeiten im Verhalten oder Arbeitspflichtverletzungen im privaten Bereich zu suchen und irgendwelche Substanzen spielen gar keine Rolle? Ist der Partner erkrankt, sind die Kinder problematisch oder gingen Wasch-maschine, Geschirrspüler und Auto gleichzeitig kaputt und das Geld für die nötigen Reparaturen fehlt?

Sie sind in einer schwierigen Situation. Fehlt Ihnen zudem noch das nötige (Grund-)Wissen darüber, welche Wirkungen die verschiedenen Substanzen haben und welche Auswirkungen sie auf die Arbeitssicherheit haben kön-nen, werden Sie mit der Suche nach geeigneten Lösungsmöglichkeiten überfordert sein. Dadurch werden vielleicht auch Ihre eigene Konzentra-tion und Ihre Arbeitskraft für die Kernarbeit im Betrieb eingeschränkt sein.

Nun, den Königsweg wird es nicht geben. Aber die Möglichkeit, bestimmte Gegenstände auf Drogenanhaftungen zu testen, hätten Sie auf jeden Fall, wenn Sie *Speichel-, Schweiß- oder Wischtests* einsetzen könnten (dürften). Sie könnten dann vielleicht Substanzmissbrauch ausschließen. Gehen wir nun aber einmal davon aus, Sie hätten die Befugnisse und das entspre-chende Testmaterial. Dann bräuchten Sie Mitarbeiter, die bereit und in der

Lage sind, das jeweils passende *Testsystem* fachgerecht – nach dem **Vier-Augen-Prinzip** – anzuwenden.

Schnelltests zu beschaffen und im Bedarfsfall anzuwenden, ist die eine Sache, sie fachgerecht anzuwenden und die Ergebnisse richtig zu interpretieren, die andere.

Der nächste Abschnitt behandelt die *Anordnungskompetenz* zum Einsatz von Detektionssystemen im Betrieb.

4.   Wer ordnet die Tests an und wer führt sie durch?

Falls in Ihrem Betrieb keine Betriebsärzte zur Verfügung stehen, könnten Sie *Fachkräfte für Arbeitssicherheit* (alternativ *Ersthelfer oder Personalsachbearbeiter)* ausbilden lassen, die die angeschafften Detektionssysteme sicher anwenden können. Ich plädiere dann aber dafür, dass immer im *Vier-Augen-Prinzip* getestet wird. Dadurch wird Manipulation verhindert und der einzelne Tester ist geschützt. Übertragen Sie einem einzigen Mitarbeiter diese unangenehme Aufgabe, kann dieser schnell in Gewissenskonflikte geraten und die Wahrscheinlichkeit, dass dann möglicherweise manipulierte Testergebnisse erzielt werden, ist nicht auszuschließen.

Sinnvoll kann es sein, neben dem eigentlichen Tester einen Betriebsrat mit zuzuziehen, der die Testführung überwacht.

Wann die ausgebildeten Mitarbeiter dann aber tätig werden und wer die Anordnungskompetenz hat, muss klar festgelegt sein. Das können die Vorgesetzten bestimmter Hierarchieebenen sein, Betriebsräte oder Personalsachbearbeiter.

Außerdem sollte geregelt sein, dass die Tester im konkreten Fall zu absoluter *Geheimhaltung* über die Testergebnisse verpflichtet sind, um die Persönlichkeitsrechte der Betroffenen zu schützen. So hat im Übrigen auch das französische Gericht, dessen Entscheidung ich eingangs dieses Kapitels zitiert hatte, als Bedingung für den Einsatz von Tests die Verschwiegenheit gefordert.

5.   Wann habe ich das Recht, Mitarbeiter zu testen?

Solange es keine verbindliche *Betriebsvereinbarung* gibt oder in individuellen *Arbeitsverträgen* nicht klar und deutlich geregelt ist, dass der Mitarbeiter unter bestimmten Kriterien – die genau beschrieben sein sollten –

verpflichtet ist, sich einem Test zu stellen, würde ich Ihnen vom Einsatz der vorgestellten Testsysteme an einem Mitarbeiter grundsätzlich abraten. Ich möchte jedoch wiederholen: Testen Sie betriebseigenes Gerät, um festzustellen, ob überhaupt bedenkliche Substanzen im Betrieb vorhanden sind, sehe ich grundsätzlich kein Problem, da eine personenbezogene Zuordnung der Testergebnisse nicht möglich und dadurch keine Einschränkung der Persönlichkeitsrechte verbunden ist.

Doch Vorsicht! Das ist die Meinung einiger Staatsanwälte, der ich mich anschließe. Verbindlich ist diese Aussage (noch) nicht.

Ist die Zielrichtung Ihres Handelns, ein Ergebnis über einen speziellen Mitarbeiter zu erhalten, könnten Sie zwar auch Rechtfertigungs- und Schuldausschließungsgründe nach dem Strafgesetzbuch in Anspruch nehmen, aber befriedigend ist der Einsatz von Detektionssystemen ohne generelle Einverständniserklärung der Belegschaft in Form einer allgemein gültigen Betriebsvereinbarung oder entsprechender Arbeitsverträge nicht.

Von der rechtlichen Seite her sind Sie zwar verpflichtet, bei negativen Medikamenten- und Drogeneinfluss auf den Arbeitsprozess oder den Mitarbeiter etwas zu unternehmen, können aber nur in Ausnahmefällen (Notfallsituationen) sofort den Schreibtisch oder Schrank des Mitarbeiters durchsuchen, um dort möglicherweise „Beweismittel" für die Substanznutzung zu finden, die die Arbeitssicherheit gefährdet.

Bei Freiwilligkeit des Betroffenen sollte mit Unterschrift und Zeugen dokumentiert werden, dass das Einverständnis vorliegt. Erklärungsbedarf kann es in solchen Fällen nur geben, wenn dieser Mitarbeiter sein Einverständnis im Nachhinein zurückzieht.

Grundsätzlich müssen Sie die individuellen Rechte Ihrer Mitarbeiter achten. Andererseits können Sie Mitarbeiter, die die Arbeitssicherheit aufgrund von Medikamenten- oder Drogeneinnahme gefährden, nicht einfach weiterarbeiten lassen, auch deshalb, weil neben dem Ausfall des Mitarbeiters, Qualitätseinbußen und Erhöhung der Unfallgefahr zusätzlich straf-, zivil- und arbeitsrechtliche Konsequenzen folgen könnten.

Außerdem würden Sie durch *Unterlassen* möglicherweise andere Mitarbeiter gefährden und sich dadurch, z.B. bei einem Betriebsunfall, strafrechtlich rechtfertigen müssen. So kann sich ein großes Spannungsfeld aufbauen, das nach derzeitiger Rechtslage unter Umständen Ihre **Zivilcourage** verlangt.

Sie haben sich entschlossen, mit Detektionssystemen nach Substanzmissbrauch zu fahnden?

Testen Sie im Verdachtsfall doch erstmal Arbeitsgeräte oder Mobiliar! Zu denken ist an Tastaturen, Lenkräder von Firmen-Autos oder auch Schreibtische. Erhalten Sie ein positives Ergebnis, können Sie dieses Ergebnis zwar nicht einem „verdächtigen" Mitarbeiter anlasten, weil ja auch andere Mitarbeiter die jeweiligen Arbeitsgeräte kontaminiert haben könnten, aber der Nachweis über das Vorhandensein oder die Nutzung von Drogen oder Medikamenten ist allemal sicher. Zuverlässig durchgeführt kann das Testergebnis als Basis für weitergehende Schritte zur Sicherung der Arbeitssicherheit genutzt werden. Ausreden der möglichen Spurenverursacher in einem speziellen Arbeitsumfeld sind dann kaum mehr möglich und mancher, der seinen Arbeitsplatz behalten will, wird in Zukunft auf entsprechenden Konsum verzichten oder weitere Informationen zum tatsächlichen Spurenverursacher liefern. Sie wären dann schon einen Schritt weiter.

Vielleicht kann sich der eine oder andere Leser noch an die Kokaintests von Radiosendern an Gegenständen in Regierungsgebäuden oder den Test des Main-Wassers erinnern. Damit haben die Initiatoren nachgewiesen, dass – im Beispielsfall – Kokain vorhanden war oder die getesteten Gegenstände kontaminiert worden waren. Rückschlüsse auf eine einzelne Person (einen Spurenleger) waren durch die Testergebnisse sicherlich nicht möglich. Doch es war bewiesen, dass illegale Drogen vorhanden waren und die Verantwortlichen konnten auf diese Erkenntnis – durch gezielte Präventionsmaßnahmen – reagieren.

Hinweis:

Heimliche Tests, als Präventivmaßnahme, halte ich allerdings auch an firmeneigenem Arbeitsgerät für äußerst bedenklich, weil sie schnell, aber dafür umso nachhaltiger, den Betriebsfrieden und das Vertrauen zwischen Mitarbeitern und Vorgesetzten stören können. *Transparenz* in Bezug auf geplante Maßnahmen schafft auch hier die nötige *Akzeptanz*. Und zur Schaffung von Akzeptanz werde ich Ihnen an anderer Stelle noch einige praktische Hinweise geben.

Entspannter können natürlich die Vorgesetzten von Mitarbeitern sein, in deren Arbeitsverträgen bereits Regelungen für den Verdachtsfall von Drogen- oder Medikamentenmissbrauch getroffen wurden. Während meiner Vorträge bin ich immer wieder auf Unternehmen gestoßen, die die Problematik zwar nicht explizit in die Arbeitsverträge aufgenommen haben, dafür aber eine *verbindliche Betriebsvereinbarung* mit ihren Mitarbeitern getroffen haben. In solchen Vereinbarungen sollten dann aber auch die Voraussetzungen und der Modus zum Einsatz von Drogentests konkret geregelt sein.

Mustervereinbarungen von Betriebsvereinbarungen finden Sie unter http://www.bund-verlag.de/shop/out/media/6175-Betriebliche_Suchtpraevention-Musterbetriebsvereinbarung.pdf

Als Vorausschau sei zu diesem Punkt erwähnt, dass man nach überarbeiteten Gefährdungsanalysen oder nach anonymisierten Mitarbeiterbefragungen unter Umständen mehr Akzeptanz für Betriebsvereinbarungen zum Thema *Drogen und Medikamente im Arbeitsbereich* erzielen kann.

Die praktische Seite von Detektions-Systemen

Zunächst zu den praktischen Möglichkeiten, die Ihnen Detektionssysteme liefern können. Dazu ist es erforderlich, zu klären, welche Testsubstanzen Ihnen zur Verfügung stehen. Die folgenden Fragen können Ihnen helfen, eine Entscheidung zu treffen:

- **Welches Testmaterial (Urin, Blut, Schweiß, anderes) kann/will ich testen?**
- **Auf welches Testmaterial (Blut, Urin, Oberfläche, Speichel) habe ich wirklich Zugriff?**
- **Welche Substanzen kann mein Testsystem nachweisen?**

Außerdem ist schon im Vorfeld einer Anschaffung zu klären:
- **In welchen Zeitfenstern arbeitet das System?**
- **Wo und wie kann ich es in meinem Betrieb effektiv einsetzen?**
- **Welche Zuverlässigkeit kann ich erwarten?**
- **Wie kann ich die Ergebnisse verwenden?**

Sind Sie sich nach diesen ersten, konkreten Überlegungen über die Einsatzmöglichkeiten im Klaren, ist die generelle Frage, ob Sie Detektionssysteme wirklich anschaffen wollen.

Trotz aller Vorteile der Testsysteme sollte man diese Frage nicht leichtfertig und vorschnell mit einem „ja" beantworten. Die Antwort hängt nämlich von vielen weiteren, auch kommerziellen Faktoren ab. Diese Faktoren betreffen die Anschaffungspreise, die Stückzahl, die Lagermöglichkeiten, die Haltbarkeit der Tests oder das Handling und vieles mehr.

Aus diesem Grund ist es sinnvoll, sich von den Fachleuten verschiedener Herstellerfirmen umfassend informieren zu lassen. An den Informationsveranstaltungen sollten auch Betriebsräte, Betriebsärzte und Führungskräfte verschiedener Ebenen teilnehmen, um von Anfang an Transparenz zu bieten.

Denn selbst wenn es nicht sofort zum Kauf kommt, spricht sich die Überlegung herum und mancher gefährdete Mitarbeiter wird seine Position und sein Handeln im Umgang mit Suchtstoffen und Arzneien überdenken.

Nur das Firmen-Budget zu belasten und aus dem Topf für *Gesundheitsmanagement* oder *Arbeitssicherheit* zu nehmen, um Testsysteme anzuschaffen, die dann in irgendeinem Raum liegen, bis ein Mitarbeiter die Überlagerung feststellt und sie entsorgt, oder auch nur, um das Gewissen zu beruhigen, ist nicht zielführend.

Es muss auch schon vor der Anschaffung der Tests jedem Mitarbeiter im Betrieb klar sein, dass nun Detektionssysteme angeschafft und im Verdachtsfall oder präventiv tatsächlich eingesetzt werden. Dann haben Sie schon den ersten Schritt zur Sicherung der Arbeitssicherheit in Bezug auf die Verwendung von Drogen und Medikamenten – mit präventiver Wirkung – getan.

Als Motiv sollten der Schutz der Mitarbeiter und der Erhalt der Arbeitssicherheit im Vordergrund stehen.

Ihre Entscheidung ist gefallen! Zeit für ein effektives Konzept

Nachdem Sie Antworten auf alle wichtigen Vorfeldfragen erhalten haben, entschließen Sie sich, ein Detektionssystem zu kaufen. Nun sollten Sie an die Ausarbeitung eines **konkreten Konzeptes** für den Einsatz gehen und dabei – je nach betrieblicher Struktur – auch Hausjuristen, Betriebsärzte, Betriebs- oder Personalräte, Ersthelfer und/oder Personalsachbearbeiter einbinden.

Der Zeitaufwand, den Sie zur Erarbeitung eines Konzeptes *Medikamente und Drogen im unserem Arbeitsbereich* brauchen, ist nicht verloren. Kommt es mit Zustimmung aller zuständiger Gremien im Betrieb zustande, wird die Maßnahme transparent und findet dadurch breite Akzeptanz.

In der Praxis sollten Sie das Konzept wie einen Notfallplan ausarbeiten, der Antworten auf die Fragen nach dem *was, wann, wo, wer* klärt und eine klare Aufgabenbeschreibung enthält. Dass ein derartiges Konzept immer wieder besprochen, geübt und aktualisiert werden muss, versteht sich von selbst.

6. Welche Tests (Speichel-/Oberflächentest) sind für Ihren Betrieb geeignet?

Wie ich Ihnen bereits am Anfang dieses Kapitels mit der Grafik über die Nachweiszeiten bei den unterschiedlichen Testmaterialien (Blut/Urin/Haare/Speichel/Schweiß) vorgestellt habe, kann man Drogentests einsetzen, um alle diese Stoffe auf Drogen und Medikamente zu untersuchen.

Ich halte grundsätzlich die Untersuchung von Speichel und Schweiß oder auch die Testung von Oberflächen, die mit Drogenanhaftungen kontaminiert sind, für die beste Lösung im Arbeitsbereich.

Die Tests sind vom Prinzip her leicht durchzuführen, weil man gerade an diese Testmaterialien am einfachsten herankommen kann und vom betroffenen Mitarbeiter nichts Unmögliches verlangt wird, wenn er eine Speichelprobe abgibt oder den Schweiß mittels Wischtest untersuchen lassen würde.

Allerdings stehen Ihnen im Arbeitsbereich als Testmaterialien Blut, Haare und Urin ohne Einverständniserklärung der Betroffenen nicht zur Verfügung. Insoweit bilden die Fälle, in denen sich ein Mitarbeiter mit der Untersuchung durch einen Betriebsarzt einverstanden erklärt und der Untersuchung der Proben zustimmt, die Ausnahme.

Ansonsten haben Sie weder rechtlich noch praktisch die Möglichkeit, Blut-, Urin- oder Haarproben untersuchen zu lassen.

Wie schon erwähnt, lassen sich auch Gegenstände testen. Auch dafür gibt es die verschiedensten Testmöglichkeiten, die ich Ihnen im Folgenden ebenfalls vorstelle. Hier ist allerdings auf eine Besonderheit zu achten!

Der Teufel liegt im Detail. Finden Sie tatsächlich Haschisch, Marihuana oder andere illegale Drogen im Betrieb und möchten diese Materialien testen, sollten Sie dies – so zumindest meine Ansicht – nicht tun.

Wie dargelegt, sind Sie zwar nicht verpflichtet, Anzeige gegen einen Mitarbeiter zu erstatten, von dem Sie wissen, dass er rechtswidrigen Umgang mit Drogen oder Medikamenten hat. Nehmen Sie aber aufgefundene Drogen an sich, besitzen Sie die Gegenstände in rechtlicher Hinsicht, und zwar auch dann, wenn Sie sie nur in Ihr Büro bringen und dort verwahren wollen. Durch die Handlung wären Sie zumindest rechtstheoretisch strafbar, weil Sie ohne Erlaubnis Drogen nach dem BtMG besitzen.

Finden Sie in Ihrem Arbeitsbereich Drogen oder betäubungsmittelhaltige Medikamente oder vermuten Sie, dass es sich um solche Substanzen handelt, sollten Sie unbedingt die örtlich zuständige Polizeidienststelle verständigen und mit den Beamten vereinbaren, wie Sie sich verhalten sollen. Die Beamten könnten dann auch die nötigen Drogentests durchführen.

Auf welches Testmaterial kann ich wirklich zugreifen?

In den meisten Fällen wird die Anschaffung und Anwendung von *Speicheltests* oder *Oberflächen- und Wischtests* sinnvoll sein.

Die praktische Anwendung ist kein Hexenwerk, da Ihnen auch bei diesen Fragen die verschiedenen Herstellerfirmen mit Rat und Tat zur Seite stehen. (Im Anhang finden Sie Adressen einiger Herstellerfirmen von Drogen- und Medikamententests.)

Doch auch wenn ich für den Arbeitsbereich Speichel-, Schweiß- und Oberflächentests für die besten Testmöglichkeiten erachte, möchte ich Ihnen einen kurzen Überblick über die Besonderheiten auch anderer Tests und der Testmaterialien liefern. Es soll den berühmten Blick über den Tellerrand ermöglichen.

Urintests sind nach meiner Überzeugung schon allein wegen des Handlings und der rechtlichen Vorgaben im industriellen Bereich weitgehend ungeeignet.

Im Urin lassen sich zwar viele Substanzen nachweisen, doch mal ehrlich, wer möchte schon als Mitarbeiter vor den Augen einer Sicherheitsfachkraft eine Urinprobe abgeben? Ganz abgesehen davon, dass im Regelfall kaum ein Mitarbeiter bereit sein wird, eine entsprechende Probe abzugeben. Und eine Abgabe im „stillen Örtchen" – ohne Kontrollinstanz, sprich Beobachter – verfehlt ihren Zweck. Im Internet finden Sie für solche Fälle sogar Materialien, die findige Drogenkonsumenten vorsorglich mitführen, um im Bedarfsfall zu versuchen, bei der Abgabe der Urinprobe zu manipulieren. Dauerkonsumenten von Suchtstoffen wissen, dass solche Mittel am Markt sind und wenden sie bei der Probenabgabe (ohne Beobachter) auch an. Das Ergebnis der Probenuntersuchung ist dann natürlich negativ. Für Süchtige existieren sogar regelrechte Verkaufsbörsen für unbelasteten Urin, den man im Bedarfsfall einsetzen kann, um zu versuchen, *Drogenfreiheit* bescheinigt zu bekommen.

Anders sieht es natürlich mit der Verwertung einer Urinprobe aus, wenn im jeweiligen Betrieb ein Betriebsarzt (-Ärztin) vorhanden ist, der im Verdachtsfall kontrolliert und mit Einverständnis des Mitarbeiters Urinproben entnehmen und analysieren kann und darf.

Dann könnte unter Berücksichtigung der *Halbwertzeiten* auch ein Urintest sinnvoll sein, weil Urin ein sehr gutes Untersuchungsmedium ist, wenn man die Zeitfenster für den Nachweis beachtet. Da aber die meisten Betriebe nicht das Personal und die Möglichkeiten haben, aufwendige Laboruntersuchungen in Auftrag zu geben, halte ich die Anschaffung von Urintests im Arbeitsbereich für wenig zweckdienlich.

Bluttests würden die Entnahme einer Blutprobe erfordern. Dazu brauchen Polizei und Staatsanwaltschaft im Bereich der Strafverfolgung gesetzlich eng gefasste Befugnisse nach der Strafprozessordnung (Priorität), um von einem Verdächtigen eine Probe des *roten Lebenssaftes* zu sichern und untersuchen zu lassen.

Für den Arbeitsbereich scheidet eine Blutuntersuchung schon aus rechtlichen Gründen meist aus, außer ein Betriebsarzt oder Vertragsarzt des Betriebes nimmt mit Einverständnis des Beschäftigten eine Blutprobe und untersucht diese oder gibt sie an ein Institut weiter, sodass ein konkretes Ergebnis über die Inhaltsstoffe in der Probe und die genaue Konzentration festgestellt werden kann. Hier sind allerdings eine **schriftliche Einverständniserklärung** und eine Stellungnahme des Arztes zum körperlichen und geistigen Zustand des Betroffenen im Hinblick auf spätere rechtliche Schritte unbedingt notwendig.

Als Verantwortlicher einer Firma oder eines Handwerkbetriebes haben Sie diese Anordnungsbefugnis im Regelfall nicht. Sie können Ihrem Mitarbeiter lediglich die Möglichkeit bieten, beim Betriebsarzt – freiwillig – eine Blutprobe abzugeben und untersuchen zu lassen.

Außerdem werden Sie das Ergebnis einer Blutanalyse nur erfahren, wenn der untersuchte Proband dies genehmigt oder dem (Betriebs-)Arzt die Erlaubnis zur Weitergabe des Ergebnisses erteilt hat.

(Zu diesem Punkt finden Sie im Anhang – auszugsweise – die Befugnisnorm des § 81a Strafprozessordnung, die die Voraussetzungen für eine Blutentnahme und Untersuchung durch die Polizei und Staatsanwaltschaft enthält. s. S. 290.)

Aus den erläuterten Gründen halte ich Blut- und Urintests im Arbeitsbereich für nicht geeignet. Allerdings sind die Zeitfenster für den Nachweis von Drogen und Medikamenten in Blut und Urin relativ lange.

Haare bieten natürlich die Möglichkeit, den Konsum der unterschiedlichsten Substanzen über einen längeren Zeitraum nachzuweisen. Sie geben nämlich zuverlässig – je nach Haarlänge – Auskunft darüber, welche Drogen oder Medikamente der Eigentümer eingenommen hat und in welcher Konzentration. Sogar zeitliche Aussagen über das Konsumverhalten sind möglich.

Manipulationen sind zwar grundsätzlich nicht auszuschließen, wenn Bleichmittel oder Färbemittel die natürliche Haarstruktur verändert haben, aber Rückstände aus Drogen- oder Medikamentenkonsum sind dennoch verwertbar. Die Szeneaussage, man könne das Ergebnis von Haaranalysen durch Chemikalien beeinflussen, ist deshalb nur bedingt richtig. Durch die Untersuchung von Haarproben sind erstaunliche Ergebnisse möglich.

Fakt ist, dass eine Haaranalyse *die optimale Möglichkeit* darstellen würde, bei einem Probanden sicher nachzuweisen, welche Mittelchen er geschluckt, geschnupft, gespritzt oder sonstwie konsumiert hat; diese Möglichkeit steht Ihnen aber, wie bereits erwähnt, ohne Einverständnis des betroffenen Mitarbeiters nicht zur Verfügung.

Heimliche Sammlungen von Haaren einer verdächtigen Person und die anschließende Untersuchung halte ich für rechtswidrig.

Sogar die Strafverfolgungsbehörden sind auf die Freiwilligkeit des Probanden angewiesen, wenn sie eine Haarprobe nehmen und untersuchen lassen wollen. Ist ein Verdächtiger nicht einverstanden, wird ein richterlicher Beschluss benötigt, um an das Testmaterial zu kommen und es dann gutachterlich untersuchen zu lassen.

Die eigentliche Untersuchung der Haarprobe wird meist auf Anordnung eines Staatsanwaltes veranlasst. Im Regelfall dann, wenn gegen den Probengeber ein Ermittlungsverfahren anhängig ist oder das Ergebnis beim Opfer einer Straftat für die ordnungsgemäße Durchführung eines Straf- oder Zivilverfahrens erforderlich wird (Beweismittel).

Deshalb ist es im Arbeitsbereich – die Freiwilligkeit eines Betroffenen einmal ausgeklammert – eher unwahrscheinlich, dass Sie im Verdachtsfall legal an eine Haarprobe gelangen und diese in einem Labor untersuchen lassen können, um Ihrem Mitarbeiter einen Substanzmissbrauch nachzuweisen und arbeitsrechtliche Schritte folgen zu lassen.

Bei einem Betriebsunfall kann es allerdings schon zielführend sein, ein Haargutachten hinsichtlich eines möglichen Substanzmissbrauch anzuregen, wenn allgemeine Verdachtsgründe vorliegen.

Die Entnahme von Haarproben und die anschließende Untersuchung sind im betrieblichen Bereich im Regelfall nicht möglich.

Speicheltests sind im Arbeitsumfeld grundsätzlich eine gute und zuverlässige Testmöglichkeit. Der Verwendungsbereich ist vielfältig. Denken Sie an Berufskraftfahrer, an Arbeiter an komplizierten Maschinen, an Staplerfahrer oder auch an Auszubildende, die mit der Einnahme von berauschenden Mitteln leichtfertig umgehen.

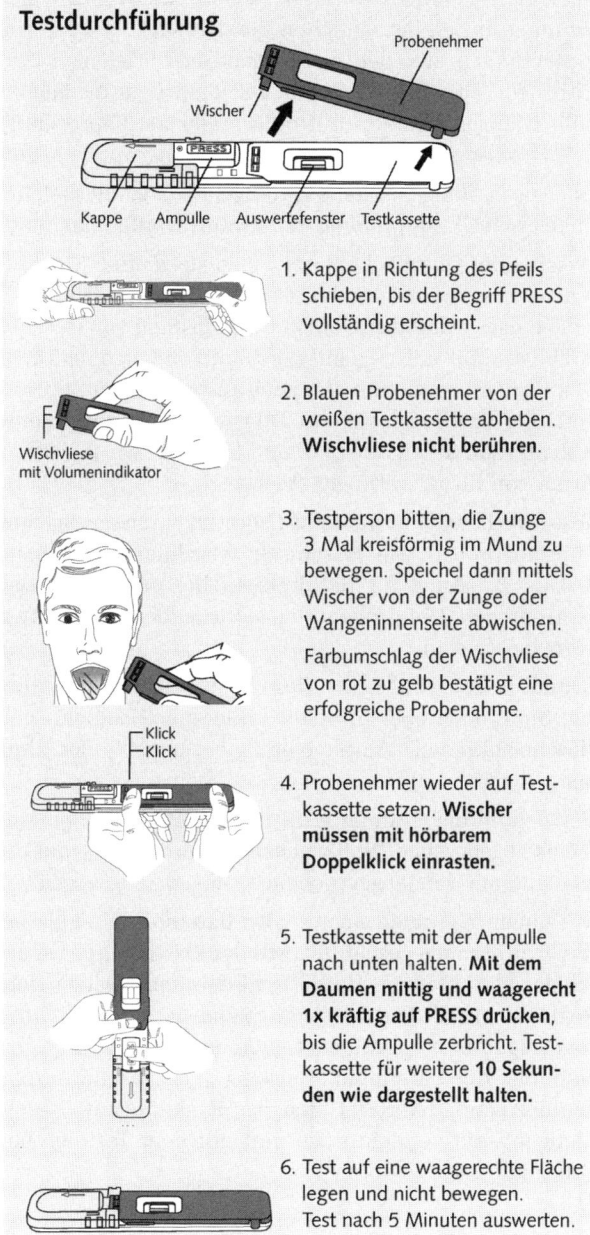

Testdurchführung

Probenehmer

Wischer

Kappe   Ampulle   Auswertefenster   Testkassette

1. Kappe in Richtung des Pfeils schieben, bis der Begriff PRESS vollständig erscheint.

2. Blauen Probenehmer von der weißen Testkassette abheben. **Wischvliese nicht berühren.**

Wischvliese mit Volumenindikator

3. Testperson bitten, die Zunge 3 Mal kreisförmig im Mund zu bewegen. Speichel dann mittels Wischer von der Zunge oder Wangeninnenseite abwischen.

   Farbumschlag der Wischvliese von rot zu gelb bestätigt eine erfolgreiche Probenahme.

Klick
Klick

4. Probenehmer wieder auf Testkassette setzen. **Wischer müssen mit hörbarem Doppelklick einrasten.**

5. Testkassette mit der Ampulle nach unten halten. **Mit dem Daumen mittig und waagerecht 1x kräftig auf PRESS drücken**, bis die Ampulle zerbricht. Testkassette für weitere **10 Sekunden wie dargestellt halten.**

Abb. 4:
Quelle: SECURETEC
Speicheltest Drogen
DrugWipe® S

6. Test auf eine waagerechte Fläche legen und nicht bewegen. Test nach 5 Minuten auswerten.

Speicheltests sind zuverlässig, leicht anzuwenden und schnell durchzuführen. Für den betrieblichen Bereich sind sie hervorragend geeignet. Mit Testsystemen, wie den nachfolgend beschriebenen DrugWipe® S-Test der Firma SECURETEC oder dem DRÄGER DrugTest5000® lassen sich innerhalb weniger Minuten mit einer mehr als 95prozentigen Zuverlässigkeit mehrere Drogenarten und Medikamentengruppen nachweisen.

Die Anschaffung belastet das Budget nicht sonderlich und die Tests können ohne großes Lagerproblem aufbewahrt werden, bis ihr Einsatz bevorsteht.

Wisch- oder Oberflächentests haben aus meiner Sicht in einer Vielzahl von Betrieben in Wirtschaft, Industrie und Dienstleistung das breiteste Einsatzgebiet, da Sie damit sowohl auf Oberflächen von Gegenständen (Fahrzeuge, Arbeitsgeräte), als auch auf der Haut von Personen Drogen- und bestimmte Medikamentenanhaftungen nachweisen können. Diese Tests sind sehr zuverlässig und reagieren auf Drogen- und Medikamentenrückstände oder Abbauprodukte im Speichel und Schweiß. Sie weisen zuverlässig mehrere Arten von illegalen Drogen nach.

Test-Röhrchen, wie die M.M.C Produkte, lassen Screenings verschiedener Substanzproben wie Haschisch, Marihuana, Amphetamin, Crystal oder Kokain zu. Auch für Barbiturate, GBL und GHB existieren zuverlässige Teströhrchen. Die Anwendung sollte jedoch den Strafverfolgungsbehörden vorbehalten sein.

Grundsätzlich sind auch diese Tests leicht zu handhaben und zuverlässig. Sie dienen aber in erster Linie zum Nachweis von Stoffproben, wie Haschischkrümel, Amphetaminanhaftungen oder ähnlichen Drogenproben.

Vor Beginn der Testung wird mit der Plastikkappe ein Teil des Teströhrchens abgebrochen (Sollbruchstelle vorhanden) und die Kappe dann, zusammen mit dem abgebrochenen Glasteil, abgezogen.

Mit einem neutralen Spatel wird daraufhin eine kleine Substanzprobe in das Teströhrchen geschüttet. Mit der Plastikkappe wird das Röhrchen dann wieder verschlossen. Durch Schütteln vermischen sich Testsubstanz und Reaktionsmittel. Die verdächtige Substanz reagiert mit dem Testmaterial und zeigt durch Verfärbung mit einem hohen Maß an Zuverlässigkeit, ob es sich um die vermutete Substanz (Haschisch, Amphetamin, Benzodiazepine) handelt.Verfärbt sich das Reaktionsmittel nicht, handelt es sich nicht um die vermeintliche und mit dem Teströhrchen nachzuweisende Drogenart.

Die Teströhrchen gibt es für die unterschiedlichsten Substanzen. Eine gewisse (Vor-)-Klassifizierung des Testmaterials ist allerdings vor der Testung nötig. Logischerweise lässt sich mit einem Teströhrchen für Amphetamin kein Haschisch testen. Man sollte deshalb schon ungefähr wissen, um welche Substanz es sich beim aufgefundenen Material, das getestet werden soll, handeln könnte.

Im Arbeitsbereich könnten die Teströhrchen theoretisch eingesetzt werden, wenn tatsächlich bei einem Mitarbeiter oder im Betrieb verdächtiges Material gefunden wurde, bei dem es sich um illegale Drogen oder bestimmte Medikamente handeln könnte.

Allerdings – ich habe bereits darauf hingewiesen – sollten Sie die Finger davon lassen, Drogenproben an sich zu nehmen, um sie zu verwahren oder zu testen, außer Sie haben mit der zuständigen Polizeidienststelle telefoniert und nehmen die Probe an sich, um sie zu sichern, bis die Polizeibeamten eintreffen und das Material sicherstellen und testen.

In den folgenden Abschnitten möchte ich nun konkret auf die Test-Systeme der Firmen SECURETEC und DRÄGER eingehen.

Testbeispiel:

Gehen wir davon aus, dass einer Ihrer Abteilungsleiter den Verdacht äußert, dass die häufigen, völlig ungewohnten Fehler Ihres langjährigen Mitarbeiters Müller auf den häufigen Konsum von Amphetamin und von Haschisch insbesondere an Wochenenden, herrühren könnten.

Nachdem Müller seit Jahren im Lager beschäftigt ist und teilweise Waren im Wert von mehreren tausend Euro in über 5 m hohe Regale verlädt, entschließen Sie sich, vor einem Gespräch mit Müller „seinen" Stapler einem Oberflächen- oder Wischtest zu unterziehen.

Dazu befeuchten Sie den Test, wie in der folgenden grafischen Darstellung auf Seite 132 erläutert, mit Leitungswasser und testen gemäß der Bedienungsanleitung.

Nach spätestens 8 Minuten können Sie das Ergebnis ablesen.

Testsysteme, die bei Polizei und Justiz anerkannt sind, garantieren natürlich auch Ihnen größtmögliche Zuverlässigkeit und Handhabungssicherheit. Die Systeme von DRÄGER und SECURETEC erfüllen diese Voraussetzungen. Vgl. auch Abb. 16 und 17 im Bildteil auf Seite 305.

Testdurchführung

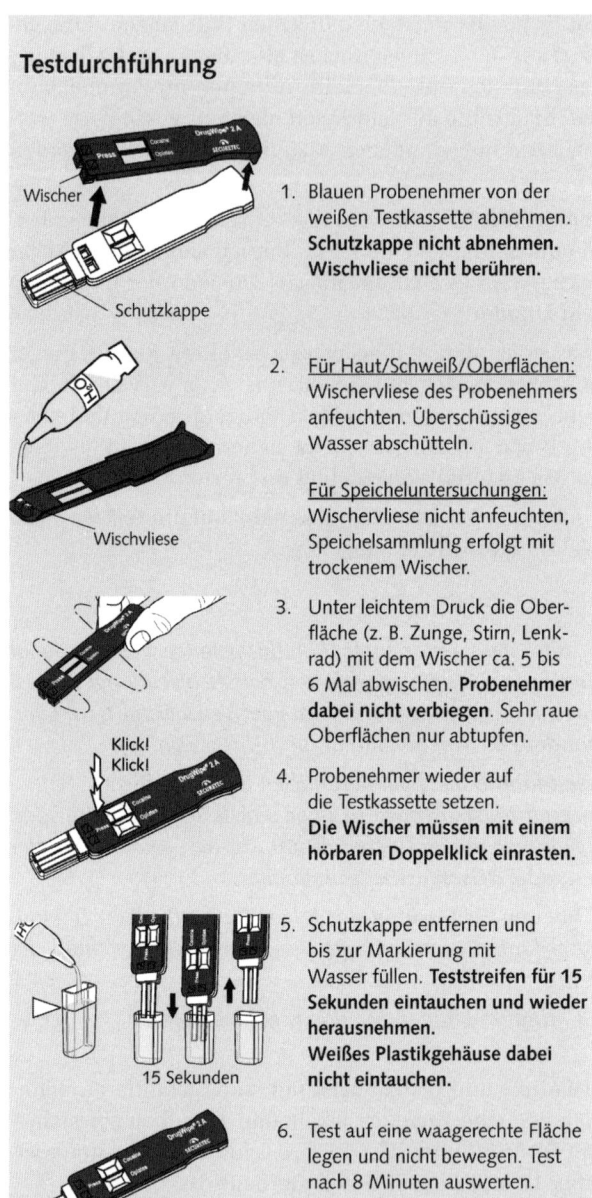

1. Blauen Probenehmer von der weißen Testkassette abnehmen. **Schutzkappe nicht abnehmen. Wischvliese nicht berühren.**

2. Für Haut/Schweiß/Oberflächen: Wischervliese des Probenehmers anfeuchten. Überschüssiges Wasser abschütteln.

   Für Speicheluntersuchungen: Wischervliese nicht anfeuchten, Speichelsammlung erfolgt mit trockenem Wischer.

3. Unter leichtem Druck die Oberfläche (z. B. Zunge, Stirn, Lenkrad) mit dem Wischer ca. 5 bis 6 Mal abwischen. **Probenehmer dabei nicht verbiegen.** Sehr raue Oberflächen nur abtupfen.

4. Probenehmer wieder auf die Testkassette setzen. **Die Wischer müssen mit einem hörbaren Doppelklick einrasten.**

5. Schutzkappe entfernen und bis zur Markierung mit Wasser füllen. **Teststreifen für 15 Sekunden eintauchen und wieder herausnehmen. Weißes Plastikgehäuse dabei nicht eintauchen.**

6. Test auf eine waagerechte Fläche legen und nicht bewegen. Test nach 8 Minuten auswerten.

Abb. 5:
Quelle: SECURETEC
DrugWipe® A

7.   DrugWipe®-Drogentests

Diese Testserien gibt es für die verschiedensten Testmaterialien, Drogen und zum Teil auch Medikamente.

Im Internet finden Sie alle Produkte dieser Firma und die jeweiligen Anwendungsbereiche unter www.securetec.net. Einzelne Testsysteme sind jeweils mit Buchstaben hinter dem Begriff DrugWipe® gekennzeichnet. Diese Buchstaben stehen für den Anwendungsbereich des Tests.

Wollen Sie Drogenspuren auf bestimmten Arbeitsgeräten, Flächen oder der Haut nachweisen, können Sie einen **Oberflächentest**, wie den *DrugWipe®F,* anwenden.

Der Test kann, wie der Name schon sagt, illegale Drogen auf Oberflächen nachweisen. Im Einzelnen funktioniert er bei Haschisch, Opiaten, Amphetamin, Methamphetamin (MDMA, Ecstasy) und Kokain.

Das System reagiert auf Speichel, Schweiß und Oberflächen, die mit Drogenrückständen kontaminiert sind. Er ist klein, leicht und kann in einem Zeitfenster von 3–8 Minuten Drogen-Kontaminierungen nachweisen.

Der Drogenwischtest *DrugWipe®A* reagiert schon auf kleinste Drogenmengen, wenn das Zeitfenster, in dem die verdächtigen Stoffe nachgewiesen werden können, noch nicht geschlossen ist.

Ähnlich verhält es sich dann, wenn eine Person Drogen, wie Haschisch oder Amphetamin, in der Hand hatte und danach Arbeitsmaterial berührt. Auch hier reagiert der Wischtest.

Im betrieblichen Bereich halte ich es für sinnvoll, Kombinationstests, wie den DrugWipe®A-Test, einzusetzen. Dieser Anwendungskombi-Test kann sowohl als Drogenwischtest, als auch als Konsumnachweis-Test für Drogen im Speichel eingesetzt werden.

Der **Speicheltest** *DrugWipe®S* ermöglicht den Nachweis von Cannabis, Opiaten, Amphetaminen/Crystal, Kokain, Ecstasy, Ketaminen, Methadon und Benzodiazepinen.

Eine Testdauer von 3 bis maximal 8 Minuten ermöglicht so den schnellen und zuverlässigen Nachweis von 7 Drogenarten. Auch der Speicheltest ist klein, leicht und nach kurzer Einweisung sicher einzusetzen.

Exemplarische Beschreibung eines Anwendungsfalls – Überprüfung eines ersten existierenden Verdachtes

Nehmen wir an, Sie haben den Verdacht, dass einer Ihrer Vorarbeiter regelmäßig Mittel einnimmt, die, zumindest von ihm subjektiv empfunden, seine Leistungsfähigkeit steigern sollen. Aus seinem engsten Kollegenkreis erhalten Sie den Hinweis, dass der Mann an den Wochenenden Amphetamine einnimmt und unter der Woche teilweise Schlafmittel braucht, um einschlafen zu können. Man spricht davon, dass er sogenannte BENZOS einnehmen soll.

Der Verdacht ist noch relativ vage, aufgrund der Erzählungen seiner Arbeitskollegen jedoch begründet und durch die Wesensänderung und kleinen Arbeitspflichtverletzungen des ansonsten zuverlässigen Mitarbeiters auch glaubhaft.

Da dieser Mitarbeiter in einem unfallgefährdeten Bereich arbeitet und hier zudem die Verantwortung für mehrere Facharbeiter tragen soll, entschließen Sie sich, Gegenstände, die der Mitarbeiter regelmäßig benutzt (Computer, Werkzeug, Schreibtisch), von Ihren Sicherheitsfachkräften einem Wischtest unterziehen zu lassen.

Aufgrund der Anfangsinformationen müssen Sie davon ausgehen, dass Amphetamin- und/oder Benzodiazepin-Spuren gefunden werden könnten. Sie entschließen sich deshalb zu einem DrugWipe®F-Test, der unter anderem den Nachweis der illegalen Droge Amphetamin erlaubt.

Der Test verläuft positiv. Jetzt haben Sie einen konkreten Anlass, mit dem Mitarbeiter ein *Fürsorgegespräch* zu führen und ihn dabei auf das Testergebnis anzusprechen.

Würde er den Konsum der Drogen leugnen, könnte man überlegen, ihm einen Speicheltest anzubieten. Damit könnte man dann auch Benzodiazepine nachweisen.

Natürlich müssen Sie die mehrfach erwähnten, rechtlichen Voraussetzungen berücksichtigen, bevor Sie entsprechende Testmaßnahmen einleiten. Dazu kann es unter Umständen – speziell wenn der Mitarbeiter im sicherheitsrelevanten Bereich tätig war und versetzt oder entlassen werden soll (oder muss) – nötig werden, Originalgegenstände mit Drogenanhaftungen einem anerkannten forensischen Institut zur Erstellung eines Gutachtens vorzulegen.

Im Bedarfsfall können Sie die Ergebnisse dann auch bei arbeitsgerichtlichen Streitigkeiten nutzen oder zur Begründung innerbetrieblicher Maßnahmen heranziehen.

Sie sollten sich aber in Fällen, in denen es um arbeitsrechtliche Streitigkeiten geht, in jedem Fall von einem guten Arbeitsrechtler beraten lassen.

Dabei sollte Ihnen aber auch bewusst sein, dass ein drogen- oder medikamentenabhängiger oder -süchtiger Mitarbeiter unter einer schweren Krankheit leidet, bei der die Hilfsmaßnahmen erste Priorität haben müssen. Ist der Verdächtige schon suchtkrank, werden Sie Schwierigkeiten haben, diesen Mitarbeiter sofort zu entlassen.

Das Testergebnis des DrugWipe®-Tests bestätigt jedoch nicht nur das Vorhandensein einer Droge oder eines Medikamentes, sondern es schafft auch gute Voraussetzungen für weitere Maßnahmen, wie Gespräche nach dem Stufenplan. Positive Testergebnisse sind aber trotz der hohen Zuverlässigkeit der Testsysteme noch kein Hinweis auf eine Abhängigkeits- oder Suchtproblematik, sondern belegen, dass der Spurenverursacher mit den nachgewiesenen Stoffen Umgang hatte oder vor dem Speicheltest entsprechende Substanzen konsumiert hat. Für den Erhalt der Arbeitssicherheit ist dies aber sicher die entscheidende Aussage.

Ein weiteres Beispiel zum effektiven Einsatz der verschiedenen DrugWipe®-Tests findet man im Bereich von Diskotheken und Gastronomiebetrieben. Immer wieder – das kann ich Ihnen aus meiner beruflichen Erfahrung versichern – ergibt sich der Verdacht, dass Mitarbeiter solcher Betriebe, beispielsweise Türsteher oder Servicepersonal in Diskotheken oder auch Restaurants, Drogen konsumieren oder gar verkaufen sollen.

Oft sind es auch Klischees, mit denen die Mitarbeiter solcher Unternehmen zu kämpfen haben. Ich will hier natürlich keine Berufsgruppe diskriminieren oder stigmatisieren. Auch in anderen Berufsgruppen, speziell, wenn in Schicht gearbeitet werden muss, ist Substanzmissbrauch zu finden. Deshalb soll die Gastronomie-Branche nur als Beispiel dienen.

Die Betreiber von Gastronomiebetrieben, die nicht selten sechsstellige Eurobeträge in „ihr" Unternehmen investiert haben, müssen mit dem Entzug der Konzession oder sonstigen empfindlichen behördlichen Maßnahmen rechnen, wenn nachgewiesen wird, dass der eine oder andere Angestellte im Betrieb Drogen versteckt, konsumiert oder verkauft.

Gerade von Inhabern von Gaststättenkonzessionen wird Zuverlässigkeit erwartet. Drogenkonsumenten oder Drogenhändler im Betrieb gefährden die Konzession. (Siehe § 4 Gaststättengesetz – *Versagungsgründe* – in den Anlagen, s. S. 291.)

Deshalb ist es gefährlich, Drogen- und Medikamentenbesitz im Gastronomiebetrieb nicht frühzeitig zu bemerken. Aber wie kann man sich schützen?

Auch bei dieser Fallkonstellation kommt es darauf an, Indizien für den Drogenumgang zu finden, sie richtig zu interpretieren und dann zu handeln. Finden Sie nämlich beispielsweise im Umkleideraum der Angestellten immer wieder Stanniolbriefchen, an denen noch weiße Pulveranhaftungen sichtbar sind, haben Sie schon einen Gegenstand, den Sie mit einem Wischtest kontrollieren könnten.

Auch hier lägen Einsatzmöglichkeiten für einen DrugWipe®A-Test vor, mit dem man illegale Drogen auf Oberflächen, der Haut und im Speichel nachweisen kann.

Falls der Test positiv ausfällt, haben Sie nach kriminalistischen Kriterien zwar noch nicht zweifelsfrei geklärt, wem dieses Briefchen gehört hat, Sie wissen aber, dass illegale Drogen in Ihrem Betrieb im Umlauf sind und können reagieren. Dokumentieren Sie die Testführung und die sofort veranlassten Maßnahmen nach einem positiven Ergebnis, können Sie dies jederzeit auch bei Schwierigkeiten mit den Behörden einbringen und belegen, dass Sie sehr wohl aktiv tätig werden, um Drogenmissbrauch zu erkennen und aus dem Arbeitsbereich zu verbannen. Bei einer Zuverlässigkeits-Überprüfung, die nach einem Drogenvorfall durchgeführt werden würde, könnten Sie dies nachhaltig belegen.

Ohne einen zuverlässigen Test würden Sie auch in diesem Beispielsfall lange Zeit im Ungewissen sein, ob Ihre Angestellten Ihren Betrieb durch Drogenumgang gefährden und würden es schwer haben, effektive Maßnahmen einzuleiten.

Gerade im Bereich der Gastronomie oder Hotellerie, aber auch im Speditionsbereich können Systemlösungen für die Auswertung und Dokumentation von DrugWipe®-Drogentests oder für ein Drogenscreening von Containern und ähnlichen Behältnissen eingesetzt werden.

In Sicherheitsunternehmen, in denen auch waffenrechtliche Erlaubnisse erforderlich sind, um die vertragsmäßig vereinbarten Schutzaufgaben für den Kunden zu erledigen, halte ich die regelmäßige unangekündigte Kontrolle durch die Unternehmensleitung für „überlebenswichtig", angesichts des belegten, massiven Substanzmissbrauchs in unserer Gesellschaft.

Ein weiteres Anwendungsbeispiel

So kann ich mich an einen Fall erinnern, bei dem einem Vorarbeiter einer Großdruckerei aufgefallen war, dass ein Schichtarbeiter, nennen wir ihn Hans, bei Schichtbeginn um 22.00 Uhr grundsätzlich extrem müde war und nicht in die Gänge kam. Er wirkte abgeschlafft, unmotiviert und langsam.

Kam sein Arbeitskollege Fritz in den Umkleideraum, verbesserte sich die Stimmung von Hans auffällig. Nach kurzer Unterhaltung verschwanden beide gemeinsam im Toilettenraum, bevor sie zu ihren Arbeitsbereichen gingen.

Wenn Hans aus dem Toilettenbereich zurückkam, merkte jeder, der ihn kannte, dass er von Minute zu Minute aktiver, ja regelrecht hyperaktiv und euphorisch wurde und die Arbeit mit einer unvorstellbaren Energie erledigte. Der Zustand von Fritz war ähnlich. Beide fielen auch durch extrem veränderte Pupillenreaktion auf.

Nachdem dem Vorarbeiter dann in der Toilette abgeschnittene Trinkhalmstücke mit Pulveranhaftungen aufgefallen waren, wurde von Sicherheitsfachkräften die Toilettenanlage untersucht, bevor die Putzkolonne anrückte.

Auf dem verchromten Klopapierhalter waren leichte Pulverspuren erkennbar. Ein DrugWipe®-Wischtest brachte ein positives Ergebnis (Methamphetamin/Crystal).

Vor der nächsten Schicht von Hans und Fritz wurde die Toilette gründlich gereinigt und nach Schichtbeginn einer erneuten Kontrolle mittels Wischtest unterzogen. Auch dieses Mal wurden Amphetaminanhaftungen festgestellt.

Vom Sicherheitsdienst der Firma wurden daraufhin die Spinde der beiden kontrolliert und 10 Gramm Amphetamin gefunden.

Aufmerksamkeit/Unachtsamkeit

Der Fall zeigt, dass die Achtsamkeit des Vorarbeiters und die Unachtsamkeit von *Hans* und *Fritz* dazu führten, dass sich ein konkreter Verdacht dahingehend ergeben hatte, dass beide Mitarbeiter während der Nachtschicht illegale Drogen konsumierten, um die schwere Nachtarbeit zu überstehen.

Der Verdacht bestand von Beginn an, aber erst durch einen Wischtest an aufgefundenen Gegenständen konnte zuverlässig festgestellt werden, dass die beiden tatsächlich Amphetamin besaßen und konsumierten. Das Testergebnis ermöglichte weitere arbeitsrechtliche Maßnahmen, die begründet waren, weil ein Mitarbeiter unter Amphetamineinfluss an komplizierten Druckmaschinen die Arbeitssicherheit massiv gefährdet.

Das Beispiel zeigt einmal mehr, wie wichtig es ist, nicht nur in Bezug auf die anfallende Arbeit aufmerksam zu sein, sondern auch die Gründe für bestimmte Auffälligkeiten am Verhalten der Mitarbeiter kritisch zu hinterfragen, wenn es sich nicht um einmalige Feststellungen handelt oder bekannt ist, dass der Mitarbeiter momentan persönliche Krisen, wie schwie-rige familiäre Probleme, zu meistern hat.

Fehleinschätzung von Risiken (Anwendungsbeispiel)

Durch die Mitteilung eines Vorarbeiters erfahren Sie vom Verdacht, dass ein Staplerfahrer, der täglich Waren für mehrere tausend Euro befördert, seit einigen Wochen durch Verhaltensweisen auffällt, die völlig neu sind und nicht zur Persönlichkeit des Mitarbeiters passen. Er wirkt immer häufiger unausgeschlafen, unkonzentriert und desinteressiert.

Kollegen des Verdächtigen, die ein freundschaftliches Verhältnis pfle-gen, berichten, dass der Staplerfahrer an den Wochenenden ständig in Diskotheken und Nachtclubs unterwegs ist und die Belastungen nur durch den Konsum von XTC übersteht.

Wenn er am Wochenende noch sehr aufgeputscht ist, besorgt er sich Haschisch oder Marihuana, um wieder „runterzukommen", also die aufputschende Wirkung der XTC zu neutralisieren. Wenn er kein Ha-schisch oder Marihuana kaufen kann, verwendet er Schlaftabletten.

Sie wollen Sicherheit haben, bevor Sie den Mitarbeiter auf seine Wesens-änderungen, seine kleineren Arbeitspflichtverletzungen und den Ver-dacht des Drogenkonsums ansprechen.

Sie wissen, dass der verdächtige Mitarbeiter grundsätzlich ein und den-selben Stapler benutzt und lassen die Lenkung des Staplers mit einem DrugWipe®-Wischtest kontrollieren. Der Test fällt negativ aus.

Ein derartiges Ergebnis lässt nun mehrere Interpretationen zu. Bezugneh-mend auf die Überschrift dieses Abschnittes muss bei dem Wort „Fehlein-schätzung" schon beachtet werden, dass Ihr Mitarbeiter in diesem Fall möglicherweise zu Unrecht verdächtigt worden ist.

Aber der Verdacht kann trotz negativen Ergebnisses auch berechtigt sein.

Es kommt bei der Interpretation des Testergebnisses nämlich darauf an, auf mehrere Fakten zu achten, die für die richtige Interpretation eines Tester-gebnisses ausschlaggebend sind. So kann es entscheidend sein, die Zeit-spanne zwischen der letzten (möglichen) Einnahme der vermuteten Droge und dem Test-Zeitpunkt sowie dem Zeitfenster abzugleichen, in dem auf-grund empirischer und durch Studien belegter Werte die Zuverlässigkeit des verwendeten Testsystems gewährleistet wird.

Hier liefern Ihnen die Produktinformationen zu den DrupWipe®-Tests Hilfestellung bezüglich der Zeitfenster, in denen die Testreihen zuverlässig arbeiten können.

Eine weitere Erklärung für ein negatives Ergebnis könnte die Reinlichkeit des Mitarbeiters sein, der sein Arbeitsgerät jeden Abend gründlich reinigt, bevor er den Nachhauseweg antritt. Dann ist es natürlich trotz negativem Testergebnis möglich, dass dieser Mitarbeiter tatsächlich Amphetamin konsumiert und unter Einfluss dieser aufputschenden Droge arbeitet.

Kommen Sie zu dem Ergebnis, dass der Mitarbeiter zum Testzeitpunkt tatsächlich nicht unter dem Einfluss der vermeintlichen Substanz stand, können Sie dies auf geeignete Weise vermerken und können damit belegen, dass der Mitarbeiter zumindest am Testtag nicht unter dem Einfluss bedenklicher Substanzen stand.

Ob dann in der Folgezeit weitere Tests sinnvoll sind, ist je nach Einzelfall und der aktuellen Verdachtslage zu entscheiden.

Ein **Mitarbeiter** kann im Einzelfall aufgrund unglücklicher Umstände in einen Missbrauchsverdacht geraten. Durch den Einsatz eines Testsystems, wie dem *DrugWipe® Drogentest*, kann ihm deshalb nicht nur der Substanzmissbrauch nachgewiesen werden, sondern der Test kann auch seiner Entlastung dienen. In manchen Fällen muss man dies verdächtigen Mitarbeitern aber erst verdeutlichen, um ihr Einverständnis, zum Beispiel für einen Speicheltest, zu bekommen.

Natürlich muss bei einem negativen Testergebnis auch beachtet werden, welche sonstigen Hinweise (Verhalten, tatsächlich vorhandene Tabletten am Arbeitsplatz, beobachteter Drogenkonsum usw.) auf einen Missbrauch von Drogen oder Medikamenten hindeuten. Sprechen nämlich viele Hinweise eine deutliche Sprache im Hinblick auf den Missbrauchsverdacht, kann auch ein negatives Testergebnis den Missbrauchsverdacht nicht gänzlich ausräumen. Möglicherweise muss man dann noch nach anderen Substanzen suchen.

Man kann aber mit dem, vielleicht zu Unrecht, verdächtigten Mitarbeiter die Absprache treffen, zu seiner Entlastung in einigen Tagen einen weiteren, freiwilligen Testversuch zu starten.

Als **Führungskraft**, die den Einsatz eines Testsystems anordnen kann, sollte Ihnen klar sein, dass Detektionssysteme trotz ihrer Zuverlässigkeit die Überprüfung weiterer Fakten erfordern können, um einen Drogenmissbrauch zu belegen oder auszuschließen.

Der **Testsatz** selbst reagiert bei sachgemäßer Lagerung und Anwendung mit hoher Zuverlässigkeit. Auch negative Ergebnisse haben deshalb eine hohe Aussagekraft. Es muss aber klar sein, dass verschiedene Substanzen auch in unterschiedlichen Zeitfenstern im Körper abgebaut werden können und es deshalb schon entscheidend ist, wann der Betreffende die Substanz eingenommen hat und wann es zu einer Testung kommt. Hinzu kommen weitere Faktoren, die bei negativem Testergebnis hinterfragt werden müssen.

Um Ihnen als Laie eine Vorstellung über die verschiedenen Zeitfenster zu vermitteln, ist an dieser Stelle eine weitere Tabelle (Abb. 6) eingefügt, aus der Sie ablesen können, welche generellen Zeitfenster bei der Anwendung bestimmter Tests beachtet werden sollten.

in Stunden	Blut	Schweiß	Speichel	Urin
Verfahren	GC/MS oder LC/MS	Wischtest DrugWipe	Speicheltest DrugWipe	Urintest (z.B. D.Tec Labs)
Delta-9-THC	4–12	10–24	6	–
THC-COOH	84–150	10–24	–	24–192
Kokain	4	48–72	5–12	5
Benzoylecgonin	48	–	12–24	12–72
Heroin	3–6	4–6	2–4	–
6MAM	4–8	24	–	–
Morphin	6–12	12–24	6–12	24–48
Amphetamine	24–48	48	20–50	72
Methamphetamin	24–48	48	24	72
Benzodiazepin	4–12	–	6	6–120

Abb. 6: Matrix für einen möglichen Drogennachweis (Quelle: SECURETEC)

Wichtig ist zur Beurteilung der Testergebnisse das Wissen, welcher Zeitraum zwischen dem letzten Konsum und dem Test vergangen ist. Der Zeitraum sollte die Zeitfenster aus der Grafik nicht überschreiten, da dann das Testergebnis sehr fragwürdig ist und zu falschen Schlüssen führen könnte.

Sie sehen, dass Sie auf Oberflächen in einem Zeitfenster von Minuten bis Tagen testen und zuverlässige Ergebnisse erwarten können, im Schweiß sind Drogenrückstände dagegen in einem Zeitfenster von Stunden bis Tagen möglich. Das heißt, dass Sie im Schweiß, wenige Minuten nach dem Konsum einer illegalen Drogen, noch kein positives Ergebnis erwarten können.

Aus diesem Grund ist vor Einführung von DrugWipe®-Tests klar festzulegen, wer die Tests durchführen soll. Dieser Personenkreis sollte dann unbedingt von Vertretern der Herstellerfirmen geschult werden.

Bewertung und Aussagekraft des Ergebnisses

Der Verdacht des Drogen- oder Medikamenteneinflusses und damit verbunden der Einfluss auf das Zentralnervensystem des verdächtigen Mitarbeiters kann sich durch Ausfallerscheinungen, die nicht auf Alkoholkonsum zurückzuführen sind, durch unerklärliche oder ungewöhnliche Fehler im Arbeitsablauf, durch Verhaltensänderungen oder durch das Auffinden von Drogen, Medikamenten oder Gegenständen, die zum Konsum verwendet werden, ergeben.

Konsumiert der Mitarbeiter tatsächlich Drogen am Arbeitsplatz, steht rechtlich auch der Verdacht eines Verstoßes gegen das Betäubungsmittelgesetz im Raum, weil er nicht im Besitz der erforderlichen Erlaubnis ist. Außerdem gefährdet er sich und andere. Die Verantwortlichen im Betrieb sind grundsätzlich verpflichtet, alle Maßnahmen zu ergreifen, die zum Erhalt der Arbeitssicherheit und zum Schutz des Mitarbeiters erforderlich sind.

Bei Medikamentenmissbrauch ergibt sich der Verdacht eines Verstoßes gegen das Arzneimittelgesetz, wenn die Medikamente nicht auf legalem Wege (Verordnung durch den Arzt, Kauf in der Apotheke oder rezeptfreie, frei verkäufliche Medikamente) in den Besitz des Konsumenten gelangt sind. Der Umgang mit betäubungsmittelhaltigen Präparaten ist im BtMG geregelt.

Nimmt der Mitarbeiter hochwirksame Medikamente aufgrund ärztlicher Verordnung ein, besitzt und konsumiert er sie natürlich legal.

Dass die gängigen Speicheltests nicht alle im Handel befindlichen Medikamente testen können, möchte ich bewusst noch einmal wiederholen.

Der in Ihrer Firma positiv ausgefallene Test kann im Falle einer zeitnahen Anzeigenerstattung bei der Polizei auch als Grundlage für weitere polizeiliche Maßnahmen, wie der Anordnung einer Blut- oder Urinuntersuchung, herangezogen werden. Dass Sie nicht zur Erstattung einer Strafanzeige verpflichtet sind, habe ich bereits erläutert. Haben Sie sich aber zur Anzeigenerstattung entschlossen, weil Sie ein klares Zeichen setzen wollen und Substanzmissbrauch speziell mit illegalen Drogen nicht dulden, kann der Test bei der Anzeigeerstattung in jedem Fall erwähnt werden und der Kontrollierende kommt als Zeuge im Strafverfahren in Frage.

Dies gilt natürlich auch dann, wenn bei einem Betriebsunfall der Verdacht besteht, dass der Verletzte oder eine mit der Kontrolle des entsprechenden Arbeitsvorganges beauftragte Person unter dem Einfluss von Drogen oder Medikamenten stehen könnte und dies unfallursächlich sein könnte.

Im Falle einer Anzeigenerstattung bei der Polizei sollten Sie auch klären, wer und welche Faktoren dazu geführt haben könnten, den Spurenträger mit Drogenanhaftungen zu kontaminieren. Besteht nämlich die Wahrscheinlichkeit, dass auch ein Kollege (Kollegin) des Verdächtigen als Spurenverursacher(in) in Frage kommen kann, sollten Sie diesen Umstand im Rahmen der Anzeigenerstattung erwähnen.

Die Testsätze können Sie als Beweismittel an die polizeilichen Sachbearbeiter aushändigen und darauf achten, dass zwischen dem Test in Ihrem Betrieb und der Mitteilung (Anzeige) an die Polizei ein möglichst geringer zeitlicher Verzug entsteht.

Fazit

DrugWipe® Wisch-, Oberflächen- und Speicheltests sind eine zuverlässige Möglichkeit, sowohl vorbeugend als auch im Verdachtsfalle, nachweisen zu können, ob illegale Drogen oder (bestimmte) Medikamente im Arbeitsbereich vorhanden sind.

Der Einsatz erfordert aber die Beachtung rechtlicher Aspekte und eine fachgerechte Einweisung an den einzelnen Detektionssystemen.

Interessante Fakten speziell zu Medikamenten-Tests

Bisher habe ich in diesem Kapitel überwiegend den Nachweis illegaler Drogen und die Möglichkeiten der Anwendung von Schnelltests behandelt.

Nun stellt sich die Frage, wie sich ein Unternehmen oder eine Führungskraft verhalten kann, wenn der Verdacht besteht, dass sich Medikamente negativ auf die Persönlichkeit oder die Gesundheit des Mitarbeiters oder die Arbeitssicherheit auswirken können.

Soweit METHADON®, FENTANYL®, LYRICA® oder OXYCODON® getestet werden sollen, eignen sich zum Nachweis viele der vorgestellten Testsysteme nur bedingt. Hier ist ein Nachweis ausschließlich durch Laboruntersuchungen und Analysen möglich. Benzodiazepine können allerdings mit einem DrugWipe®S-Speicheltest nachgewiesen werden.

Doch bevor ich auf Möglichkeiten eingehe, Missbrauch von Medikamenten zu erkennen, die nicht mit Detektionssystemen oder sonstigen Drogentests nachweisbar sind, möchte ich ein weiteres, zuverlässiges System (Minilabor) vorstellen, das aus meiner Sicht speziell in Großbetrieben und/oder Betrieben mit Betriebsärzten eingesetzt werden kann und eine Alternative zu einer Reihe von Laboruntersuchungen darstellt, wie sie im Einzelfall Betriebsärzte durchführen könnten.

8.   DRÄGER DrugTest®5000 Analyser

Es handelt sich um den **DRÄGER DrugTest®5000 Analyser**. Dieses Testsystem ist ebenfalls einfach zu handhaben, erfordert aber eine (intensive) Einweisung. Deshalb halte ich auch beim Einsatz solcher Geräte – sofern im Betrieb vorhanden – Ersthelfer (z. B. Rettungssanitäter), Sicherheitsfachkräfte oder Betriebsärzte für die Kräfte erster Wahl, wenn es um die Frage geht, welcher Personenkreis an einem Gerät wie dem DrugTest®5000 eingewiesen werden soll.

Nachweisbar sind mit dem Gerät Rauschmittel und Drogen, wie Amphetamin, Benzodiazepine, Delta-9-Tetrahydrocannabinol (THC), Kokain, Methamphetamine, Opiate und das Substitutionsmittel Methadon.

Vom Prinzip her funktioniert der DRÄGER DrugTest®5000 ähnlich wie die Systeme der Firma SECURETEC.

Für größere Betriebe, die im Regelfall auch ein größeres Budget und mehr Fachpersonal für Präventionsmaßnahmen zur Verfügung stellen können, bietet sich dieses kleine mobile Labor an, das sehr umfangreiche Testmöglichkeiten bietet und zuverlässig neben illegalen Drogen auch verschiedene Medikamente nachweisen kann.

Mit dem DrugTest5000® steht dem Anwender ein System zur Verfügung, das in einem Gerät (Gewicht ca. 4,5 kg) die gesammelten Proben analysiert und zuverlässige Ergebnisse liefert. Das Gerät ist grundsätzlich zum Drogennachweis in Speichelproben konstruiert. Die Firma bietet aber auch den **DRÄGER SSK5000-Test** als Oberflächentest an. Mit diesem Testsystem können Sie dann ebenfalls Drogenproben von Lenkrädern oder sonstigen Oberflächen aufnehmen und Sie im **DrugTest®5000 Analyser** prüfen lassen.

Zur Veranschaulichung habe ich mit Einverständnis der Firma DRÄGER das Gerät (Analyser) im Bildteil (S. 304, Abb. 16) abgebildet. Eine Erläuterung zur Arbeitsweise und den Nachweis-Möglichkeiten finden Sie unter www.draeger.com.

Um den Nutzen von Drogen- und Medikamenten-Detektionssystemen zu unterstreichen, noch ein paar Fallbeispiele aus der Praxis:

Fall 1 – Crystal und Medikamente

In Kapitel 1, Ziff. III., S. 69, Medikamente im Arbeitsbereich, habe ich Ihnen einen Fall geschildert, bei dem es um eine Angestellte ging, die in einem Supermarkt bewusstlos umkippte und sich in einem lebensbedrohlichen Zustand befand.

Sie erinnern sich? Im Krankenhaus wurde eine starke Gehirnblutung gestoppt. Die Frau hat das Sprachvermögen verloren und zeigt starke Lähmungserscheinungen.

Auch nach über 8 Monaten hat sich ihr Zustand noch nicht geändert. Vermutlich wird sie ihr Leben lang behindert bleiben. Es wurden polizeiliche Ermittlungen eingeleitet. Ich möchte den Fall noch einmal aufgreifen.

Die Feststellungen:

Im Rahmen der Ermittlungen hatte sich herausgestellt, dass die Frau massiv Crystal konsumiert hatte und an Wochenenden, wenn die stark aufputschende Wirkung der Droge gedämpft werden musste, auf Haschisch oder Schlaftabletten zurückgriff.

Weiter wurde festgestellt, dass einige Drogengeschäfte am Arbeitsplatz gelaufen sind, weil sich die Beteiligten sicher waren, dort weniger Verfolgungsdruck ausgesetzt zu sein. Sie erinnern sich?

Die Vorgesetzten der Frau räumten ein, bereits Monate vor dem „Unfall" Wesensveränderungen und kleinere Arbeitspflichtverletzungen an der sonst sehr zuverlässigen Mitarbeiterin festgestellt zu haben. Auch der Verdacht, dass Drogen oder Medikamente im Spiel sein könnten, war in der Vorgesetztenebene lange vor dem Unfall diskutiert worden. Konkrete Maßnahmen stellte man aber immer wieder zurück, weil man mit der Situation überfordert war und nicht wusste, wie man den Verdacht bekräftigen oder ausräumen könnte.

Die Unsicherheit im Umgang mit vermeintlich suchtgefährdeten Mitarbeitern, die fehlenden Möglichkeiten, der Frau Unterstützung anzubieten und die fehlenden Möglichkeiten, durch Testungen am firmeneigenen Arbeitsmaterial festzustellen, ob oder dass Substanzen, wie Drogen oder Medikamente, für die Wesensänderungen der Angestellten entscheidend waren und die Arbeitssicherheit gefährdet war, hinderten die Vorgesetzten der Frau, die erforderlichen Maßnahmen in die Wege zu leiten.

Testhalber wurden dann Wischtests am Schreibtisch, an der Tastatur des Computers und am Schrank der Angestellten durchgeführt.

Das Ergebnis war eindeutig: Überall konnten Crystal- und Cannabisan-haftungen nachgewiesen werden.

Die Vorgesetzten der Verunglückten waren schockiert und machten sich große Vorwürfe. Allerdings führte der traurige Vorfall schon zu einem Umdenken in der Firma. Gesundheitsmanagement und Führungsverhalten wurden unter anderen Gesichtspunkten gesehen, als vor dem dramatischen Ereignis. Fortbildungsmaßnahmen wurden organisiert.

Fall 2 – Benzodiazepine im Verwaltungsbereich

Die Bürofachangestellte B., 54 Jahre alt, erfahren und seit Jahren als zuverlässige, engagierte Mitarbeiterin im Betrieb tätig, klagte im Kollegenkreis immer wieder über klimakterische Beschwerden und Schlafstörungen.

Nach einem Arztbesuch erhielt sie Benzodiazepine verordnet und konnte die Schlafprobleme deutlich mindern.

Im Kollegenkreis fiel allerdings nach gut einem halben Jahr eine Wesensänderung auf. Die Kollegin wirkte teilweise abwesend, nahm zweimal täglich „ihre" Tabletten ein und wurde unruhig, wenn ihr Vorrat langsam zu Ende ging.

Sie berichtete auch, dass ihr die Pillen helfen, sie aber Probleme mit ihrem Arzt hat, weil er ihr die Medizin nach 4 Wochen nicht mehr verschreiben wollte. Im Laufe der Wochen fiel immer häufiger auf, dass die Frau – meist extrem motiviert – versuchte, einen neuen Arzt zu kontaktieren, um einen Behandlungstermin zu organisieren. Unternommen hatte niemand etwas.

Als eines Morgens im Betrieb die Mitteilung über einen schweren Verkehrsunfall der Mitarbeiterin einging und sich herumsprach, dass die ärztlich verordneten Benzodiazepine unfallursächlich gewesen sein könnten, weil die Frau scheinbar am Steuer eingeschlafen war, erklärten einige Kollegen der Verletzten, dass sie schon seit Monaten durch Gespräche mit der Frau wussten, dass sie glaubt, nicht mehr ohne ihre Medikamente leben und arbeiten zu können.

Obwohl der behandelnde Arzt nach einer Behandlungsdauer von 4 Wochen die verordneten Benzodiazepine absetzen wollte, setzte die später verunglückte Angestellte alles daran, durch die Vorstellung bei anderen Ärzten an die gewünschten Medikamente zu gelangen, aber niemand hatte wahrgenommen, wie es um die Kollegin stand.

Die vorhandenen Informationen wurden von den direkten Arbeitskollegen der Frau nicht an die Vorgesetzten weitergegeben. Ein Fürsorgegespräch, die Vorstellung bei einem Betriebsarzt oder der Einsatz von Tests wurden nie frühzeitig genug in Erwägung gezogen.

Diese Beispiele sollten zum Abschluss dieses Kapitels ausreichen, um Ihnen darzustellen, dass Drogen und Medikamente in vielen Fällen im Arbeitsbereich auftauchen und es sich schon lohnen würde, über die Einführung von Detektionssystemen nachzudenken und bereits im Vorfeld eines problematischen Falls die rechtlichen Voraussetzungen für den fachgerechten Einsatz zu schaffen.

Die beschriebenen Tests würden auch keinen Betriebsarzt arbeitslos machen. Vielmehr könnten sie auch ihm bei seiner Arbeit helfen und dadurch zur frühzeitigen Einleitung von Hilfsmaßnahmen (sofern nötig) beitragen. Klar muss aber sein, dass es sicherlich nicht täglich vorkommen wird, die Tests einzusetzen.

II.   Erkennen von Medikamentenmissbrauch

1.   Allgemeines

Ich habe Ihnen am Anfang dieses Buches angekündigt, dass das Thema Medikamentenmissbrauch einen Schwerpunkt darstellen wird. Im letzten Abschnitt bin ich auf die Tatsache eingegangen, dass man mit den besten Detektionssystemen einige wesentliche Medikamente oder Medikamentengruppen nicht nachweisen kann. Dazu braucht man andere Methoden. Deshalb möchte ich das schwierige Erkennen von beginnendem Medikamentenmissbrauch hier noch einmal aufgreifen und Ihnen weitere Informationen liefern.

Um etwas zu erkennen, muss man wissen, was man sucht, welche Hinweise man finden kann und wie hoch die Wahrscheinlichkeit ist, überhaupt mit der Thematik konfrontiert zu werden. Diese Weisheit gilt auch bei *Medikamentenmissbrauch im Arbeitsbereich.*

Eigentlich ist das *„Erkennen von Medikamentenmissbrauch"* im Arbeitsbereich gar nicht so schwer, wenn man systematisch vorgeht. Dazu sollten Sie drei Bereiche (ärztliche Verordnung, Selbstmedikation, missbräuchliche Einnahme) unterscheiden, wenn es um die Unterscheidung von Substanzgebrauch und Substanzmissbrauch geht, aber auch wenn die Planung von effektiven Maßnahmen gegen Medikamentenmissbrauch organisiert werden soll. Die jeweiligen Strategien sind unterschiedlich.

Wichtig ist es für Sie zusätzlich zu wissen:
–   Welche Medikamente sind im Spiel? (Betäubungsmittelhaltige Präparate oder andere)
–   Sind sie von einem Arzt verordnet, gesetzeskonform gekauft und nach therapeutischen Vorgaben in Gebrauch oder
–   wurden sie illegal beschafft und ohne ärztliche Kontrolle eingenommen?

Um hier frühzeitig und effektiv auf einen möglichen Missbrauch im Arbeitsbereich reagieren zu können, halte ich es für sinnvoll, Ihnen anhand der im JAHRBUCH SUCHT (herausgegeben von der Deutschen Hauptstelle für Suchtfragen e.V. – DHS) publizierten Verkaufs- und Verordnungszahlen der meistgebrauchten Medikamente einen Eindruck zu vermitteln, welche Substanzen überhaupt in Ihrem Arbeitsbereich aktuell sein können.

Aus meiner Sicht ist das Lesen derartiger Publikationen *die* Möglichkeit, ein neues Bewusstsein beim Umgang mit Medikamenten – auch im Arbeitsbereich – zu schaffen und die weit verbreitete Meinung zu korrigieren, dass in „Ihrem" Arbeitsbereich bestimmt kein Mitarbeiter medikamentenabhängig ist oder Medikamente einnimmt, die die Arbeitssicherheit gefährden können.

Die Verordnungs- oder Verkaufsmengen lassen aber den Schluss zu, dass die Gefahr eines Missbrauchs häufig und in allen Altersstufen und sozialen Gruppen zu finden ist. (Siehe auch DHS (→) – *Medikamentenabhängigkeit, Band 5* – den Sie sich jederzeit über die Homepage – www.dhs.de – bestellen können.)

Die Wahrscheinlichkeit, dass in einem mittelständischen Betrieb oder in einem Großunternehmen Mitarbeiter gefährdet sind, aber lange Zeit unerkannt bleiben, ist also groß. In kleineren Betrieben fällt eine beginnende Suchtproblematik vielleicht früher auf.

Wichtig ist, dass man viele Chancen der Früherkennung bereits verspielt hat, wenn der Mitarbeiter nach den ICD-10-Kriterien als suchtkrank gilt. Dann ist er nämlich krank und muss therapiert werden, was sowohl für ihn, als auch seine Familie und natürlich seinen Arbeitgeber viele Probleme bringen kann.

In Ihrem beruflichen Umfeld wird Abhängigkeit oder Sucht in erster Linie durch betäubungsmittelhaltige Medikamente oder solche mit Abhängigkeitspotential, wie Benzodiazepine, ausgelöst werden, da von diesen Präparaten grundsätzlich die größte Suchtgefahr ausgehen kann.

Da aber – wie bereits näher erläutert – auch rezeptfreie Arzneien nicht so unbedenklich sind, wie man es auf den ersten Blick vermuten könnte, möchte ich mit den *rezeptfreien Medikamenten* beginnen.

2.   Rezeptfreie Medikamente

Allein im Jahr 2012 wurden ca. **1,5 Milliarden Arzneimittelpackungen** verkauft. Davon waren ca. 46 Prozent, das entspricht etwa 672 Millionen Packungen, nicht rezeptpflichtige Arzneien und die Umsätze stiegen in den folgenden Jahren.

Im Jahr 2016, so die Statistiken verschiedener Organisationen zum Arzneimittelumsatz, waren Umsatzsteigerungen von ca. 5 Prozent zu verbuchen.

Diese Zahlen sagen natürlich noch nichts über ein mögliches Suchtpotential der Präparate aus, sondern über die Tatsache, dass immer mehr rezeptfreie Arzneimittel umgesetzt werden. Doch auch rezeptfreie Medikamente können sich auf die kognitiven Fähigkeiten auswirken. Dadurch kann die Aufmerksamkeit, das Arbeitstempo und viele andere, für den jeweiligen Arbeitsprozess nötigen Fähigkeiten gestört werden.

Im Jahrbuch Sucht 2017 der DHS e.V. (enthält noch nicht die Zahlen aus dem gesamten Jahr 2017) beschreiben die Verfasser der jeweiligen Artikel eine weitere permanente Steigerung von Verordnungszahlen und Umsätzen bei Medikamenten. Der Anteil nicht-rezeptpflichtiger Arzneimittel beträgt weiterhin ca. 50 %, aller verkauften Medikamente.

Auch die Inhaltsstoffe der rezeptfreien Medikamente sollen – bestimmungsgemäß – Einfluss auf bestimmte Körperfunktionen nehmen. Sie sollen Schmerzen mindern, verstopfte Nasen freimachen oder Mangelerscheinungen ausgleichen, um nur einige Beispiele zu nennen. Das kann deshalb auch dazu führen, dass Fähigkeiten, die für ein gefahrloses Arbeiten nötig sind, so beeinflusst sind, dass sie nicht mehr ausreichen, um die Arbeitssicherheit oder die gewohnte Arbeitsqualität zu gewährleisten.

Deshalb scheint es mir interessant zu wissen, für welche „Wehwehchen" die 20 führenden rezeptfreien Arzneien (berechnet nach Industrieumsätzen) bestimmt sind.

Platz eins nimmt ein Nasenspray ein, gefolgt von den Schmerz- und Fiebermitteln *Paracetamol* und *Voltaren* (Rheuma, Schmerzen). In der Rangliste folgen einige Schmerzmittel, Husten- und Fiebermittel sowie Hustenstiller und Mittel gegen Bluthochdruck, also Krankheiten oder Gesundheitsstörungen, die auch im Arbeitsbereich ständig anzutreffen sind.

Festzuhalten bleibt, dass Fachleute davon ausgehen, dass die *Nummer eins der umsatzstärksten Mittel*, nämlich abschwellende Nasentropfen und Nasensprays bei einer Anwendungszeit von mehr als 5–7 Tagen, die Wahrscheinlichkeit erhöhen, in einen Missbrauch oder sogar eine Abhängigkeit zu rutschen.

– Auch im JAHRBUCH SUCHT sind in Zusammenhang mit den Gefahren rezeptfreier Medikamente vor allem *Nasentropfen ratiopharm*, *Otriven*, *Olynth* und *Nasivin* genannt.

– Weiterhin Analgetika (Schmerzmittel) mit Koffeinzusätzen, die vor allem zur Bewältigung des Alltags eingesetzt werden und ebenfalls ein nicht zu unterschätzendes Missbrauchs- und Abhängigkeitsrisiko bergen.

– Letztlich können Sie in Ihrem beruflichen Bereich auch Abführmittel mit Missbrauchs- und Abhängigkeitsrisiko antreffen, die vor allem von jüngeren Frauen benutzt werden, um abzunehmen.

Für den Arbeitsbereich dürfte für Sie interessant sein, welche **rezeptfreien Medikamente** (abgesehen von den erwähnten Nasensprays) am häufigsten benutzt werden.

Hier gibt uns das JAHRBUCH SUCHT 2016 Informationen zur Rangliste:
- Paracetamol-ratiopharm
- Thomapyrin
- IBU-ratiopharm
- Dolormin
- Ibu 1A Pharma
- Aspirin

sind die meistverkauften Arzneien am deutschen Pharmamarkt, wobei im Rahmen der Rangliste nicht auf die Beeinflussung der kognitiven Fähigkeiten und die Nebenwirkungen, sowie den Einfluss auf die Arbeitssicherheit eingegangen wird, sondern nur auf die Umsatzzahlen.

Größere Gefahren für die Arbeits- und Verkehrssicherheit gehen sicher von der folgenden Medikamentengruppe aus.

3.   Rezeptpflichtige Medikamente

Bei den **rezeptpflichtigen Präparaten** sind zu nennen:
- *Amphetamine* – zur missbräuchlichen Leistungssteigerung (wie RITALIN® oder MEDIKINET®),
- *Antidepressiva* – zur Steigerung der Leistung,
- *Appetitzügler* – meist aus der Amphetamin-Gruppe zur Realisierung erfolgreicher Abmagerungskuren,
- *Diuretika* – um im Kraftsportbereich durch Flüssigkeitsausscheidung schnell an Gewicht zu verlieren,
- *Barbiturate* – die heute relativ selten zur vermeintlichen Lösung von Schlafproblemen und als Beruhigungsmittel verwendet werden,
- *Opioid-Analgetika* – um mit der hochwirksamen, starken Komponente gegen Schmerzen Rausch- und Euphorie-Zustände zu erreichen.

Neben all diesen Präparaten ist vor allem auf die Gruppe der Benzodiazepine zu achten, die von einer großen Gruppe von Menschen, überwiegend Damen über 50 Jahren, eingenommen wird und die ein relativ großes Abhängigkeitsrisiko darstellt.

Benzodiazepine können in die sogenannte „*Niedrigdosis-Abhängigkeit*" (→) führen und bei den Konsumenten (Patienten) zu verschiedenen Problemen hinsichtlich der Arbeitsfähigkeit, der Ausfallzeiten und des allgemeinen Wohlbefindens führen. Verkehrs- und Arbeitssicherheit können je nach Arbeitsbereich gefährdet sein. Die Mittel sollen auch nur maximal 3–4 Wochen eingenommen werden und bedürfen gründlicher ärztlicher Überwachung während des Einnahmezeitraumes.

Benzodiazepine sind umgangssprachlich Schlaf- und Beruhigungsmittel, die die stärkste Gruppe mit Abhängigkeits- und Missbrauchsrisiko bilden. Die sogenannten *Z-Drugs* können, was die Wirkungsweise und die nötige Aufmerksamkeit im Arbeitsbereich betrifft, mit in die Benzodiazepin-Gruppe eingeschlossen werden, auch wenn die Zusammensetzung eine andere ist.

Natürlich gibt es immer wieder die Notwendigkeit, bestimmten Patienten, nach Klärung der Nutzen/Risiko-Frage hochwirksame Medikamente, wie Benzodiazepine, zu verordnen.

Aber oft genug werden von den Patienten die Auswirkungen auf die Arbeitssicherheit oder das Suchtpotential unterschätzt.

Deshalb sind Ärzte aufgefordert, rezeptpflichtige Medikamente mit Missbrauchs- und Abhängigkeitsrisiko nur nach der sogenannten 4-K-Regel zu verordnen.

Die **4-K-Regel** sagt aus, dass Ärzte folgende, näher beschriebene Regeln beachten sollen:
- **Klare Indikation** – Verschreibung nur nach klarer Anamnese und Diagnose. Aufklärung über das Abhängigkeitsrisiko und die möglichen Nebenwirkungen. Ergebnis einer individuellen Abhängigkeitsanamnese beim Patienten beachten.
- **Korrekte Dosierung** – Verordnung der kleinsten Packungsgrößen und sorgfältige Dosierung.
- **Kurze Anwendungsdauer** – mit kurzfristigen Überprüfungen der Patienten und Vorsicht bei der Weiterbehandlung.
- **Kein abruptes Absetzen** der Medikamente – zur Vermeidung von Entzugssymptomen nur ausschleichend absetzen.

Bei *rezeptpflichtigen Medikamenten* stellt sich die Rangliste der meistverkauften wie folgt dar:

Medikamentenname	Missbrauchs-/Abhängigkeitspotential
– synthetische Schlafmittel, wie	
HOGGAR (nicht rezeptpflichtig)	Bei bestimmungsgemäßem Gebrauch kaum vorhanden
ZOPICLON	Bei bestimmungsgemäßem Gebrauch kaum vorhanden

Medikamentenname	Missbrauchs-/Abhängigkeitspotential
VIVINOX Sleep (nicht rezeptpflichtig)	Bei bestimmungsgemäßem Gebrauch kaum vorhanden
ZOLIDEM ratiopharm	Bei bestimmungsgemäßem Gebrauch kaum vorhanden
– Tranquilizer, wie	
TAVOR	Stark
DIAZEPAM ratiopharm	Stark
BROMAZANIL	Stark
OXAZEPAM	Stark
LORAZEPAM ratiopharm	Stark
LORAZEPAM Neuraxpharm	Stark
ADUBRAN	Stark
– und Serotonin-Wiederaufnahmehemmer (SSRis), wie	
CITALOPRAM AL	Schwächer
CITALOPRAM 1A Pharma	Schwächer
CITALOPRAM ratiopharm	Schwächer
FLUOXETIN 1A Pharma	Schwächer
CIPRALEX	Schwächer

All diese Mittel können natürlich im Arbeitsbereich auftauchen und verlangen aus meiner Sicht eine Bewertung hinsichtlich der Auswirkungen auf die Arbeitsfähigkeit.

Des Weiteren kann es sinnvoll sein zu klären, ob der Betroffene die Mittel von einem Arzt verschrieben bekam oder sie illegal erworben hat.

Missbräuchlich nutzbare Präparate über die Web-Verbindungen des Arbeitgebers zu ordern, ist ein durchaus praktikabler Weg, ohne großes Entdeckungsrisiko an die gewünschten *Mittelchen* zu kommen.

Deshalb kann es im Verdachtsfall (Medikamentenmissbrauch) – vorausgesetzt in Ihrem Betrieb existieren die technischen und rechtlichen Möglichkeiten – sinnvoll sein, über Ihre Administratoren prüfen zu lassen, ob Mitarbeiter entsprechende Internet-Anbieter kontaktiert haben.

DARKNET-Verbindungen sind in Zusammenhang mit *Anonymisierungssoftware* eine häufig angewandte Möglichkeit – vor allem im Kraftsportbereich – an Substanzen zu gelangen, die eben in Deutschland nur mit Schwierigkeiten oder illegal bezogen werden können.

II. Erkennen von Medikamentenmissbrauch

Anonymisierungs-Software auf einen firmeneigenen Server aufzuspielen und dann illegale Substanzen zu bestellen, dürfte aber in den meisten Betrieben sehr schwierig sein. Als Verantwortlicher an diese Möglichkeit zu denken, kann aber nicht schaden.

Um ein beginnendes Abhängigkeits- oder Suchtproblem frühzeitig zu erkennen, gibt es aber auch ganz spezielle Erkennungszeichen, die speziell mit dem Zweck der missbräuchlichen Anwendung zu tun haben. Zum Teil habe ich ja bereits einige dieser Zeichen erläutert. Da bei Medikamentengebrauch und auch Missbrauch ein sehr komplexes Thema „beackert" wird und der Großteil der Leser sicherlich nur laienhaftes Wissen hat, möchte ich hier noch einmal auf die wesentlichen Erkennungszeichen und die unterschiedlichsten Lebensbereiche eingehen, in denen man wichtige Hinweise finden kann.

Medikamente zu Neurodoping- oder Sportdoping-Zwecken

In der Internet-Veröffentlichung eines Managerforums konnte ich vor einigen Jahren die Warnung lesen: „*RITALIN® war erst der Anfang*". In dem Artikel ging es um die Akzeptanz von Arzneien zur Steigerung der Leistungsfähigkeit ohne therapeutische Notwendigkeit und die Gefahren im Arbeitsbereich.

Tatsächlich war es damals so, dass man nach einer Umfrage der Zeitschrift NATURE das Phänomen des *Neuro-Dopings* oder *Neuro-Enhancement* erstmals bewusst wahrnahm.

Es ging dabei auch um die Frage, *ob* und *wie* sich Studenten, Manager oder auch Sportler dopen und ob dies zu rechtfertigen sei. Schwerpunktmäßig wurden allerdings moralische und ethische Aspekte behandelt.

Nach einigen Umfragen mit unbefriedigendem Aussagewert wurde das Thema aber auch für die Strafverfolgungsbehörden interessant, da immer wieder mal osteuropäische anabole Steroide im Kraft- und Fitness-Sportbereich, Doping bei der Tour de France oder auch Unfälle im Arbeitsbereich mit Stimulanzien, ja sogar Todesfälle nach Einnahme von Amphetaminen oder *Fentanyl-Pflastern* in der Öffentlichkeit bekannt wurden und der Handel und Umgang mit betäubungsmittelhaltigen Substanzen gegen Strafbestimmungen verstieß.

Auch die Öffentlichkeit wurde durch die Veröffentlichungen in Zusammenhang mit der *Tour de France* oder dem Dopingverdacht russischer Sportler mit dem Thema konfrontiert.

Ob es nun um die Steigerung der Aufmerksamkeit und Leistungsfähigkeit im Arbeitsbereich ging und dazu Weckamine verwendet wurden, ob BURN-OUT – quasi vorbeugend – durch den Einsatz von leistungssteigernden Präparaten vermieden oder bekämpft werden sollte, ob Jetlag mit MODA-FINIL verhindert werden sollte oder Studenten zum besseren Lernen RITALIN®, MEDIKINET® oder andere Produkte mit dem Inhaltsstoff METHYLPHENIDAT einsetzten, überall scheinen die pharmakologischen Fähigkeiten bestimmter Medikamente von gesunden Menschen benutzt zu werden, um die eigenen Fähigkeiten – zumindest subjektiv empfunden – zu steigern. Statistisch belegte Zahlen bestätigen diesen Trend nachhaltig und fordern das Gegensteuern der Verantwortlichen für die Volksgesundheit.

Sogar Versagens- oder Prüfungsangst wird mit Medikamenten, sogenannten **Beta-Blockern,** bekämpft, einer Medikamentengruppe, die für Gesunde trotz massiver Nebenwirkungen immer wieder die scheinbare Chance darstellt, Ängste zu überwinden und im beruflichen Umfeld dadurch den entscheidenden Punkt im Konkurrenzkampf gegen Mitbewerber zu erzielen.

Wesentlich ist im Arbeitsbereich, darauf zu achten, ob sportbegeisterte Mitarbeiter Mittel wie die erwähnten anabolen Steroide oder Amphetamine anwenden. Ungewöhnlich schneller Muskelzuwachs oder extrem schnelle Fettverbrennung können darauf hindeuten. Oft erzählen die Sportler auch von den Mitteln, die geeignet sind, den Tonus der Muskulatur zu erhöhen. Andere berichten von Amphetaminen, die sie zur Fettreduzierung einsetzen oder von chinesischen Zaubermitteln die – angeblich völlig legal und nur aus natürlichen Substanzen gemischt – massive Gewichtsabnahme versprechen. Deshalb ist bei extremem Wunsch von Mitarbeitern nach Muskelzuwachs, nach Reduzierung des Körperfettanteils und Fitness-Training erhöhte Aufmerksamkeit angesagt!

Gleiches gilt für Mitarbeiter, die nach langen Auslandsreisen immer wieder durch extreme Aktivität auffallen, denen keinerlei *Jetlag* anzumerken ist, die scheinbar keinerlei Ruhezeiten benötigen und von Zaubermitteln erzählen, die sie einnehmen, um einen gestörten Schlaf-/Wach-Rhythmus zu vermeiden.

Oder bei denen, die nach langen, anstrengenden Nachtschichten selten Schlaf benötigen oder total erschöpft zur Nachtschicht kommen, dann aber plötzlich durch extreme Aktivität auffallen. Menschen, die amphetaminhaltige Präparate einsetzen, fallen oft auch durch einen Heißhunger auf süße Leckereien auf. Das ist nicht unbedingt wissenschaftlich belegt, aber eine meiner Erfahrungen, die ich in den über 35 Jahren im Bereich der Drogenbekämpfung machen konnte.

4. Betäubungsmittelhaltige Medikamente

Betäubungsmittelhaltige Medikamente sind ungeachtet ihres therapeutischen Verwendungszwecks die Gruppe von Medikamenten, die im Hinblick auf den Erhalt der Arbeitssicherheit die meiste Aufmerksamkeit verdienen. Man erhält sie normalerweise durch ärztliche Verordnung in der Apotheke und muss einen besonderen Rezept-Vordruck, nämlich das sogenannte *Betäubungsmittelrezept* (→) vorlegen. Nehmen Ihre Mitarbeiter betäubungsmittelhaltige Präparate ein, ist dies im Hinblick auf die Einsatzmöglichkeiten des betreffenden Kollegen und die Arbeitssicherheit in jedem Fall ein Grund für eine gründliche Überprüfung.

Und dieser Ratschlag gilt sowohl bei therapeutischer Anwendung der Mittel, als auch bei missbräuchlicher Nutzung. Auch ehemals Heroinsüchtige greifen immer wieder auf solche Medikamente zurück, wenn die bevorzugte Droge nicht vorhanden ist oder aus finanziellen Gründen nicht erworben werden kann. Zur Minderung von Entzugserscheinungen kommen betäubungsmittelhaltige Fertigarzneimittel ebenfalls zum Einsatz, wenngleich die ärztliche Verordnung in solchen Fällen meist als Kunstfehler gesehen werden könnte.

Werden die Medikamente nach schweren Erkrankungen oder im Rahmen einer Schmerztherapie auf ärztliche Verordnung eingenommen und die Einnahme wird streng kontrolliert, senkt dies sicherlich das Sucht- oder Abhängigkeitspotential, befreit aber nicht vor der Beachtung der rechtlichen Fußangeln, die die Einnahme dieser Mittel bei vielen Alltagstätigkeiten erfordert.

In vielen Medikamenten mit Abhängigkeitsrisiko sind heute Inhaltsstoffe verarbeitet, die genau dieses Risiko senken sollen. Oft fehlt den Patienten dann aber der „Kick" und sie versuchen auf andere Mittel mit spürbar stärkerer Wirkung zuzugreifen.

Bei betäubungsmittelhaltigen Medikamenten, die Mitarbeiter im Arbeitsbereich (auch vor dem eigentlichen Arbeitsbeginn) einnehmen bzw. einnehmen müssen, sollten Sie überlegen, ob der betreffende Arbeitnehmer gefahrlos weiter in seinem Arbeitsbereich beschäftigt werden kann.

Das Anwendungsspektrum dieser Medikamentengruppe ist sehr groß, sodass Ihnen im vorliegenden Buch nicht alle möglichen Substanzen vorgestellt werden können.

Es sind Präparate, die aus der modernen Medizin nicht mehr wegzudenken sind. Sie sind hochwirksam und verfügen über ein generelles Abhängigkeitsrisiko, deshalb sind die Voraussetzungen für die Verordnung durch Ärzte im Betäubungsmittelgesetz (§ 13 BMG) geregelt.

Zum Teil werden Medikamente, die dem BtMG unterliegen, auch von (ehemaligen) Drogensüchtigen als Ersatzdrogen oder zur Bekämpfung von Entzugsschmerzen eingesetzt, was Rückschlüsse auf den hohen Wirkungsgrad der Präparate zulässt. In Bayern ist FENTANYL derzeit ein Mittel, das viele Drogensüchtige verwenden. Unter dem Titel *Fentanyl – schlimmer als Heroin* berichtete die Zeitschrift STERN im Februar 2016 über die Thematik.

Deshalb ist es kein Geheimnis, darauf hinzuweisen, dass Drogentote in einigen Regionen Deutschlands nicht mehr überwiegend an einer Überdosis Heroin, sondern durch die missbräuchliche Anwendung von FENTANYL® verstorben sind, das in Pflasterform nach der eigentlichen, therapeutisch begründeten Anwendung immer noch einen Wirkstoffgehalt von über 50 % des Morphins enthielt, dann schlecht dosierbar war und oft ein tödliches Risiko darstellte, wenn Drogensüchtige gebrauchte Pflaster auskochten und sich die Lösung spritzten.

Die Situation ist wirklich dramatisch und nicht nur FENTANYL – für Schwerkranke ein segensreiches Schmerzmittel – verursacht negative Schlagzeilen. Auch beim Schmerzmittel OXYCODON® ist die Entwicklung erschreckend, wie interessierte Leser in einer Reportage von *National Geographic Channel* unter dem Titel *Drogen im Visier – OXYCODON* verfolgen können.

Einige dieser Präparate, die in den letzten Jahren häufig im Zusammenhang mit Missbrauch oder illegaler Beschaffung – beispielsweise im Rahmen von *Ärzte-Hopping* – aufgefallen sind, möchte ich Ihnen in der Folge noch genauer vorstellen.

Dabei versuche ich, die in den verschiedenen Alters- und Berufsgruppen bevorzugten Medikamente ein wenig aufzuteilen, da im Ausbildungsbereich, an Fließbändern, bei Schichtarbeitern oder im Managerboard oft unterschiedliche Substanzen zu finden sind.

5.   Bereich Ausbildung

Bei jüngeren Arbeitnehmern oder (Werk-) Studenten könnten Sie neben illegalen Drogen, wie Haschisch, Marihuana und Amphetaminen, insbesondere auf Medikamente wie RITALIN®, MEDIKINET® oder CONCERTA® zur Behandlung von AD(H)S oder Narkolepsie stoßen. Auch *Amphetamin-*

sulfat wird immer wieder mal zur Behandlung von Verhaltensauffälligkeiten verordnet.

FENTANYL und andere betäubungsmittelhaltige Fertigarzneimittel sind eher selten anzutreffen. Wohl aber beispielsweise TILIDIN®, dass durch die Jugendbanden in Berlin traurige Berühmtheit erlangte. TILIDIN senkt das Schmerzempfinden und wird deshalb auch gerne von gewaltbereiten *Hooligans* verwendet, um bei körperlichen Auseinandersetzungen mit verfeindeten Fangruppen schmerzunempfindlich zu sein.

Diese Mittel, ebenso wie RITALIN®, werden gerne als Neurodopingmittel zur Steigerung der Aufmerksamkeit, Leistungsfähigkeit und des Durchhaltevermögens missbraucht.

METHYLPHENIDAT-haltige Präparate können sowohl ordnungsgemäß verordnet, als auch missbräuchlich eingesetzt, im Arbeitsbereich angetroffen werden.

Fälle, in denen ADHS-Patienten Teilmengen der Pillen, die ihnen vom Arzt verordnet worden sind, an Mitschüler oder Arbeitskollegen verkauften, da diese mit den Medikamenten ihre Lernausdauer oder Konzentration erhöhen wollten, sind nicht selten und stellen ein Vergehen nach dem BtMG dar.

6. Bereich Schicht- und Nachtarbeit

Auch hier sind im Missbrauchsfall überwiegend Stimulantien zu finden. Neben den vorgestellten METHYLPHENIDAT-haltigen Medikamenten sind VIGIL® (MODAFINIL) und andere aufputschende Substanzen, wie die illegalen Drogen Amphetamin und Crystal, beliebt.

Zu den Stimulantien rechnet man Weckamine, also Mittel, die aufputschen; MODAFINIL wirkt sich auf den Wach-/Schlafrhythmus aus, sodass z.B. dem Jetlag entgegengewirkt wird. MODAFINIL war früher dem BtMG unterstellt und wurde dann aus den Anlagen zum Gesetz herausgenommen. Derzeit wird heiß diskutiert, ob es nicht wieder ins BtMG aufgenommen werden soll.

7. Bereich Führungsebene

Von den derzeit festgestellten fast drei Millionen Arbeitnehmern (DAK-Studie „Doping im Job nimmt deutlich zu" – Quelle: PresseServer DAK-Zentrale), die regelmäßig missbräuchlich auf leistungssteigernde verschreibungspflichtige Medikamente zurückgreifen, sind durchaus viele in Führungspositionen zu finden.

In diesem Bereich können neben illegalen Drogen wie Amphetamin, Kokain oder Crystal vor allem Fertigarzneimittel wie RITALIN®, MODAFINIL festgestellt werden.

Natürlich werden (die meisten) Führungskräfte strikt von sich weisen, derartige Substanzen zu verwenden. Doch Hand auf's Herz!

Kennen Sie niemanden, der bereits versucht hat, den beruflichen Stress mit den verschiedensten Mittelchen zu minimieren, zumindest subjektiv empfunden?

Ein Beispiel: Nach meinem Vortrag in einem Großunternehmen meldete sich der Sicherheitschef bei mir und bat um einen Rat für seine praktische Arbeit. Er hatte von den Anwendungsmöglichkeiten von Detektionssystemen erfahren und Neuigkeiten über seinen eigenen Verantwortungsbereich kennengelernt.

Von mir wollte er deshalb wissen, wie er sich verhalten soll, wo er doch auch ohne Drogentests wisse, dass er an den Lenkrädern und Schaltknüppeln der Firmenfahrzeuge, die der obersten Führungsetage zur Verfügung stehen, Kokain- und Amphetaminanhaftungen finden wird.

Welchen Rat hätten Sie diesem Mann gegeben?

8.   Sonstige Bereiche

Hier lassen sich zur Behandlung tatsächlich existierender Krankheitsbilder bei den Mitarbeitern (Schmerzpatienten), aber auch im Bereich der missbräuchlichen Nutzung zu Neurodopingzwecken, zur Minderung von Angstzuständen oder zur (subjektiv empfundenen) Steigerung eines positiven Lebensgefühls, derzeit vor allem folgende Präparate finden:
– FENTANYL ® in allen handelsüblichen Formen
– OXYCODON®
– LYRICA®
– TILIDIN
– METHADON®
– SUBOTEX

Alle diese Medikamente können verschrieben, aber auch missbräuchlich benutzt werden.

9. Ein Wort zur Herstellung hochwirksamer Drogen mit Fertigarzneien

Obwohl in diesem Kapitel hauptsächlich auf Medikamente eingegangen wird, die sich negativ auf den Arbeitsbereich auswirken könnten, möchte ich nicht darauf verzichten, Ihnen an dieser Stelle noch einige Gedanken zur Produktion von Betäubungsmitteln mitzugeben. Oft genug stammen die Grundstoffe dafür nämlich aus dem Bereich verschreibungsfähiger Fertigarzneimittel.

Es wird sicherlich seltener vorkommen, dass im Arbeitsbereich solche Mengen an Grundstoffen zur Verfügung stehen, dass die profitable Produktion illegaler Substanzen möglich ist. Doch ich habe einige Fälle erlebt, in denen beispielsweise Chemiker ihre Möglichkeiten im Unternehmen zur Produktion von Amphetamin bzw. Methamphetamin genutzt haben.

Deshalb halte ich es durchaus für legitim, auch auf diese Möglichkeit aufmerksam zu machen.

In vielen Betrieben sind Chemikalien vorhanden, die für spezielle Mitarbeiter sehr interessant sind, die über das Wissen verfügen, mit bestimmten Grundstoffen hochwirksame Betäubungsmittel herzustellen. Immer wieder werden Fertigarzneimittel gesammelt und dann für die illegale Produktion von Amphetamin oder Methamphetamin genutzt.

So sind CODIPRONT® oder EPHEDRIN Arzneimittel, die dafür verwendet werden. Gerade für die Herstellung von Designerdrogen kennen (Hobby-) Chemiker viele Möglichkeiten, die Überwachungsmöglichkeiten der pharmazeutischen Grundstoffindustrie zu umgehen, indem sie eben bestimmte Fertigarzneimittel als Grundstoffe verwenden.

Denken wir auch an die bereits vorgestellten *Cannabinoide.* Oder an *Gamma-Butyro-Lacton (GBL),* das vom Körper in Sekunden in körpereigenes *GHB metabolisiert* (verstoffwechselt) wird und dann eine berauschende, stimulierende Wirkung entfaltet. Zusammen mit Alkohol oder in falscher Dosis angewandt können diese Stoffe aber auch lebensgefährlich wirken.

Auch *Ammoniumnitrat*, das zur Herstellung von Pflanzendüngern Verwendung findet, kann in Kombination mit anderen Chemikalien zur Methamphetamin-Produktion eingesetzt werden.

Für Sie heißt das, dass Sie Ihre Chemikalienlager – soweit vorhanden – auf Fehlbestände, die in das Raster „Herstellung von Drogen oder Missbräuchliche Verwendung" passen könnten, immer wieder kontrollieren lassen sollten. Sie können nicht ausschließen, dass Sie im Einzelfall „Hobbychemiker" in Ihren Reihen haben, die das Lagergut benutzen, um illegale Drogen oder andere berauschende Stoffe zu kreieren, auch wenn so etwas äußerst selten vorkommt.

Die Beschaffung von fehlenden Grundstoffen zur illegalen Drogenherstellung wird nicht schwer gemacht:

Das Internet macht es auch hier möglich, die fehlenden Stoffe zu besorgen. *Ephedrin/Pseudo-Ephedrin* oder auch Codein-haltige Arzneien lassen sich ohne Probleme via Internet bestellen.

Ich habe schon Chefchemiker von namhaften Unternehmen auf der Anklagebank eines Landgerichts gesehen, die – „äußerst engagiert" – auch am Wochenende die laufenden chemischen Laborprozesse überwachten, natürlich um nebenbei mit firmeneigenem Laborzubehör qualitativ hochwertigstes Amphetamin herzustellen und dann gewinnbringend zu verkaufen. Zugegeben, das sind Einzelfälle, aber sie sind nun mal immer wieder passiert und die betroffenen Firmenchefs waren nicht begeistert, als eine Gruppe uniformierter Bereitschaftspolizisten den bestehenden Durchsuchungsbeschluss vollzogen und Teile des Firmenmaterials beschlagnahmt hatte.

Oft genug hatten nämlich Personen, wie dem beschriebenen Chemiker, die verordneten Medikamente nicht mehr ausgereicht und sie sind auf illegale Drogen ausgewichen, deren Herstellung mit firmeneigenen Chemikalien kein großes Problem darstellte. Sicher waren das keine alltäglichen Fälle, aber ich möchte sie im Anbetracht der steigenden Missbrauchszahlen, dem Einfallsreichtum vieler Abhängiger und dem Mischkonsum verschiedener Präparate oder Substanzen nicht unterschlagen.

Was gibt es noch?

Es ist immer sinnvoll, aufmerksam zuzuhören, wenn ein auffälliger Mitarbeiter von regelmäßigen Fahrten in die Tschechische Republik erzählt, um dort Zigaretten oder gefälschte Markenkleidung einzukaufen.

Oft genug musste ich schon erfahren, dass bei solchen Fahrten dann eben auch Grundstoffe zur Drogenherstellung, die nötigen Fertigarzneimittel oder eben auch illegale Drogen zwischen Zigaretten und falschen Designer-Kleidungsstücken lagen, wenn Zoll- oder Polizeibeamte Kontrollen durchführten.

Ähnliches gilt für regelmäßige Wochenend-Trips, die Ihre Mitarbeiter in die niederländische Metropole Amsterdam unternehmen.

10. Anzeichen für Medikamentenabhängigkeit (Mitarbeiterverhalten)

Woran können Sie als Laie außerdem die Auswirkungen von Medikamenten erkennen, die sich auf die Arbeitssicherheit auswirken oder erste Anzeichen einer bevorstehenden Missbrauchsproblematik sein könnten? Die folgende Liste ist beispielhaft, beschreibt aber die wichtigsten Erkennungsmerkmale.

– Unerklärliche und für den Mitarbeiter ungewohnte Reaktionsveränderung
– Auffällige negative Veränderungen der Konzentration (gemindert)
– Erklärte Schlaflosigkeit, die durch Medikamente gebannt werden konnte
– Veränderter Bewegungsablauf ohne orthopädischen Grund
– Realitätsverlust, der in Gesprächen erkennbar wird
– Überschätzung der eigenen Leistung und Leistungsfähigkeit
– Halluzinationen
– Angstzustände (generell oder vor wichtigen Entscheidungen)
– Gleichgültigkeit als „neue" Einstellung
– Der gewohnte Antrieb ist gestört
– Nicht nachvollziehbarer Erschöpfungszustand
– Augenreaktion
  – Pupillen – erweitert oder verengt
  – Augen gerötet, glasig

Weitere Hinweise

– Die Medikamente werden längere Zeit eingenommen, als therapeutisch empfohlen.
– Die Dosis wird selbstständig erhöht.
– Versuche, die Medikamenteneinnahme mengenmäßig zu reduzieren oder komplett einzustellen, scheitern.
– Die erkennbaren Nebenwirkungen des Medikaments werden heruntergespielt.
– Auffallende Aktivitäten und zeitlicher Aufwand, um das Medikament zu bekommen.
– Mehrere Apotheken oder Ärzte werden aufgesucht, um an das Präparat zu kommen.
– Es müssen immer höhere Dosen eingenommen werden, um die gewünschte Wirkung zu erzielen.

- Entzugssymptome wie Übelkeit oder Schwindel bei nachlassender Wirkung der Arzneien werden sofort mit erneuter Medikamenteneinnahme „bekämpft".
- Verminderte soziale Kontakte und berufliches Engagement durch Medikamente werden erkennbar.
- Die Medikamente werden trotz beginnender Schäden weiterhin oder gar häufiger eingenommen.
- Extrem ausgeprägtes Wissen über Medikamente, deren Wirkungen, Handelsnamen und Wirkstoffe sowie Wirkstoffalternativen fällt auf.

Sonstige Anzeichen

- Verpackungsmaterial von Medikamenten (Blister, Stanniolstückchen, Gelatinekapseln).
- Bearbeitung von Fertigarzneimitteln vor der Einnahme (Öffnen von Gelatinekapseln).
- Versteckte oder häufige Einnahme von verschiedenen Medikamenten.
- Negative Verhaltens- oder Wesensänderungen nach der Einnahme der Medikamente oder auffällige Verhaltensänderung.

All die vorgestellten möglichen Erkennungszeichen müssen aber nicht zwangsläufig Hinweise auf einen bedenklichen Medikamentengebrauch sein. Doch ihre Beachtung kann Mitarbeiter und den Betrieb vor großen Sucht- oder Abhängigkeits-Problemen bewahren.

Deshalb bin ich der Meinung, dass man festgestellte Erkennungszeichen sofort hinterfragen sollte, ohne in Panik zu geraten und den betreffenden Mitarbeiter zu stigmatisieren.

Zusammenfassung

Am Ende dieses Abschnitts möchte ich noch einmal zusammenfassen und betonen, dass es in diesem Teil des Buches auf keinen Fall darum geht, kranken Menschen die nötigen Medikamente vorzuenthalten, auch wenn es Mittel sind, die dem BtMG unterstellt sind.

Hier geht es darum, dass Sie als Verantwortlicher sensibilisiert sind, dass Medikamente die körperlichen und geistigen Funktionen in Bezug auf die Arbeitssicherheit auch negativ beeinflussen können. Zum Teil besitzen die Mittel Abhängigkeitspotential, das Ihre Mitarbeiter in ein Sucht- oder Abhängigkeitsproblem manövrieren kann. Bevor es zu einer Sucht oder Abhängigkeit kommt, sind meist Anzeichen von Missbrauch erkennbar. Diese Hinweise können Sie nutzen. Seien Sie deshalb bei Gesprächen zwischen und mit Ihren Kollegen aufmerksamer Zuhörer. Oft bekommen Sie dann erste Hinweise.

Überzeugen Sie in diesen Gesprächen mit Souveränität und geben Sie Ihren Sorgen um den Mitarbeiter, seiner Sicherheit und die Arbeitssicherheit im Betrieb erste Priorität.

Achten Sie auf das Verhalten und die Stimmung Ihrer Mitarbeiter und reagieren Sie im Verdachtsfall umgehend und konsequent. Pflegen Sie einen respektvollen Umgang mit Ihren Mitarbeitern und interessieren Sie sich auch für die generellen Belange der Belegschaft. Grundsätzlich kommt es – aufgrund meiner Führungserfahrungen – gut an, wenn Sie sich von Zeit zu Zeit nach dem Wohlbefinden Ihrer Mitarbeiter und deren Familienmitgliedern erkundigen, ohne dabei aufdringlich zu wirken.

Im Verdachtsfall sollten Sie wissen, welche Substanzen der Betroffene einnimmt, welche Wirkung sie haben können und welche Folgen im Arbeitsbereich oder in rechtlicher Hinsicht zu erwarten sind. Binden Sie zur Beurteilung der Lage den Betriebsarzt oder – sofern er nicht befragt werden kann – Ihren Hausarzt mit ein.

Sie sollten nicht überreagieren, wenn einer Ihrer Mitarbeiter Medikamente einnehmen muss und Sie Anzeichen feststellen, die auf ein Missbrauchsproblem hinweisen könnten.

Verschaffen Sie sich erst einen klaren Überblick, ohne dafür Monate zu brauchen. Etwas Zivilcourage kann hier sinnvoll sein und wichtige Zeit sparen.

Grundsätzlich ist zumindest bei ärztlich verordneten Präparaten kein rechtliches Problem zu erwarten, wenn Lösungsmöglichkeiten für den Fall geplant sind, dass betäubungsmittelhaltige Präparate eingenommen werden müssen, die sich auf Verkehrs- und Arbeitssicherheit negativ auswirken können. Deshalb sollten Sie im Einzelfall überlegen, ob die pharmakologischen Eigenschaften des nötigen Medikaments nicht vorübergehende Änderungen im Arbeitsleben des Mitarbeiters (Ausklammern bestimmter Tätigkeiten oder den vorübergehenden Einsatz in einem anderen Arbeitsbereich) erfordern.

Haben Sie eine Chance, zu erfahren, welche Medikamente Ihr Mitarbeiter einnimmt, schöpfen Sie die zur Verfügung stehenden Möglichkeiten (Betriebsarzt, Internet, Rote Liste, Anfragen bei der Bayerischen Akademie für Sucht- und Gesundheitsfragen usw.) aus, um zu erfahren, wie das Mittel wirkt und ob es negativen Einfluss auf die Fähigkeiten Ihrer Mitarbeiter haben kann und wenn „ja" welche.

Bei betäubungsmittelhaltigen Medikamenten ist höchste Vorsicht geboten, da neben der Gefahr für die Arbeitssicherheit und die Gesundheit der Mitarbeiter hier zusätzlich Gefahren durch Verstöße gegen bestimmte Rechtsvorschriften und zivilrechtliche Folgen drohen können.

Und diese bittere Pille muss man leider auch schlucken, wenn der Einsatz solcher Medikamente aus therapeutischen Überlegungen heraus unumgänglich ist.

III. Strafrechtliche und kriminologische Gedanken zu Substanzmissbrauch

1. Allgemeines, Gründe für zunehmenden Substanzmissbrauch

Mancher Leser stellt sich aufgrund der Überschrift sicherlich die Frage, warum strafrechtliche und kriminologische Aspekte bei der Problemvermeidung oder Problemlösung beim Thema *Drogen und Medikamente* im Arbeitsbereich für ihn wichtig sein sollen. Das will ich hier erläutern:

Bisher haben wir uns mit den Drogen und Medikamenten beschäftigt, die im Arbeitsbereich auftauchen könnten und somit die Arbeitssicherheit gefährden. Will man sich dann mit effektiven Strategien in repressiver oder präventiver Hinsicht auseinandersetzen, ist es sicherlich vorteilhaft zu wissen, warum Menschen Drogen und Medikamente missbräuchlich nutzen.

Um die Gründe für den zunehmenden Substanzmissbrauch und den Einfluss auf den Verkehrs- und Arbeitsbereich zu verstehen, sollte man sich deshalb mit den Ursachen beschäftigen, die Menschen dazu bewegen, Drogen einzunehmen oder Medikamente missbräuchlich einzusetzen.

Strafanzeigen und zusätzliche zivil- oder arbeitsrechtliche Probleme nach erkanntem Fehlverhalten verstärken nach meiner Überzeugung das Erfordernis, sich nicht nur mit den interessanten Substanzen, sondern auch mit den Gründen für die Verwendung zu beschäftigen. Die Kriminologie bietet interessante und nützliche Studien und Erklärungsmodelle zur Entstehung von Abhängigkeit und Sucht, wie das Erklärungsmodell des Kriminologen *Schwind* (Grafik unten), das die entscheidenden Faktoren für Abhängigkeit und Sucht abbildet.

Doch vor Abhängigkeit und Sucht steht der missbräuchliche Gebrauch einer Substanz oder gar der therapeutisch begründete Konsum eines Medikaments mit Abhängigkeitspotential, aus dem sich dann die Abhängigkeit oder Sucht entwickeln kann.

Die Arzneimittelkommission der Deutschen Apotheker definiert *Medikamenten-* oder *Arzneimittelmissbrauch* als die
– absichtliche
– dauerhafte oder sporadische
– übermäßige Verwendung von Arzneimitteln

- mit körperlichen oder psychischen Schäden als Folge und der
- Anwendung ohne medizinische Indikation.

Wenngleich ich als Kriminalbeamter diese Definition speziell wegen der Beschreibung von *übermäßiger Verwendung von Arzneimitteln* nicht für sonderlich geglückt erachte, so hat man doch eine verbindliche Beschreibung zur Darstellung von Medikamentenmissbrauch.

Und aus diesem Missbrauch kann sich dann ein Abhängigkeits- oder Suchtproblem entwickeln. Dafür gibt es aber nicht einen alleinigen Grund, sondern verschiedene Faktoren sind ursächlich. Die drei wichtigsten, nämlich *Mensch, Mittel* und *Milieu* sind im Erklärungsmodell von *Schwind,* das auch *Trias-Modell* genannt wird, aufgeführt.

> Abhängigkeit und Sucht
> haben nach dem Erklärungsmodell von Schwind
> ihren Ursprung in folgenden Faktoren:

Persönlichkeit / Mensch	Mittel / Droge / Substanz	Milieu

Abb. 7: Quelle: Schwind, Hans-Dieter, Kriminologie und Kriminalpolitik, § 27 Rn. 11 ff., 23. Auflage, 2016, Kriminalistik-Verlag

Aus der Kriminologie kennt man weitere, ergänzende Faktoren, die hinter den drei Hauptfaktoren stecken und gute Hinweise auf Maßnahmen liefern können, die gegen eine betroffene Person oder für Präventivmaßnahmen hilfreich sein können.

a)   Der Mensch (die Person)

Hier ist die *Persönlichkeitsentwicklung* ein entscheidendes Kriterium:
- Geringes Selbstwertgefühl
- Erhöhte Risikobereitschaft
- Angst, zu versagen oder nicht akzeptiert zu werden
- Unfähigkeit zur Konfliktlösung
- Enttäuschung und Angst
- Erwartungshaltung und Bedürfnisse nicht sofort befriedigen zu können.

Neben der Persönlichkeit des Betroffenen erhöhen
- die Suche nach positiven Erlebnissen,

– Neugierde, Nachahmung,
– Fernseh-, Video- und sonstiges Konsumverhalten

die Bereitschaft zu Missbrauch und in der weiteren Folge zu Abhängigkeit und Sucht.

b)   Milieu

Hier spielen Faktoren wie
– Gruppenzwang
– Familiäre Probleme
– Emotionale Aspekte
– Vorbildfunktionen von Eltern, Lehrern, Ausbildern
– Leistungserwartungen, die unerfüllbar scheinen
– schlechte Berufs- und Zukunftsperspektiven,
– soziale Bewegungen und Modetrends
– Statussymbole und der Einfluss von Werbung und Medien

eine wesentliche Rolle.

c)   Mittel (Drogen, Medikamente)

Beim dritten Punkt in der Studie von *Schwind* geht es um die Substanzen selbst, die Abhängigkeit oder Sucht auslösen können. Dazu gehören die Punkte
– Die Verfügbarkeit der verschiedenen Substanzen
– Das subjektiv empfundene Gefühl nach der Einnahme
– Die Lust auf Wiederholung des Erlebnisses.

Auch wenn manchem Leser bei dieser Thematik der Gedanke in den Kopf schießt, dass er kein Arzt, Psychologe oder Psychiater ist, und sich deshalb doch kaum mit solchen wissenschaftlichen Erkenntnissen auseinandersetzen muss, möchte ich darauf hinweisen, dass ich im nächsten Kapitel Gesprächstechniken nach einem Stufenplan vorstellen werde, die mittlerweile als Standard bei der Problemlösung von Suchtproblemen im Arbeitsbereich anerkannt sind und speziell bei Drogen- und Medikamentenmissbrauch hohe Anforderungen an den vorgesetzten Gesprächsführer voraussetzen.

Wollen Sie deshalb über den Tellerrand gucken und im Bedarfsfall souverän auftreten, um ein positives Gesprächsziel zu erreichen, können Ihnen Erkenntnisse nach dem *Trias-Modell* sehr gut helfen.

Sie können den gefährdeten Mitarbeiter einfach besser einschätzen und gegebenenfalls auch effektivere Hilfsmaßnahmen anbieten, wenn Sie – auch als Laie – erkennen können, wo vielleicht die Gründe für den Substanzgebrauch liegen könnten.

Auch im Rahmen von Überlegungen zu griffigen Präventionsmaßnahmen ist das Wissen über die möglichen Ursachen von Sucht und Abhängigkeit in jedem Fall vorteilhaft und nützlich, um einen gefährdeten Mitarbeiter durch ein *Fürsorgegespräch* unterstützen zu können, oder in hitzigen Diskussionen mit Kollegen hilfreich, die man von der Einführung effektiver Präventivmaßnahmen überzeugen will. Denn das Kennenlernen bedenklicher Substanzen ist eine Sache, Handeln bei erkanntem Missbrauch eine andere. Und um handeln zu können, muss man wissen, wo die Gründe für Substanzmissbrauch, Abhängigkeit und Sucht liegen können.

Natürlich werden Sie mit Ihrem neu erlangtem Wissen nicht alle Suchtprobleme lösen oder verhüten können, die im Arbeitsumfeld entstanden sind oder entstehen könnten. Doch viele Unterpunkte wie *erhöhte Leistungsansprüche, Gruppenzwang, Vorbildfunktionen* oder *schlechte Aufstiegsperspektiven* können – um nur einige wenige konkret anzusprechen – sehr wohl in Präventionskonzepte einbezogen werden.

Je nach speziellem Arbeitsablauf und der Firmenstruktur kann man aus dem beschriebenen kriminologischen Erklärungsmodell und den dort genannten Entstehungsfakten sehr wohl Gewinn für firmeninterne Maßnahmen gegen Substanzmissbrauch schlagen.

In der Kriminologie (Lehre vom Verbrechen – weitere Ausführungen dazu siehe unten bei „Kriminologische Aspekte") arbeitet man grundsätzlich mit Bezugswissenschaften, um die jeweiligen Erscheinungsformen (Phänomenologie) zu analysieren, dann die Ursachen (Ätiologie) für das jeweilige Phänomen zu hinterfragen und letztlich mit den Erkenntnissen effektive Strategien zu entwickeln.

Ähnlich kann man im beruflichen Bereich verfahren. Das sollte man auch tun, denn neben der Fürsorgepflicht von Vorgesetzten für die Mitarbeiter und den primären Arbeitsaufgaben, gehört zu den Pflichten einer Führungskraft sowohl die Vermeidung von Ausfallzeiten und Qualitätseinbußen, als auch die Verhinderung von Aktionen, die dem Betrieb schaden können.

Polizeiliche Ermittlungsverfahren gegen Mitarbeiter wegen Verstoßes gegen das BtMG, das AMG oder sonstige Gesetze gehören dazu.

Es ist eine Tatsache, dass durch den zunehmenden Missbrauch die Sensibilität der Überwachungsbehörden erhöht ist und erkannte Verstöße konsequent verfolgt und geahndet werden.

Und genau aus diesem Grund halte ich es schon aus Verständnisgründen für sinnvoll, neben den Ursachen von Substanzmissbrauch die verschiedenen Gesetze zu kennen, die relevant sein können. Die folgende Grafik zeigt Ihnen die wesentlichen Bereiche:

Strafrecht	Zivilrecht	Arbeitsrecht

Die Beachtung der einschlägigen Normen aus den oben aufgeführten Rechtsgebieten ist **FÜHRUNGSAUFGABE**. Diese umfasst:

Neben dem Arbeitsauftrag die Fürsorgeaufgaben zu erfüllen.	Die Einhaltung der gesetzlichen Vorschriften zu gewährleisten.	Sich selbst und die Familie vor Problemen zu schützen (Eigenschutz).	Bei erkannten Substanzproblemen oder Verdacht sofort zu reagieren.

Abb. 8: Quelle: Eigene Grafik des Autors

Diejenigen – ich denke hier an Führungskräfte, an Fachkräfte für Arbeitssicherheit, Sicherheitsingenieure, Personalsachbearbeiter, Ausbilder und Betriebsräte –, die sich intensiv mit den Themenbereichen *Prävention* und *Substanzmissbrauch sowie dessen Unterbindung* beschäftigen müssen, werden vertiefte und stichhaltige Informationen und Argumente brauchen, um angedachte Maßnahmen durchzusetzen.

Glauben Sie mir! Auch ich habe mehrere Jahre gebraucht, um Vertreter von Unternehmen zu überzeugen, dass das mehrfach zitierte Basiswissen einen echten Mehrwert für die jeweilige Firma bringen kann. Und dazu habe ich eine breite Palette an Informationen benötigt. Nur mit stichhaltigen Argumenten aus allen Bereichen (Kriminologie, Strafrecht, Medizin, Psychologie) konnte ich überzeugen. Ähnlich wird es manchem Leser gehen, der erkennt, dass auch in seiner Firma Maßnahmen gegen Substanzmissbrauch erforderlich sind.

Ich gehe davon aus, dass Sie als Führungskraft bei der Lösung eines aktuellen Problems mit einem Mitarbeiter oder dann, wenn Sie Präventionsmaßnahmen einführen wollen und dabei Betriebsräte, Fachkräfte für Arbeitssicherheit, den Aufsichtsrat oder wen auch immer einbinden müssen, stichhaltige Argumente für Ihre Planungen und deren Umsetzung brauchen.

Dabei können kriminologische Erkenntnisse, Wissen über gesetzliche Folgen von Missbrauch und statistische Zahlen helfen, die Ihnen zeigen, mit welcher Häufigkeit bei einem bestimmten Problemkreis zu rechnen ist. Sie können dann die Grundlage für Brainstorming und letztlich zielführende, präventive oder repressive Maßnahmen bilden.

Könnten Zahlen aus der *Polizeilichen Kriminalstatistik (PKS)* helfen? Leider kaum, denn diese offizielle Statistik enthält kaum Daten über angezeigte Delikte in Zusammenhang mit Medikamentenmissbrauch und berücksichtigt auch Daten über Internet-Drogen-Einkäufe nur unzureichend. Die Aussagekraft der PKS ist aus meiner Sicht daher sehr begrenzt, weil in ihr nur sogenannte „Hellfeld-Kriminalität" registriert wird. Nötig ist sie dennoch! Aber sie als generelle Bemessungsgrundlage für viele Maßnahmen heranzuziehen, halte ich für falsch.

Ich bin der Meinung, dass hier das kriminologische Schema zur Problemlösung, über die Klärung der Erscheinungsformen (Phänomenologie), die Ursachen(Er-)Forschung (Ätiologie) bis hin zu Strategien zur Problemlösung und Prävention geeignet ist, Ihnen Ideen zu liefern, wie das für Sie wahrscheinlich noch unbekannte Thema angegangen werden kann.

Im vorgestellten kriminologischen Erklärungsmodell (s. o. unter 1. Allgemeines, Gründe für Abhängigkeit und Sucht) werden nämlich nicht nur „nackte" Zahlen aus Statistiken wie aus der PKS berücksichtigt, sondern auch Erkenntnisse aus der Dunkelfeld-Forschung oder die Forschungsergebnisse anderer, nicht mit der Strafverfolgung betrauter Organisationen, Behörden und Institute. Die Betrachtung verschiedener Aspekte bietet die Chance für erfolgreiche Strategien.

Sie kennen es vielleicht aus dem Bereich der Produktion, wo man auch klaren Mustern für bestimmte Prozesse folgt, will man zum Beispiel ein neues Produkt einführen. Man greift auf Ergebnisse der Marktforschung zu, überprüft die Chancen, mit der sich ein Produkt im Markt durchsetzen kann, kalkuliert Erträge, den Personalaufwand und natürlich die Fertigungskosten, um nur einige Kriterien zu beschreiben. Außerdem muss die Fertigung der Produkte für das Unternehmen einen echten Mehrwert erbringen.

Ähnlich ist es bei der Abklärung der Bedürfnisse von effektiven Präventionsmaßnahmen oder Maßnahmen gegen Mitarbeiter, die Substanzmissbrauch betreiben und dadurch die Arbeitssicherheit gefährden können. Sie brauchen eine Strategie, um festzustellen, wie intensiv das Thema bearbeitet werden muss. Stellen Sie fest, dass es sofortigen Handlungsbedarf gibt, werden Sie überlegen müssen, wie Sie effektiv reagieren können. Planen Sie Präventionsmaßnahmen, brauchen Sie in jedem Fall die Akzeptanz für Ihr Maßnahmenpaket und natürlich die Unterstützung von Betriebsärzten, Fachkräften für Arbeitssicherheit oder Kollegen aus dem Führungs-Board. Natürlich sollen diese Maßnahmen möglichst kostengünstig sein und kein zusätzliches Personal binden.

Um alle Verantwortlichen an einen Tisch zu kriegen, brauchen Sie oftmals – so bedauerlich es ist – dramatische Unglücks- oder Arbeitsunfälle oder die bessere Lösung, die darin besteht, mit Fallbeispielen und empirischen Werten auf die Gefährlichkeit und die Folgen von Substanzmissbrauch hinzuweisen. Um Ihnen hier einige Argumente an die Hand zu geben, die folgenden Ausführungen:

Warum sollen wir handeln, wenn das Thema nicht einmal in der PKS auftaucht?

Es ist im Arbeitsbereich immer noch die weit verbreitete Meinung, dass das hier behandelte Thema kaum Relevanz hat. Diese Annahme ist falsch, wie die Zahlen zu Substanzmissbrauch belegen.

Bei meinen Seminaren erklärten mir die Teilnehmer immer wieder, dass sie noch nie etwas in der PKS finden konnten, die ja jährlich in der Presse vorgestellt und von ihnen zur Kenntnis genommen wird. Und die Aussage stimmt sogar weitgehend.

Derzeit wird die PKS auch im Wirtschafts- und Industriebereich immer noch als *die* Grundlage für Strategien unterschiedlichster Zielrichtung betrachtet. Ebenso für die Arbeit von Organisationen, wie dem *Bayerischen Verband für die Sicherheit in der Wirtschaft e.V.* (BVSW e.V.) oder sonstigen Verbänden, um Tendenzen in der Kriminalität zu erkennen und angemessen zu reagieren.

Delikte jedoch, die nicht angezeigt und dadurch nicht bekannt wurden, weil sie in einem *Dunkelfeld* geschehen sind, werden nicht statistisch abgebildet und führen zu einer völlig falschen Einschätzung der Situation. Was Drogen und Medikamente anbelangt, haben wir aus meiner Sicht genau diese unbefriedigende Konstellation, wenn wir PKS-Zahlen interpretieren. In der Praxis, in der die PKS mit deutlichem Übergewicht gegenüber

anderen Statistiken zur Beurteilung der Kriminalitätslage im Land herangezogen wird, entsteht dadurch ein verzerrtes Bild.

Straftaten in Zusammenhang mit der rechtswidrigen Verordnung bestimmter Medikamente, missbräuchliche Medikamentennutzung, Internet-Ein-
käufe von betäubungsmittelhaltigen Substanzen und vieles mehr erscheinen derzeit noch nicht oder nur bedingt in der PKS. Teilweise sind nicht
einmal Kennziffern für die Registrierung spezieller Kriminalitätsformen
bekannt. Aber diese Verstöße gegen bestehende Rechtsnormen passieren,
täglich und häufig im Dunkelfeld.

Strafrechtlich relevante Delikte, die sich hinter Schlagworten wie *Neuro-
Doping, Sport-Doping, AD(H)S, Burnout* oder zunehmend psychischen
Krankheitsbildern verstecken, bleiben statistisch weitgehend unbeachtet.
Vielleicht liegt ein Grund in der Tatsache, dass Polizeibeamte erst langsam
für die Aufklärung dieser Kriminalitätsformen ausgebildet werden.

Ich gehe daher hier auf kriminologische und strafrechtliche Aspekte ein,
weil Substanzmissbrauch auch zu Ermittlungsverfahren gegen Mitarbeiter
und deren Vorgesetzten führen kann. Deshalb kann der berühmte Blick
„über den Tellerrand" nicht schaden, vor allem deshalb, weil auf strafrechtliche Ermittlungen auch zivil- und arbeitsrechtliche Forderungen oder
Sanktionen folgen können. Das ist Vielen nicht bewusst.

Doch das Problem ist erkannt und für die nahe Zukunft sind Änderungen
zu erwarten, weil Polizei und Staatsanwaltschaft in der Praxis langsam
beginnen, gegen Tatverdächtige in diesem Kriminalitätsbereich zu ermitteln. Zunehmend stehen auch bessere technische Möglichkeiten zur Bekämpfung von Cybercrime im Rahmen der dafür eingerichteten Kommissa-
riate zur Verfügung.

Das ist wichtig, denn es gibt die unterschiedlichsten Erscheinungsformen
(Phänomene) von strafbarem Verhalten in Verbindung mit Drogen- und
Medikamentenmissbrauch, zum Teil auch nach legaler Verordnung. Gerade
im Bereich der Computerkriminalität, in Form von illegaler Beschaffung
bestimmter Substanzen (Drogen, Medikamente) und Sachen (Waffen usw.),
bringt bereits die nahe Zukunft positive Änderungen und verbessert die
Aufklärungsmöglichkeiten der Strafverfolgungsbehörden, aber auch der
Gesundheitsämter und Krankenkassen. Im Bereich von Doping im Sport
konnten Sie sicher schon selbst – durch viele Medienberichte – feststellen,
dass die Kontrollorgane zunehmend aktiv werden.

Und aufgrund dieser Aktivitäten wird es auch vermehrt zu Ermittlungsverfahren gegen den Personenkreis kommen, der sich nicht an die gesetzlichen
Vorgaben im Umgang mit Medikamenten und Drogen hält.

Rechtliche Aspekte

Wenn man über Arbeitssicherheit und Prävention im Arbeitsbereich in Zusammenhang mit Drogen- und Medikamentenmissbrauch spricht, darf man straf- und arbeitsrechtliche Regelungen und Aspekte nicht außer Acht lassen. Die Folgen von strafrechtlich relevantem Verhalten können nämlich existentiell sein, auch für die Verantwortlichen in einem Wirtschafts-, Industrie- oder Handwerksbetrieb. Die gesetzlich geregelten Verhaltensmaßregeln für Arbeitnehmer und Arbeitgeber, die in einer Vielzahl von Gesetzen wie dem Arbeitsschutzgesetz (ArbSchG), dem Arbeitssicherheitsgesetz (ASiG), dem Arbeitszeitgesetz (ArbZG) und vielen anderen Bestimmungen festgelegt sind, können weitere Sanktionen nach sich ziehen. Es macht deshalb Sinn, sich auch einmal mit den wichtigsten Rechtsvorschriften zum Thema auseinanderzusetzen und kriminologische Ansätze zu überdenken.

Das kann Ihnen bei Ihren täglichen Führungsaufgaben helfen, da die Problematik rechtswidriger Taten in Zusammenhang mit Substanzmissbrauch bei den Strafverfolgungsbehörden, bei Gesundheitsämtern, Krankenkassen usw. bekannt ist und man dort nach Möglichkeiten sucht, kriminellen Substanzmissbrauch aufzudecken und effektive Präventionsmaßnahmen anzubieten. Wenn es Sie oder Ihre Kollegen trifft, weil Sie die zunehmenden Substanzprobleme in der Gesellschaft und somit auch im Arbeitsbereich ignorieren, haben Sie ein Problem!

Ich rate sogar dazu, im Rahmen Ihrer Führungsaufgaben und aufgrund Ihrer Garantenstellung, soweit rechtlich zulässig, die Kausalkette von der Verordnung der Medikamente,
— über den Erwerb durch den Patienten oder Nutzer,
— die Einnahme der Mittel,
— die Teilnahme am Straßenverkehr,
— die Einflüsse der Mittel auf den Konsumenten und seinen Arbeitsbereich und die
— daraus erwachsenden Verantwortlichkeiten anderer, z. B. der Führungskräfte

zu verfolgen, um die Arbeitssicherheit zu gewährleisten und strafbares Verhalten im Unternehmen zu vermeiden.

Tun Sie dies, wird Ihnen schnell klar, wie komplex das Thema betrachtet werden muss. Sind mit diesen Aufgaben Betriebsärzte oder Personalsachbearbeiter betraut, schadet es aus Verständnisgründen nicht, wenn Sie als Führungskraft auch die möglichen Gründe für die Entstehung von Substanzmissbrauch, die strafrechtlichen Aspekte gepaart mit zivil- und arbeitsrechtlichen Folgen und die Beschaffungswege der berauschenden oder aufputschenden Substanzen kennen.

Leider sehen viele beim Wort *Substanzmissbrauch* nur potentielle Drogendealer und Menschen aus *Randsider-Gruppen,* die bedenkliche oder verbotene Suchtstoffe aus der kriminellen Szene nutzen, nicht aber den netten Kollegen, der sich mit Tabletten pusht, um leistungsstärker zu sein, nicht die ältere Kollegin am Fließband, die durch die missbräuchliche Einnahme von Benzodiazepinen ihre Kollegen gefährdet, weil sie nicht die Aufmerksamkeit mitbringt, die für ihre Arbeit nötig ist, oder auch nicht die Kollegin, die mit der Bearbeitung von hunderten von Bauplänen überfordert war, ihr *Burnout* kommen sah und versuchte, dies mit der Einnahme vieler unterschiedlicher Medikamente zu verhindern.

Dieses Verhalten kann strafrechtlich relevant sein und zivil- und arbeitsrechtliche Folgen nach sich ziehen.

Was mich persönlich dabei immer wieder wundert, ist die Tatsache, dass es für eine Vielzahl von Arbeitsabläufen im Bereich des Arbeitsschutzes eine nahezu unüberschaubare Anzahl von Bestimmungen gibt, aber darin kaum auf Drogen und Medikamente eingegangen wird und wenn doch, dann relativ oberflächlich. Und strafrechtliche Aspekte werden einfach ignoriert! Dabei könnten gezielte Aktionen im Arbeitsleben viel Positives bewirken. Aber wo bleibt hier der Mut und die Fürsorgepflicht der Verantwortlichen, Mitarbeiter und Betrieb vor Gefahren zu schützen und die Einhaltung gesetzlicher Bestimmungen zu gewährleisten?

Auf Nachfrage erklärten mir Firmenbosse immer wieder, dass in ihrem Betrieb keine Probleme bestehen. Bei Seminaren jedoch, die ich regelmäßig mit Führungskräften abhalte, berichteten die Teilnehmer dann genau das Gegenteil. Nämlich, dass sie häufig mit dem Verdacht von Suchtproblemen konfrontiert sind, ihnen aber in vielen Fällen die Unterstützung der Personalabteilung oder der Unternehmensleitung versagt wird. Man will das Problem nicht wahrnehmen, wird behauptet! Deshalb lehnen viele Firmen spezielle Fortbildungsveranstaltungen ab oder organisieren sie als Alibi-Veranstaltung. Man will – so die Seminarteilnehmer – keine „schlafenden Hunde wecken". Braucht man auch nicht, die sind schon aufgeweckt und bellen recht ordentlich. Man sollte deshalb hinhören.

Halbherzige Fortbildungsmaßnahmen, in denen – und hier gebe ich Aussagen von Führungskräften großer deutscher Unternehmen wieder – überwiegend über therapeutische Möglichkeiten und Nebenwirkungen von Medikamenten gesprochen wird und mögliche, objektive Problemfelder im Alltag nur nebenbei erwähnt werden, ohne dabei auf praktische Erkennungszeichen von Drogenkonsum oder Medikamentenmissbrauch einzugehen, reichen nicht aus und schützen die Belegschaft nicht vor Sucht, Abhängigkeit oder rechtlichen Konsequenzen.

Viele glauben, weil sie in der Firma bisher keinen einzigen Missbrauchsfall erlebt haben, bei dem es rechtliche Probleme gab, können sie das Thema weiter vernachlässigen. Eine gefährliche Überlegung! Lassen Sie mich deshalb auf zwei weitere Punkte eingehen.

Erstens fördert ein „fauler Apfel" im Korb auch den Fäulnisprozess der anderen, gesunden Früchte und sollte aus diesem Grund schnell entfernt werden. Zweitens scheint es mir wichtig darauf hinzuweisen, dass Substanzmissbrauch bis vor wenigen Jahren nicht in diesem Ausmaß – wie heute – festzustellen war. Es wird deshalb Zeit, dass sich Führungskräfte nicht nur hinter ihren Betriebsärzten verstecken oder das Thema ignorieren, sondern handeln, auch wenn noch nicht ausreichendes, statistisches Zahlenmaterial zur Verfügung steht. Phänomenologisch ist eine massive Steigerung belegt. Die Fortbildungsveranstaltungen zum Thema wurden aber nicht verstärkt.

Natürlich gibt es einige Ausnahmen, die im Rahmen von Präventivprogrammen auch die kriminologischen Aspekte von Medikamenten- und Drogenmissbrauch berücksichtigen und dem Personal gute Fortbildungsmaßnahmen anbieten, aber es sind einfach noch zu wenige.

Interessant ist in diesem Zusammenhang eine Begebenheit vom Februar 2017. Ich telefonierte mit der Verantwortlichen einer Berufsgenossenschaft, für die ich vor einigen Jahren als Referent eingesetzt war. Meine Arbeit war bewertet und als zielführend betrachtet worden. Weitere Einsätze als Referent waren fest eingeplant, doch ich hörte nichts mehr von den Verantwortlichen.

Bei meiner Nachfrage im Februar 2017 erklärte mir die Dame, dass das Thema *Drogen und Medikamente im Arbeitsbereich* aus dem Seminarprogramm der Berufsgenossenschaft gestrichen worden ist und nur noch gelegentlich im Rahmen von Seminaren mit anderen Schwerpunkten behandelt wird.

Dies hat mich sehr verwundert, hatten doch die Teilnehmer des ersten Seminars – überwiegend Führungskräfte aus der Großindustrie – mit Nachdruck Informationen über die praktischen Erkennungszeichen von Missbrauch, Stoffkunde, praktische Fallbeispiele usw. gewünscht und mich sogar gedrängt, ein eigenes Buch über die Thematik zu veröffentlichen. Die Tatsache, dass neben der Zunahme von Missbrauch auch eigene Verantwortlichkeiten, mit zum Teil strafrechtlichen Folgen, Führungskräfte berühren können, hatte die Seminarteilnehmer aufgerüttelt. Doch die Firmen-leitungen der Autoindustrie, der Industrie für Luftfahrzeuge und der Me-tallindustrie reagierten nicht merklich.

Natürlich fragte ich in diesem Zusammenhang nach, ob diese Entscheidung an meiner Person, meiner Vortragstechnik oder sonstigen persönlichen Kriterien lag. Es war nicht der Fall. Vielleicht war die Komplexität ein Grund; Ignoranz eventuell ein anderer.

Bestärkt werde ich in meinen Vermutungen durch folgende Erfahrungen: In den Jahren 2015/2016 war ich mehrfach bei Kongressen von Arbeitsmedi-zinern als Referent eingeladen. Im Anschluss an meine Vorträge fragten mehrere Betriebsärzte internationaler Unternehmen an, wann ich für Semi-nare in den jeweiligen Unternehmen zur Verfügung stehen könnte. Wir vereinbarten Meetings zur Erörterung der speziellen Problemfelder in den Unternehmen, da die Ärzte einen echten Mehrwert in meiner Arbeit sahen. Aber nach wenigen Tagen erhielt ich dann eine Mail, in der mitgeteilt wurde, dass die Unternehmensleitung Vorträge und Seminare zum Thema ablehnt. In wenigen Fällen wurde die Absage damit begründet, dass keine externen Referenten gewünscht sind. Machen Sie sich zu diesen, meinen Erfahrungen Ihre eigenen Gedanken. Und damit sind wir wieder bei krimi-nologischen Erkenntnissen.

Kriminologische Aspekte

Die *Kriminologie* (die Lehre vom Verbrechen) ist eine Wissenschaft, die ihre Erkenntnisse aus Bezugswissenschaften bezieht, im Gegensatz zur Krimi-nalistik, bei der es um die Mittel und Methoden zur Verbrechensbekämp-fung geht. Denken Sie bei den Bezugswissenschaften der Kriminologie an die Chemie, die Medizin, die Verfahrenstechnik oder die Pharmakologie. Erkenntnisse aus dem jeweiligen wissenschaftlichen Bereich kommen in der Kriminologie immer wieder zur Anwendung. Dabei werden die Er-scheinungsformen von bestimmten Deliktsbereichen und die Ursachen analysiert. Die Ergebnisse fließen in repressive und präventive Strategien ein, die eine Problemlösung erwarten lassen. Auf Entwicklungen im Be-reich des Drogenkonsums und Drogenhandels oder im Umgang mit berau-schenden Stoffen, die gesellschafts- oder gesundheitspolitische Relevanz erlangen, müssen in einem demokratischen Staat Rechtsnormen folgen, die geeignet sind, negative Entwicklungen durch Sanktionierung bestimmter Verhaltensmuster zu stoppen. Oder es müssen altbewährte Überwachungs-maßnahmen neu organisiert werden, wenn sie nicht mehr die gewünschte Wirkung zeigen. Zusätzlich sind präventive Strategien zu erarbeiten, um schon im Vorfeld der Entstehung des jeweiligen Kriminalitätsphänomens zu versuchen, die Begehung zu verhindern.

Die Erkenntnisse und Arbeitsmethoden der Kriminologie sind auch für den wirtschaftlichen und industriellen Arbeitsbereich recht interessant. Hier wird man zuerst die Erscheinungsformen (Phänomenologie) von Drogen- und Medikamentenmissbrauch, ausgerichtet an den Besonderheiten des Unternehmens und der Art der Arbeit, die dort geleistet werden muss, beachten müssen. Dann sollte man versuchen, die Ursachen (Ätiologie) für den Substanzgebrauch und -missbrauch im Arbeitsbereich zu hinterfragen, um letztlich Strategien im repressiven und präventiven Bereich zu schaffen.

Im Bereich der Strafverfolgung hat man der dramatischen Entwicklung zu lange zugeschaut. Diesen Fehler sollten Sie nicht machen.

Medikamenten- und Drogenmissbrauch sind zwar schon viele Jahre in den Aufgabenkatalogen der verschiedenen Polizeiverbände erfasst – die nötig sind, um die Tätigkeitsbereiche von Schutzpolizei und Kriminalpolizei klar zu regeln –, doch spielte speziell das Thema *Medikamente* bis vor wenigen Jahren (auch im Bereich der Strafverfolgung) nur eine untergeordnete Rolle, unabhängig davon, ob es um repressive oder präventive Aktionen ging. Durch die zunehmenden Missbrauchs- und Abhängigkeitsfälle, die unter anderem durch die *Deutsche Hauptstelle für Suchtfragen e.V.*, das *Institut für Therapieforschung* (ITF) und andere Institutionen belegt sind, änderte sich die Sensibilität bei Kassenärztlichen Vereinigungen, bei gesetzlichen Krankenkassen oder eben auch in den Reihen von Polizei und Staatsanwaltschaft. Informationsveranstaltungen zum Thema, veranstaltet von Apotheker- und Ärzteverbänden in Zusammenarbeit mit dem ADAC oder dem *Deutschen Olympischen Sportbund*, zeigten die sozial- und gesundheitspolitische Wichtigkeit der Thematik.

Bei einem Symposium „*Medikamentenmissbrauch*", das die *ABDA* (→) im November 2011 in Berlin veranstaltete, zeigte sich schon durch die drei Veranstalter, dass das komplexe Thema sowohl die Apotheker (ABDA) als auch den Sportbereich (vertreten durch den *Deutschen Olympischen Sportbund*) und die Verantwortlichen für den öffentlichen Straßenverkehr (ADAC) massiv beschäftigt hatte.

War der Missbrauch schon damals so groß, dass sich drei große Verbände das Thema an die Fahnen hefteten, um erkannte Fehler zu korrigieren?

Ganz offensichtlich! Das zeigt sich an der Tatsache, dass auch Polizei und Staatsanwaltschaft, beispielsweise durch sogenannte *Interdisziplinäre Meetings zu Medikamentenmissbrauch* versuchen, zusammen mit ärztli-

chen Kreisverbänden, mit Vertretern der Krankenkassen, der Apotheken-
verbände, der Gesundheitsämter und vielen anderen, einen fruchtbaren
Informationsaustausch zu pflegen, um zwei Ziele zu erreichen:

Erstens – die *ärztliche Therapiefreiheit* zu bewahren und zweitens – *Missbrauchsfälle zu erkennen*, zu ahnden und vor allem gemeinsame Aktionen
zu organisieren, um aufzuklären und dadurch den Missbrauch zu reduzieren. Der Schwerpunkt muss in der Prävention liegen, auch bei Ihnen! Die
Hinweise auf konsequente Verfolgung von Verfehlungen sehe ich hier bereits als Teil der Prävention.

Leider unterwandern medienwirksame Diskussionen über die Legalisierung bestimmter Drogenarten – indirekt – die Bestrebungen, Substanzmissbrauch zu reduzieren. Gut ausgeklügelte Werbekampagnen für Arzneimittel
und deren (angeblich) revolutionäre Wirkung verzerren oft den Blick der
Menschen für die Realität und vermitteln den Eindruck von harmlosen,
angenehm berauschenden oder heilend auf das zentrale Nervensystem
wirkenden Substanzen, deren Besitz nach Meinung einer bestimmten Inte-
ressengruppe eine „verkalkte Gesellschaftsschicht" nur verbieten will, um
den Anderen ihren Spaß zu verderben.

Mittlerweile veröffentlichen sogar staatliche Stellen Warnmeldungen zur
angeblichen Ungefährlichkeit von Cannabisprodukten. So veröffentlichte
die *Zentralstelle Jugendsachen* des Landeskriminalamtes Niedersachsen
eine dreiseitiges Schreiben unter dem Titel *Zehn gute Gründe, Cannabis
nicht zu legalisieren,* um auf die irrige Annahme hinzuweisen, dass Cannabisprodukte unbedenklich sind und deshalb legalisiert werden sollten.
Nach wie vor glauben viele – bestärkt durch die Diskussionen über die
Legalisierung –, Cannabisprodukte seien ungefährlich.

Unabhängig von Cannabisprodukten gibt es zunehmend Menschen im
Lande, die auch die Freigabe anderer Drogenarten fordern, weil sie glauben,
dass jeder ein Recht auf den eigenen Rausch hat und man den Konsum von
illegalen Drogen auch als Konsument in den Griff kriegen kann.

Doch die Realität sieht leider anders aus, wie ich in den vielen Jahren im
Drogen- und Medikamentenbereich eines Fachkommissariats erleben
musste. Sucht- und Abhängigkeitsprobleme haben schon viele Familien in
Leid und Hoffnungslosigkeit gestürzt. Die Leute haben es nicht geschafft,
die Drogen oder Medikamente zu beherrschen, sondern umgekehrt. Gesetzliche Vorgaben wurden häufig ignoriert und führten zum Teil zu polizeilichen Ermittlungen, Durchsuchungen und Verurteilungen.

Unternehmen, die mit Suchtproblemen zu kämpfen hatten, waren gelegentlich sehr erleichtert, wenn es ihnen polizeiliche Aktionen gegen einen

Mitarbeiter einfacher machten, arbeitsrechtliche Maßnahmen durchzusetzen. Oft hatten die Verantwortlichen – untätig – zu lange zugeschaut. Als Schutzbehauptung hörte ich dann oft, dass man doch kein Fachmann sei und keinerlei Kenntnisse über Erkennungszeichen von bedenklichen Substanzmissbrauch habe.

Das mag stimmen, aber warum eignet man sich dieses Grundwissen nicht an? Es würde doch allen Beteiligten nützen, nicht nur im Arbeitsbereich.

Teilweise verstehe ich die Einwände. Es ist ja schon schwierig, als Familienangehöriger zu erkennen, wenn ein Suchtproblem seinen Anfang nimmt. Oft genug sehen sich Familienmitglieder nämlich arbeitsbedingt und durch Freizeitaktivitäten täglich nur in einem relativ kurzen Zeitrahmen. Beginnendes Suchtverhalten kann verschleiert werden.

Doch die Arbeitskollegen sind mit dem Gefährdeten häufig über einen längeren Zeitraum zusammen als die Angehörigen und könnten deshalb früher die Chance nutzen, die ersten Anzeichen von Drogen- und Medikamentenmissbrauch richtig zu interpretieren.

2. Phänomenologische Aspekte zum Thema Drogen und Medikamente im Arbeitsbereich

Wie beschrieben, wird in der Kriminologie zunächst die jeweilige Erscheinungsform (Phänomenologie) einer neuen Entwicklung – in unserem Fall Substanzgebrauch und Missbrauch im Arbeitsbereich, auf dem Weg zur Arbeit und nach Hause – hinterfragt. Es geht darum, herauszufinden, ob und in welchem Ausmaß Substanzen genutzt werden, die die Arbeitssicherheit gefährden können.

Ganz einfach ist das nicht, löst nicht ein bedauerlicher Betriebsunfall oder sonstige, die Arbeitssicherheit gefährdende Ereignisse eine Informationsflut über Substanzmissbrauch im Betrieb aus. Früher war die Erkennung gefährdeter Personen, speziell die, die Drogen konsumierten, leichter als heute.

Noch vor wenigen Jahren existierten regelrechte, in sich geschlossene Szenen für bestimmte Substanzen, wie die Kiffer-Szene oder die Junkie-Szene, die Heroin schnupfte oder spritzte. Kokain war überwiegend in der Welt der Schönen und Reichen zu finden.

Medikamentenmissbrauch gab es zwar auch damals schon, aber nicht in diesem Ausmaß wie heute. Zudem war die Motivation für einen Substanzmissbrauch nicht so vielfältig. Das heißt, man konnte sich ganz spezifisch auf die Besonderheiten der unterschiedlichen Szenen und die dort beliebten Drogenarten einstellen, wenn es um die Organisation von präventiven Maßnahmen, oder um die Strafverfolgung ging. Sogar die Kleidung gab vor einigen Jahren noch Auskunft über die Zugehörigkeit zu bestimmten Szenen. Auch diese Erkennungszeichen sind heute nicht mehr aussagekräftig.

Heute vermischen sich die Szenen. Die, die illegale Drogen konsumieren und damit handeln, machen nicht nur illegale Geschäfte mit ihren Gruppenmitgliedern, sondern ebenso mit etablierten Bürgern, die versuchen, zur Leistungssteigerung oder zur Steigerung des Lebensgefühls an bestimmte, auf legalem Weg nicht oder nur schwierig zu bekommende Medikamente zu gelangen.

Auch der Nachbar oder die Nachbarin konsumiert heute möglicherweise Haschisch, schnupft Amphetamin oder besorgt sich aufputschende Medikamente, um leistungsfähiger zu sein, sportlich mehr Ausdauer oder Konzentration zu erreichen oder psychische Probleme in den Griff zu kriegen. Dabei werden die Pillen und Mittelchen häufig mit der Gesellschaftsdroge Nummer eins – Alkohol – runtergespült.

Polytoxikomanie (→) ist weit verbreitet und die Konsumwilligen „geben" sich alle Substanzen, die den gewünschten Rausch, den Kick oder scheinbar gesteigerte Aufmerksamkeit und Leistungsfähigkeit versprechen.

Immer mehr gesunde Menschen versuchen heutzutage (betäubungsmittelhaltige) Medikamente zu bekommen, indem sie dem Arzt eine Lügengeschichte auftischen und die Arzneien dann zu Neurodopingzwecken oder zum Weiterverkauf an Interessenten benutzen. Manchmal werden sogar mehrere Ärzte in kurzer Zeitfolge aufgesucht, um an die gewünschten Präparate zu kommen. *Ärztehopping* (→) nennt man das, und es ist weit verbreitet.

Fehlende Informationen auf den Krankenversicherungskärtchen, aus Datenschutzgründen verboten, begünstigen dieses Phänomen und wirken kontraproduktiv, wenn es um die Vermeidung von Medikamentenmissbrauch geht.

Kann sich jemand die gewünschten Mittelchen nicht durch Lügengeschichten „erschwindeln", kann er sie mit relativ geringem Entdeckungsrisiko im Internet bestellen.

Drogen- und Medikamentenmissbrauch sind oft nicht mehr voneinander zu trennen, was bei der Erarbeitung von Strategien zur Reduzierung des Missbrauchs beachtet werden muss.

Für Führungspersonal wird es dadurch schwerer zu erkennen, ob ein Mitarbeiter durch die Zugehörigkeit zu einer bestimmten Gruppe mehr gefährdet sein könnte, als ein anderer.

Die Frage muss also sein, in welcher Form und Häufigkeit sich Suchtprobleme zeigen (können).

Haben Sie einen Überblick über die Erscheinungsformen in Ihrem Arbeitsbereich, geht es um die Ursachen für die Nutzung von Drogen und Medikamenten.

3. Ätiologische (ursächliche) Aspekte zu Drogen- und Medikamentendelikten

Nach kriminologischen Arbeitsschemata werden nach der Feststellung der neuen Phänomene die Ursachen hinterfragt, um die Voraussetzungen für effektive Strategien zur „Bekämpfung" zu schaffen. In unserem Fall, also beim Drogen- und Medikamentenkonsum im Arbeitsbereich, sind die Ursachen sicherlich sehr vielfältig und Sie können in Ihrer Funktion als Führungskraft durch anonymisierte Mitarbeiterbefragungen, Gefährdungsanalysen oder Überarbeitungen von Arbeitsabläufen (vgl. § 5 ArbSchG), Auswertung von internen Unfallstatistiken und Erkenntnissen von örtlichen Gesundheitsämtern oder Krankenkassen Ihre Informationslage verbessern.

Dass dabei auch die Fakten betrachtet werden müssen, die nach kriminologischen Erklärungsmodellen zu Abhängigkeit und Sucht führen können, wurde schon zu Beginn dieses Abschnittes behandelt.

Vorfälle im Betrieb, wie ich sie bei meinen Buchrecherchen erfahren habe, beispielsweise durch einen Staplerfahrer, der unter Amphetamin-Einfluss das Tor eines Lagers gerammt hat, ermöglichen Handeln „aus gegebenen Anlass". Doch hier die Ursache für den Konsum zu erfahren, wird schwierig.

In anderen Arbeitsbereichen könnte die Chance größer sein, Ursachen von Substanzmissbrauch zu klären.

Probleme mit dem Durchstehen von Schichtarbeit, ständiger Wechsel der Zeitzonen, Über- und Unterforderung, Lärm, Gestank usw. könnten Substanzmissbrauch (im Übrigen auch auf Alkohol bezogen) fördern. Hier kann mit der Aktualisierung vorhandener Gefährdungsanalysen, mit Überarbeitung von Arbeitsabläufen und einigen anderen Maßnahmen aktive Präventionsarbeit geleistet werden.

Weitere Ursachen von Substanzmissbrauch und konkrete Vorschläge zur Beseitigung dieser Ursachen werde ich im Kapitel 3 beschreiben.

4.   Strategische Aspekte zur Reduzierung von Missbrauch

Hier kommt es zunächst darauf an, dass Sie sich Gedanken zu effektiven Maßnahmen machen, die an der Besonderheit Ihrer Arbeit im Betrieb, Ihrer Mitarbeiter und Ihrer Einschätzung zur Brisanz der Thematik *Drogen und Medikamente im Betrieb (Unternehmen)* ausgerichtet ist.

Im Polizeibereich werden in den Fortbildungsinstituten die Beamten zunehmend geschult, um auch „auf der Straße" Medikamentenmissbrauch und strafrechtlich relevanten Gebrauch zu erkennen. Verbesserte Detektionstests zur Erkennung unterstützen die polizeiliche Arbeit.

Dadurch wächst natürlich zwangsläufig auch der Verfolgungsdruck bei Missbrauch und bei Unglücksfällen und es wird bei Kontrollen oder Ermittlungen vermehrt auf Drogen- und Medikamenteneinfluss geachtet.

Krankenkassen schulen die Mitarbeiter der Regressabteilungen; Kassenärztliche Vereinigungen informieren die Ärzteschaft über die Folgen lascher Medikamentenverordnung; und Sie? Haben Sie schon Schritte zur Vermeidung von Substanzmissbrauch in Ihrem Arbeitsbereich eingeleitet? Wissen Sie, was im Betrieb „in Richtung Substanzmissbrauch läuft" und wo die Ursachen liegen?

Auch Sie könnten – in abgespeckter Form – speziell Führungskräfte, Personalsachbearbeiter oder Mitarbeiter, die im Ausbildungsbereich tätig sind, schulen lassen. Eine derartige Schulung ist (trotz des Zeitaufwandes) definitiv sinnvoll, sensibilisiert sie doch die Teilnehmer, verhindert Ausfallzeiten, Qualitätseinbußen und vieles mehr.

Sind in einem Betrieb in kurzer Zeitfolge mehrere beachtenswerte Ereignisse in Zusammenhang mit Suchtstoffen registriert worden, haben Sie vermutlich bessere Chancen als zuvor, eine allgemein bindende Betriebsvereinbarung zur Einführung von Detektionssystemen und deren unangekündigten Einsatz durchzusetzen.

Liegt der Schwerpunkt der Tätigkeiten in Ihrem Arbeitsumfeld eher in Verwaltungstätigkeiten und nur wenige Mitarbeiter sind in Bereichen beschäftigt, die einen erhöhten Sicherheitsstandard fordern, werden Sie sich schwerer tun.

Es ist einfach ein gravierender Unterschied, ob Substanzmissbrauch im Bereich von Verwaltungstätigkeiten auffällt und in erster Linie fürsorgerische Maßnahmen fordert oder ob er in einem Fertigungsbetrieb erfolgt, in dem die Mitarbeiter – hochkonzentriert – Arbeitsmaschinen bedienen müssen, bei denen eine Unaufmerksamkeit schnell zu Betriebsunfällen führen kann.

Es muss Ihnen aber klar sein! Nach Betriebsunfällen ist die Aufmerksamkeit verbessert und die Sensibilität erhöht, aber bedauerlicherweise nur kurzzeitig. Denn schon nach wenigen Monaten sind im Regelfall der Vorfall und die Ursachen vergessen.

Soweit **illegale Drogen** im Arbeitsbereich ein Thema sind, können Sie konsequent jeden Umgang mit den Stoffen vor, während und nach der Arbeit ablehnen, und zwar in jedem Arbeitsbereich. Klare Feststellungen von Drogenkonsum sollten zu fristloser Entlassung führen. Die Arbeitsgerichte haben in den zurückliegenden Jahren in einigen Fällen fristlose Entlassungen nach Drogenkonsum (auch wenn er in der **Freizeit** nachgewiesen worden ist) bestätigt (siehe Urteil des Bundesarbeitsgerichts vom 20.10.2016, Aktenzeichen 6 AZR 471/15 – Pressemitteilung Nr. 57/16 vom 20.10.2016).

Solche Entscheidungen sollten den Mitarbeitern in geeigneter Form bekanntgegeben werden. Ein Hinweis auf die Strafbarkeit hält sicherlich nicht grundsätzlich vom Konsum solcher Stoffe ab, ist aber ein Warnhinweis mit präventiver Wirkung, der Ihre Glaubwürdigkeit und Kompetenz als Verantwortlicher für die Einleitung eventueller arbeitsrechtlicher Schritte unterstreicht. So kann eine regelmäßige Belehrung absolut nützlich sein; jeder Mitarbeiter weiß, wie er sich zu verhalten hat und welche Konsequenzen Fehlverhalten auslöst.

Sie sind zwar grundsätzlich nicht zur Erstattung einer Strafanzeige verpflichtet, können sich allerdings überlegen, ob es nicht doch eine Möglichkeit wäre, ein Exempel zu statuieren und bei einem ersten Fall des Umgangs mit illegalen Drogen Strafanzeige zu erstatten.

Sie erreichen damit sicherlich einen präventiven Effekt, sollten sich allerdings auch bewußt sein, welche Auswirkungen eine Strafanzeige auf die Belegschaft haben kann. Ihre Mitarbeiter dürften genau beobachten, welch konsequentes Verhalten und welche Zivilcourage Sie zeigen. Es kann andererseits geschehen, dass aus einem gewissen Korpsgeist heraus Entscheidungen von Vorgesetzten abgelehnt werden. Das sollte vermieden werden, denn Akzeptanz ist ein wichtiges Kriterium, um erfolgreich zu führen.

Möglicherweise ist auch die Ankündigung zur Einführung von Detektionssystemen hilfreich und hält manchen Mitarbeiter vom Gebrauch illegaler Drogen ab (sofern er nicht schon abhängig ist).

Die **Nutzung ärztlich verordneter Medikamente** und die damit verbundenen rechtlichen Verhaltensregeln stellen Sie vermutlich vor kein unlösbares Problem, wenn Sie Ihre Mitarbeiter über die Folgen bei der Teilnahme am Straßenverkehr, die rechtlichen Vorgaben des Arbeitsschutzgesetzes und der Unfallverhütungsvorschriften bei Nutzung von Medikamenten und die Verpflichtungen der Führungskräfte und der (untergeordneten) Mitarbeiter informieren.

Als effektiv haben sich hier Seminare erwiesen, bei denen Führungskräfte der unterschiedlichsten Hierarchieebenen auch in Workshops gefordert sind und dadurch die mögliche Tragweite erkennen, wenn sie Substanzmissbrauch im Hinblick auf die Fürsorge und die Arbeitssicherheit vernachlässigen.

Werden von Ihnen, als Vorgesetztem, Vorkehrungen für Mitarbeiter, die zeitweise auf die Einnahme von Medikamenten angewiesen sind, getroffen, so haben Sie, beispielhaft für andere Arbeitsbereiche, schon viel getan, um sich und Ihren Mitarbeitern Ärger zu ersparen. Hier erscheinen mir Transparenz erarbeiteter Strategien für derartige Fälle und regelmäßige Belehrungen mit persönlicher Unterschrift jedes einzelnen Mitarbeiters, auch aus haftungsrechtlicher Sicht, sinnvoll.

Bei **missbräuchlicher Nutzung** von Medikamenten werden Sie jedoch mehr gefordert sein und sollten – am besten schon im Vorfeld echter Missbrauchsfälle, die den Betrieb belasten könnten – Strategien in der Schublade haben, die Sie im Bedarfsfall – gut durchdacht und rechtlich nicht angreifbar – anwenden könnten.

Diese Strategien sollten in erster Linie aufklärende Wirkung haben und dennoch auch repressive Folgen von Fehlverhalten beinhalten.

Immer wieder habe ich im Rahmen meiner beruflichen Tätigkeit erlebt, dass Menschen, zum Beispiel nach einem Unfall unter Einfluss von Drogen oder Medikamenten, völlig überrascht waren, dass sie nun strafrechtlich zur Verantwortung gezogen werden. Auch die Auswirkung auf den Arbeitsbereich hatten sie oft nicht bedacht und waren überrascht, als sie erfuhren, dass sie kein Auto mehr lenken dürfen.

Auch Menschen, die einige Gramm illegaler Drogen besaßen, gaben immer wieder vor, dass sie überzeugt waren, damit nicht gegen rechtliche Bestimmungen zu verstoßen, da sie doch erst vor kurzem gelesen haben, dass der Besitz von wenigen Gramm Haschisch doch zum *Eigenverbrauch erlaubt* (?) sei. Eine folgenschwere Fehleinschätzung.

Beim missbräuchlichen Umgang mit hochwirksamen oder betäubungsmittelhaltigen Medikamenten dürfte derzeit noch nicht die nötige Sensibilität der Konsumenten vorhanden sein, dass sie bei der Nutzung der Substanzen zur Steigerung der eigenen Leistungsfähigkeit, ohne therapeutische Notwendigkeit, nicht nur ihre Gesundheit gefährden, sondern eben auch strafrechtlich belangt werden können, und dies in vielen Fällen schwerwiegende, zivilrechtliche Konsequenzen nach sich zieht.

Diese Tatsache sollten Sie bei der Planung von Präventiv-Maßnahmen bedenken.

Es ist schlimm, wie wenig Gedanken sich manche Menschen über die möglichen Folgen von Medikamenteneinnahme, Drogenmissbrauch oder auch missbräuchlicher Verwendung spezieller Medikamente machen. Teilweise gilt diese Aussage sogar für einzelne Ärzte.

Fakt ist, dass sie oft, trotz vieler Informationsmöglichkeiten, falsch oder unzureichend informiert sind.

Deshalb möchte ich an dieser Stelle die wichtigsten rechtlichen Normen vorstellen.

5. Illegale Drogen

Der Umgang mit Drogen ist im Betäubungsmittelgesetz geregelt. Welche Stoffe von diesem Gesetz erfasst sind, lässt sich in drei Anlagen zum BtMG nachlesen.

In unterschiedlichen Zeitabständen werden neue Stoffe mit in die Anlagen aufgenommen. Die Schwierigkeit für Sie als Laie auf diesem Gebiet wird sein, dass Sie in den Anlagen häufig nur die chemischen Bezeichnungen der unterstellten Stoffe finden werden. Ein Beispiel: RITALIN® ist dem BtMG unterstellt, jedoch werden Sie den Begriff RITALIN® nicht in den Anlagen finden, stattdessen einen Inhaltsstoff von RITALIN®, nämlich METHYLPHENIDAT.

Bei Fertigarzneimitteln, in denen Betäubungsmittel dieser Listen verarbeitet sind, hat das BtMG auch in verschiedenen Bereichen Gültigkeit. Wenn ein Patient ordnungsgemäß verordnete und in der Apotheke abgeholte Medikamente, die für seinen eigenen Heilungsprozess bestimmt sind, an andere Personen abgibt oder verkauft, verstößt er gegen das BtMG (Verdacht des illegalen Handels mit Betäubungsmitteln gemäß § 29 BtMG). Verwendet er sie für sich und hält die Einnahmevorgaben des Arztes ein, braucht er nichts zu befürchten, außer er nimmt am Straßenverkehr teil und die Medikamente beeinflussen die Verkehrstüchtigkeit oder sie werden als Ursache für einen Verkehrsunfall angesehen und gelten als sogenannte *andere berauschende Stoffe* im Sinne des Strafgesetzbuches.

Wie Sie aus dem nachfolgend abgedruckten Gesetzestext ersehen können, sind Besitz, Erwerb, Handel und viele andere Formen des Umgangs mit Drogen erfasst und werden mit Geldstrafe oder mit Freiheitsstrafe bis zu

5 Jahren geahndet, wenn nicht eine Erlaubnis im Sinne des Gesetzes vorliegt.

Unter bestimmten Voraussetzungen kann das Strafmaß sogar bis zu 15 Jahren Freiheitsstrafe betragen.

Aus dem nachfolgend abgedruckten Gesetzestext des § 29 BtMG lassen sich auch für rechtliche Laien die Handlungsmuster ablesen, die unter Strafe gestellt sind.

§ 29 BtMG – Straftaten

(1) Mit Freiheitsstrafe bis zu fünf Jahren oder mit Geldstrafe wird bestraft, wer

1. Betäubungsmittel unerlaubt anbaut, herstellt, mit ihnen Handel treibt, sie, ohne Handel zu treiben, einführt, ausführt, veräußert, abgibt, sonst in den Verkehr bringt, erwirbt oder sich in sonstiger Weise verschafft,

2. eine ausgenommene Zubereitung (§ 2 Abs. 1 Nr. 3) ohne Erlaubnis nach § 3 Abs. 1 Nr. 2 herstellt,

3. Betäubungsmittel besitzt, ohne zugleich im Besitz einer schriftlichen Erlaubnis für den Erwerb zu sein,

4. *(weggefallen)*

5. entgegen § 11 Abs. 1 Satz 2 Betäubungsmittel durchführt,

6. entgegen § 13 Abs. 1 Betäubungsmittel
   a) verschreibt,
   b) verabreicht oder zum unmittelbaren Verbrauch überlässt,

6a. entgegen § 13 Absatz 1a Satz 1 und 2 ein dort genanntes Betäubungsmittel überlässt,

7. entgegen § 13 Absatz 2
   a) Betäubungsmittel in einer Apotheke oder tierärztlichen Hausapotheke,
   b) Diamorphin als pharmazeutischer Unternehmer abgibt,

8. entgegen § 14 Abs. 5 für Betäubungsmittel wirbt,

9. unrichtige oder unvollständige Angaben macht, um für sich oder einen anderen oder für ein Tier die Verschreibung eines Betäubungsmittels zu erlangen,

10. einem anderen eine Gelegenheit zum unbefugten Erwerb oder zur unbefugten Abgabe von Betäubungsmitteln verschafft oder gewährt, eine solche Gelegenheit öffentlich oder eigennützig mitteilt oder einen anderen zum unbefugten Verbrauch von Betäubungsmitteln verleitet,

11. ohne Erlaubnis nach § 10a einem anderen eine Gelegenheit zum unbefugten Verbrauch von Betäubungsmitteln verschafft oder gewährt, oder wer eine außerhalb einer Einrichtung nach § 10a bestehende Gelegenheit zu einem solchen Verbrauch eigennützig oder öffentlich mitteilt,

12. öffentlich, in einer Versammlung oder durch Verbreiten von Schriften (§ 11 Abs. 3 des Strafgesetzbuches) dazu auffordert, Betäubungsmittel zu verbrauchen, die nicht zulässigerweise verschrieben worden sind,

13. Geldmittel oder andere Vermögensgegenstände einem anderen für eine rechtswidrige Tat nach Nummern 1, 5, 6, 7, 10, 11 oder 12 bereitstellt,

14. einer Rechtsverordnung nach § 11 Abs. 2 Satz 2 Nr. 1 oder § 13 Abs. 3 Satz 2 Nr. 1, 2a oder 5 zuwiderhandelt, soweit sie für einen bestimmten Tatbestand auf diese Strafvorschrift verweist.

Die Abgabe von sterilen Einmalspritzen an Betäubungsmittelabhängige und die öffentliche Information darüber sind kein Verschaffen und kein öffentliches Mitteilen einer Gelegenheit zum Verbrauch nach Satz 1 Nr. 11.

(2) In den Fällen des Absatzes 1 Satz 1 Nr. 1, 2, 5 oder 6 Buchstabe b ist der Versuch strafbar.

(3) In besonders schweren Fällen ist die Strafe Freiheitsstrafe nicht unter einem Jahr. Ein besonders schwerer Fall liegt in der Regel vor, wenn der Täter

1. in den Fällen des Absatzes 1 Satz 1 Nr. 1, 5, 6, 10, 11 oder 13 gewerbsmäßig handelt,

2. durch eine der in Absatz 1 Satz 1 Nr. 1, 6 oder 7 bezeichneten Handlungen die Gesundheit mehrerer Menschen gefährdet.

(4) Handelt der Täter in den Fällen des Absatzes 1 Satz 1 Nr. 1, 2, 5, 6 Buchstabe b, Nr. 10 oder 11 fahrlässig, so ist die Strafe Freiheitsstrafe bis zu einem Jahr oder Geldstrafe.

(5) Das Gericht kann von einer Bestrafung nach den Absätzen 1, 2 und 4 absehen, wenn der Täter die Betäubungsmittel lediglich zum Eigenverbrauch in geringer Menge anbaut, herstellt, einführt, ausführt, durchführt, erwirbt, sich in sonstiger Weise verschafft oder besitzt.

(6) Die Vorschriften des Absatzes 1 Satz 1 Nr. 1 sind, soweit sie das Handeltreiben, Abgeben oder Veräußern betreffen, auch anzuwenden, wenn sich die Handlung auf Stoffe oder Zubereitungen bezieht, die nicht Betäubungsmittel sind, aber als solche ausgegeben werden.

Beim Umgang mit Drogen/Betäubungsmitteln, die in den Anlagen I bis III zum Betäubungsmittelgesetz aufgeführt sind (siehe auch § 1 Abs. 1 BtMG) ist zu beachten, dass ausweislich der Bestimmungen der §§ 29a, 30, 30a BtMG höhere Strafen vorgesehen sind, da die Tatbestände als Verbrechen eingestuft sind, das Fehlverhalten also mit Freiheitsstrafe von mindestens einem Jahr geahndet wird.

So ist die Abgabe von Drogen durch einen über 21-Jährigen an einen unter 18-Jährigen ein Verbrechen, das mit Freiheitsstrafe von mindestens einem Jahr geahndet wird.

Das Gleiche gilt für den Besitz von Stoffen, deren Wirkstoffgehalt bestimmte Grenzen übersteigt und die dadurch unter den rechtlichen Erschwernistatbestand der „nicht geringen Menge" fallen. Auch dann würde ein Verstoß den Tatverdacht eines Verbrechens begründen.

Und diese „nicht geringe Menge" ist schnell erreicht, nämlich bei mehr als 7,5 g THC Gehalt in Haschisch oder 1,5 g Cocain-Hydrochlorid. Crystal mit ca. 5 g Methamphetamin-Base oder Amphetamin mit einem nachgewiesenen Wirkstoffgehalt von mehr als 10 g Amphetamin-Base gelten bei den Gerichten als „nicht geringe Menge".

Letztlich möchte ich noch auf steroide Anabolika eingehen, bei denen aufgrund bestimmter Inhaltsstoffe, die dem BtMG unterstellt sind, die „nicht geringe Menge" schon beim Besitz einer Ampulle erfüllt sein kann.

Zusammenfassung

Bei illegalen Drogen gibt es rechtlich wenig Spielraum und der Umgang mit diesen Substanzen ist in den meisten Fällen strafbedroht, sofern nicht eine entsprechende Erlaubnis der zuständigen Erlaubnisbehörde (Bundesopiumstelle) vorliegt oder die handelnde Person unter die Ausnahmeregelungen des BtMG fällt, wie dies bei Ärzten der Fall ist oder beim ordnungsgemäßen Bezug und Besitz ärztlich verordneter Medikamente, die in der Apotheke erworben wurden.

Sowohl die bekannten illegalen Drogen wie Haschisch, Amphetamin, Kokain oder Heroin sind dem BtMG unterstellt, aber auch Fertigarzneimittel wie RITALIN®, MEDIKINET®, FENTANYL®, OXYCODON® und viele andere, die Inhaltsstoffe enthalten, die in den Anlagen zum BtMG aufgelistet sind.

6.   Medikamente

Zum Teil konkurriert das Betäubungsmittelgesetz auch mit dem Arzneimittelgesetz. Es müssen beide Gesetze beachtet werden, wenn es um den Umgang von Fertigarzneimitteln geht, die Inhaltsstoffe enthalten, die dem BtMG unterstellt sind.

Dies ist bei Medikamenten, wie RITALIN®, FENTANYL® oder OXYCODON®, LYRICA® und vielen anderen der Fall, weil in diesen Präparaten Stoffe verarbeitet sind, die dem BtMG unterstellt sind. Zusätzlich sind die Vorgaben der Betäubungsmittel-Verschreibungsverordnung zu beachten.

Das gilt auch bei verschiedenen Sport-Dopingmitteln, wie steroiden Anabolika, Hormonen oder Amphetaminen. Hier sind aber zudem noch die Doping-Vorschriften zu beachten. Zunächst im Arzneimittel-Gesetz (§ 6a AMG – gestrichen durch Art. 1 des Gesetzes v. 18.7.2017, BGBl. I, S. 2757) geregelt, wurden der *unerlaubte Umgang mit Dopingmitteln (§ 2 Anti-Doping-Gesetz)* und das *Selbstdoping (§ 3 Anti-Doping-Gesetz)* in einem eigenen Gesetz geregelt, das eigene Strafvorschriften enthält (§ 4 Anti-Doping-Gesetz). Siehe Anhang, S. 293, Auszug aus dem Anti-Doping-Gesetz vom 10. Dezember 2015 (BGBl. I, S. 2210), das zuletzt durch Art. 6 Abs. 5 des Gesetzes vom 13. April 2017 (BGBl. I, S. 872) geändert worden ist.

Der Umgang mit nicht betäubungsmittelhaltigen Medikamenten ist im Arzneimittelgesetz geregelt.

Ärztliche Verordnung

Die Möglichkeit, betäubungsmittelhaltige Arzneien zu verordnen, ergibt sich für einen Arzt aus § 13 BtMG. Die Bestimmung fordert die Einhaltung bestimmter Verhaltensmaßregeln und stellt die Nichtbeachtung unter Strafe.

Dabei ist der Arzt gehalten, soweit wie möglich auf die Verordnung von Betäubungsmitteln zu verzichten und möglichst andere (therapeutische) Wege zu beschreiten, um seinen Patienten zu helfen. (Quelle: *Körner/Patzak/Volkmer*, Kommentar zum BtMG, C. H. Beck, 8. Auflage, 2016, § 13, Rand-Nr. 18 ff.)

Betäubungsmittelhaltige Arzneien darf ein Arzt verschreiben, wenn die Verordnung nach den Regeln der ärztlichen Kunst *begründet* ist und/oder andere, betäubungsmittelfreie Behandlungs-Methoden erfolglos waren. Man spricht hier von der Pflicht, die sogenannte „**Ultima-Ratio-Regel**" einzuhalten.

Außerdem dürfen Ärzte ihren Patienten durch die Verordnung von betäubungsmittelhaltigen Medikamenten nicht schaden (**Primum-nihil-nocere-Regel**), was aus meiner Sicht voraussetzt, dass der behandelnde Arzt seinen Patienten gründlich untersucht hat und ihn über die Wirkung, Nebenwirkung und sonstige Verhaltensregeln aufklärt, die er beachten muss, wenn er die verordneten Medikamente einnehmen soll (siehe Aufklärungspflicht für Ärzte §§ 630a ff. BGB).

Aus meiner Sicht muss der Arzt nach der Verordnung auch über die eventuelle Auswirkung des Medikaments auf die Arbeitssicherheit informieren. Die Aufklärungspflicht des Arztes ist im Bürgerlichen Gesetzbuch (BGB) geregelt und wurde durch zahlreiche gerichtliche Entscheidungen bestätigt.

Bei der Verordnung betäubungsmittelhaltiger Präparate ist eine Risiko-/Nutzen-Abwägung des Arztes wichtig. Eine schwer krebskranke Person, deren Lebenserwartung auf nur noch wenige Monate geschätzt wird, kann sicherlich starke betäubungsmittelhaltige Medikamente bekommen, ohne dass ein Arzt gegen § 13 BtMG verstößt.

Verordnet der Arzt aber einem ehemaligen Drogenabhängigen zur Linderung seiner Entzugsschmerzen FENTANYL®-Pflaster, so ist schon fraglich, ob hier die gesetzlichen Vorgaben erfüllt sind.

Ähnlich ist die Situation bei verhaltensauffälligen Jugendlichen, bei denen klar erkennbar ist, dass Erziehungsdefizite, Ernährung oder andere Ursachen für die Verhaltensstörungen vorliegen und der Arzt ohne die vorgesehenen Untersuchungen betäubungsmittelhaltige Medikamente wie RITALIN® verordnet.

Natürlich gelten die Vorgaben des BtMG – deshalb weise ich noch einmal darauf hin – nur bei der Verordnung betäubungsmittelhaltiger Präparate.

Verstöße gegen § 13 BtMG unterliegen in jedem Fall dem Strafverfolgungszwang der Strafprozessordnung und müssen durch die strafverfolgenden Behörden angezeigt werden.

Nur der zuständige Staatsanwalt kann dann entscheiden, ob das Ermittlungsverfahren eingestellt wird oder weiterverfolgt werden muss. Der Polizei steht dieses Recht nicht zu.

Beispiel:

So führte die Abgabe von drei FENTANYL®-Pflastern durch einen Arzt an einen ehemals drogenabhängigen Patienten zu einer Freiheitsstrafe von 1 Jahr und 9 Monaten auf Bewährung. Außerdem wurde geprüft, ob dem Arzt nicht die Approbation entzogen werden muss. (OLG Nürnberg, Urteil v. 29.04.2013 – 1 St OLG Ss 259/12 „Nicht geringe Menge" bei Fentanyl)

Ein Patient, der die verordneten betäubungsmittelhaltigen Substanzen ordnungsgemäß in der Apotheke gegen Vorlage eines Betäubungsmittelrezeptes erhält, besitzt die Mittel legal, sofern er sich an die Anweisungen des Arztes und des Beipackzettels hält.

Im Beispiel hatte der Patient die Pflaster unrechtmäßig im Besitz, da der Arzt sie entgegen der Bestimmungen des § 13 BtMG abgegeben hatte. Sowohl gegen den Arzt als auch gegen dessen ehemaligen drogenabhängigen Patienten wurde polizeilich ermittelt.

Gibt ein Patient ordnungsgemäß verordnete Medikamente an einen Freund ab, verstößt er wieder gegen Bestimmungen des BtMG, auch wenn er dies unentgeltlich getan hat. Der Patient hatte keine Erlaubnis zum Handel mit Betäubungsmitteln; der Freund keine zum Erwerb.

Sie sehen schon bei diesem sehr kurzen rechtlichen Exkurs in die Besonderheiten der Betäubungsmittel- oder Arzneimittelgesetze, wie eng gefasst der Umgang mit Drogen und Medikamenten geregelt ist.

Doch ein weiterer Punkt, der speziell im Arbeitsbereich interessant werden kann, ist anzusprechen:

Das BtMG enthält auch einen Straftatbestand, der die Schaffung einer Möglichkeit zum Erwerb oder Gebrauch von Drogen unter Strafe stellt. Auch Geldmittel, die zur Verfügung gestellt werden, um Drogen zu erwerben, fallen unter diese Strafbestimmung (siehe § 29 Abs. 1 Nr. 10 und Nr. 13 BtMG).

Ich gehe an dieser Stelle nicht davon aus, dass in einem Betrieb, in dem bekannt wird, dass ein Mitarbeiter regelmäßig illegale Drogen konsumiert, die Chance geboten wird, dies in einem bestimmten, dafür vorgesehenen Raum zu tun, weil man den Konsum im direkten Arbeitsbereich nicht dulden will.

Aber einfach als Gedankenspiel möchte ich schon darauf hinweisen, dass auch das wissentliche Tolerieren bestimmter Handlungsformen in Zusammenhang mit Drogen für Vorgesetzte rechtlich problematisch werden kann.

Nicht umsonst sind vor der Eröffnung staatlicher oder städtischer „Drogenkonsum-Räume", wie sie in einigen Bundesländern existieren, viele rechtliche Hürden zu nehmen. Gelegenheiten zu schaffen, die es Drogenkonsumenten ermöglichen, Drogen zu konsumieren, kann strafrechtliche Konsequenzen nach sich ziehen. Hier mussten im BtMG neue Regelungen eingeführt werden.

Beispiele:

Ein Schichtführer, der weiß, dass einige seiner Arbeiter regelmäßig den Arbeitsplatz verlassen, um vor der Werkhalle Amphetamin zu konsumieren, um die Nachtschicht aufgeputscht zu überstehen, und nichts dagegen unternimmt, kann durchaus Ziel polizeilicher Ermittlungen werden.

Es ist auch dann über die Verletzung von Rechtsvorschriften nachzudenken, wenn ein Vorgesetzter weiß, dass sein Mitarbeiter einen Gehaltsvorschuss will, um mit dem Geld Drogen zu erwerben. Hier kann eine falsch interpretierte Hilfsbereitschaft, dem „armen Kerl" gegenüber, auch zu eigenen rechtlichen Problemen führen.

Die beiden Beispiele beschreiben sicherlich keine alltäglichen Situationen im Arbeitsleben, stammen aber aus meiner schriftstellerischen Recherchearbeit und zeigen eindrucksvoll, welche Handlungsweisen in Zusammenhang mit dem Umgang mit Drogen und betäubungsmittelhaltigen Medikamenten möglich sind und wie restriktiv der Umgang mit solchen Substanzen rechtlich geregelt ist. Leider gibt es auch in diesem Bereich *nichts, was es nicht gibt.*

Nicht umsonst ermöglicht das Betäubungsmittelgesetz bei schwerwiegenden Verstößen Freiheitsstrafen bis zu 15 Jahren. Schon an dieser Strafzumessung erkennt man den kriminologischen Stellenwert von Straftaten dieser Bestimmung und die Konsequenz, mit der gegen entsprechende Verstöße vorgegangen werden soll. Natürlich hat der Richter in solchen Fällen das letzte Wort und es ist kein Geheimnis, dass die Sanktionen für Verstöße gegen das BtMG in den verschiedenen Bundesländern sehr unterschiedlich ausfallen können. Doch das ändert nichts an der grundsätzlichen Strafbarkeit.

Bei anderen Delikten wie Diebstahl, Raub, Erpressung werden wesentlich geringere Freiheitsstrafen ausgesprochen als bei Delikten nach dem BtMG.

Bisher haben wir in diesem Kapitel nur den Umgang mit illegalen Drogen und betäubungsmittelhaltigen Arzneien nach dem BtMG abgehandelt.

Leider sind damit nicht alle rechtlichen Fußangeln behandelt, die durch die Einnahme von Drogen und Medikamenten zu beachten sind. Ein wichtiger rechtlicher Bereich ist die Teilnahme am Straßenverkehr unter Drogeneinfluss oder dem Einfluss anderer berauschender Stoffe. Auf diese Thematik komme ich in Kapitel 4 (s. S. 227 ff.) zu sprechen.

Weitere rechtliche Fußangeln finden sich in den Bereichen der Arbeitssicherheit, der Unfallvorsorge und des Versicherungsschutzes.

Doch bevor ich konkret auf diese Regeln eingehen werde, ist die Frage zu beantworten, wie eine Berufsgenossenschaft oder die Strafverfolgungsbehörden darauf kommen sollten, dass gerade in Ihrem Betrieb mit Drogen gehandelt wird oder dass die Ursache eines Betriebsunfalles im Drogen- oder Medikamentenmissbrauch liegen könnte? Da gibt es viele Möglichkeiten und die Fragestellung ist nicht naiv oder realitätsfremd. Immer wieder treffe ich Menschen, die meine Ausführungen recht interessant finden, dann aber eben die eher rhetorische Frage stellen, wer dann Fehlverhalten mit Drogen und Medikamenten überhaupt feststellen soll.

Denken Sie nur an Betriebsunfälle, die von der Kriminalpolizei bearbeitet werden müssen und in Absprache mit dem zuständigen Staatsanwalt gutachterliche Untersuchungen fordern. Denken Sie an die daran anschließenden Abklärungen durch die Vertreter der Berufsgenossenschaften.

Oder denken Sie an Verkehrsunfälle unter dem Einfluss von Drogen oder Medikamenten oder auch an polizeiliche Ermittlungen wegen Drogenhandels oder Handels mit Dopingpräparaten, bei denen herauskommt, dass einer Ihrer Mitarbeiter in den Fall verstrickt ist und sogar der Verdacht besteht, dass er auch am Arbeitsplatz entsprechende Substanzen versteckt, konsumiert oder verkauft hat.

Weitere Möglichkeiten sind polizeiliche Ermittlungen gegen einen Beschuldigten, der eines Vergehens nach dem BtMG verdächtig ist und seine Lage dadurch verbessern möchte, indem er die Möglichkeiten des § 31 BtMG – eine Art Kronzeugenregelung – nutzt und über alle Personen und deren Taten aussagt, mit denen er im Zusammenhang mit dem Besitz, Erwerb oder Handel von Drogen zu tun hatte.

Der bereits angedeutete Strafverfolgungszwang in Deutschland (§ 163 Strafprozessordnung) fordert polizeiliche Ermittlungen gegen diese Personen. Aus Erfahrung führt dies oft auch dazu, dass mögliche Drogenverstecke in Betrieben oder Handelsaktivitäten im Arbeitsbereich der Verdächtigen bekannt werden und Durchsuchungsbeschlüsse dann auch für die Arbeitsstelle der Beschuldigten erlassen werden.

7. Sport- und Neurodoping

Ein weiterer Bereich, aus dem Hinweise auf Drogenaktivitäten im Betrieb zu den Ermittlungsbehörden gelangen können, ist der Sportbereich.

Betäubungsmittelhaltige Mittel sind in vielen Sportbereichen – und nicht nur im Profibereich – in Umlauf. Gerade im Amateur-Kraftsport versuchen viele Akteure, den Muskelzuwachs durch Mittel zu beschleunigen, die dem BtMG unterliegen. Amphetamine zur Fettreduzierung, steroide Anabolika für den beschleunigten Muskelzuwachs, Medikamente zur Konzentrations- und Leistungssteigerung. VIAGRA® gegen die schwindende Libido.

Die Mittel werden häufig im Internet bestellt und es vergeht keine Woche, in der nicht irgendwo in Deutschland ein illegaler Verkäufer von Dopingmitteln, Medikamenten und Drogen auffliegt.

Nach Auswertung der entsprechenden Speichermedien durch die Strafverfolgungsbehörden kommt es dann zur Einleitung von Strafverfahren gegen die Besteller.

Oft genug ergibt sich deshalb bei solchen Ermittlungen wegen eines Verstoßes gegen das BtMG auch der Verdacht einer Straftat nach dem Anti-Doping-Gesetz (v. 10.12.2015, BGBl. I S. 2210, s. auch abgedruckten Gesetzestext – Auszug – S. 293). Es ist ein Erfahrungswert, dass sich ein derartiges Ermittlungsverfahren nach den ersten Vernehmungen stark ausweiten kann.

Wenn Sie sich jetzt kurz zurücklehnen und über die aufgeführten Beispiele nachdenken, fallen Ihnen vielleicht sogar Personen ein, die hier Gefahr laufen, durch die Nutzung von Dopingmitteln gegen Strafbestimmungen zu verstoßen. Doch Vorsicht vor vorschnellen Unterstellungen!

Ich habe diese Beispiele ganz bewusst beschrieben, um Ihnen einen Überblick über die vielen rechtlichen Fußangeln von Drogen- und Medikamentenmissbrauch (hier betäubungsmittelhaltiger) und deren Folgen zu geben, nicht, um bei Ihnen den Eindruck zu verstärken, dass „alle Ihre Mitarbeiter" potentielle Doping- oder Drogensünder sind, nur weil sie sportbegeistert sind, viel trainieren und einen beachtlichen Body vorweisen. Sich sportlich zu betätigen und dabei auch auf einen gut trainierten Körperbau zu achten, ist ja grundsätzlich eine gute Sache. Deshalb wiederhole ich – Vorsicht vor voreiligen Schlüssen! Auch hier, im Bereich des Sportdopings, ist Ihr Fingerspitzengefühl gefragt!

Doch Mitarbeiter, die Marathon laufen und schon vor dem Wettkampf große Mengen von Schmerzmitteln (auch rezeptfreie) einnehmen, könnten ein Problem für die Arbeitssicherheit werden.

Noch ein Wort zur ärztlichen Verordnung von Medikamenten

Abgesehen von höchstrichterlichen Entscheidungen zur Aufklärungspflicht von Ärzten ihren Patienten gegenüber, sind in den §§ 630a ff. BGB (Bürgerliches Gesetzbuch) die rechtlichen Verpflichtungen für Ärzte und Patienten festgelegt. Eine komplette Aufklärung gehört dazu.

Nach § 13 BtMG – ich habe Ihnen diese Vorschrift bereits vorgestellt – ist ein Arzt an klar vorgegebene Regeln gebunden, ehe er betäubungsmittelhaltige Präparate verordnet.

Dieses Wissen kann Ihnen dann nützlich sein, wenn Sie mit einem uneinsichtigen Mitarbeiter ein *Fürsorgegespräch* führen müssen und er Ihnen erzählt, sein Arzt hätte ihn nicht auf die Gefahren und Nebenwirkungen hingewiesen. Es ist natürlich möglich, dass ein Arzt seine Aufklärungspflicht nicht so ernst nimmt, aber aufgrund einer geänderten Rechtslage (*Beweislastumkehr*) ist es eher unwahrscheinlich, weil sich praktizierende Ärzte durch genaue Aufzeichnungen absichern, um im Falle einer Überprüfung die Einhaltung der Gesetze und die Vorgaben ihrer *Fachgesellschaften* belegen zu können.

Bringen Sie in ein *Fürsorgegespräch*, das wegen Verdachts des Medikamentenmissbrauchs geführt wird, Ihr Wissen über die rechtlichen Vorgaben der Verordnung betäubungsmittelhaltiger Medikamente ein, werden Sie in vielen Fällen erleben können, dass Ihr Gesprächspartner schnell erkennt, dass er Ihnen nichts vormachen kann.

Arbeitsrechtliche Aspekte

Neben den strafrechtlichen Aspekten ist für Sie im Arbeitsbereich wichtig, auf die gesetzlichen Bestimmungen zu achten, die zur Gewährleistung der Arbeitssicherheit erlassen worden sind.

Die Paragraphen des Arbeitsschutzgesetzes, die ich im Rahmen des Buchthemas für wichtig erachte, sind im *Anhang* auf Seite 287 abgedruckt. Dort können Sie nachlesen, welche einzelnen Bereiche bezüglich der Arbeitssicherheit geregelt sind. Besonders beschäftigen sollten Sie sich mit den

– Grundpflichten des Arbeitgebers § 3 ArbSchG
– Pflichten der Beschäftigten § 15 ArbSchG
– Besonderen Unterstützungspflichten § 16 ArbSchG
– Gefährdungsanalysen § 5 ArbSchG.

Die allgemein gültigen Rechtsnormen aus dem **Arbeitsschutzgesetz (ArbSchG)** oder den **Unfallverhütungsvorschriften** sollten Sie in jedem Fall kennen und im Hinblick auf Drogen und Medikamente im Arbeitsbereich sehr eng auslegen. Dort sind nämlich Maßregeln für Arbeitnehmer und Arbeitgeber fixiert. Einige der Vorschriften enthalten sogar Sanktionen, die auch Substanzmissbrauch berühren.

Wahrscheinlich kennen Sie diese Normen, aber ich schlage vor, sie noch einmal in Bezug auf Drogen und Medikamente im Betrieb zu überdenken und die Inhalte auch im Betrieb bekannt zu machen. Oft genug wird in den Unternehmen nämlich das Thema ALKOHOL intensiv beachtet; Drogen und Medikamente spielen aber oft gar keine Rolle, wenn es um Aufklärung und Kontrolle geht.

Arbeitnehmer, die auf Medikamente angewiesen sind, öffnen sich unter Umständen dann leichter, wenn sie wissen, dass sie verpflichtet sind, am Erhalt der Arbeitssicherheit mitzuwirken und wissen, wo sie arbeiten werden, wenn sie aufgrund der Medikamentenwirkung – zeitweise – nicht in ihrem gewohnten Arbeitsbereich eingesetzt werden können.

Als Führungskraft werden Sie feststellen, dass sowohl Sie selbst als auch Ihre Mitarbeiter Aufklärungspflichten haben, die auch in Bezug auf unser hier behandeltes Thema Gültigkeit haben. Sich hinter vermeintlichen Persönlichkeitsrechten zu verstecken, die in dieser Form nicht existieren, könnte in Konkurrenz mit den Arbeitsschutzbestimmungen zu Schwierigkeiten führen.

Sollten Sie aufgrund Ihres Arbeitsablaufes kaum Möglichkeiten sehen, sich selbst in die gesetzliche Thematik einzulesen, sollten Sie diese Aufgabe delegieren und von einem Projektleiter (z. B. dem Haus-Juristen) einen konkreten Bericht fordern, aus dem auch ersichtlich ist, *wo*, *wie* und *wann* geeignete Nachbesserungen in Bezug auf präventive oder repressive Maßnahmen bei Medikamenten- oder Drogenmissbrauch sowie bei der Einnahme hochwirksamer Medikamente auf ärztliche Verordnung umgesetzt werden können.

Die Überarbeitung von Gefährdungsanalysen nach § 5 ArbSchG gehören ebenfalls in diese Kategorie.

Wichtig ist dabei, dass Sie genau klären (lassen), welche Berufsgenossenschaft (BG) oder Behörde speziell für Ihren Arbeitsbereich zuständig ist und welche besonderen Verordnungen oder Anweisungen dafür existieren. Sie können sich auch von Fachleuten der BG beraten lassen.

Bleiben Sie dran, wenn Sie Defizite feststellen und beseitigen Sie diese umgehend. Konsequenz bei der Umsetzung der Konzepte und Transparenz bei eingeleiteten Maßnahmen halten eine Diskussion innerhalb der Belegschaft im Gang und wirken deshalb schon präventiv.

Fazit

Grundsätzlich kann Ihnen die Arbeitsmethode der Kriminologie mit der Abklärung der Erscheinungsformen, der Analyse von Ursachen von Substanzmissbrauch im Arbeitsbereich und die Nutzung der Erkenntnisse für präventive und repressive Maßnahmen sehr nützlich sein.

Hinsichtlich der Ursachenforschung sollten Sie sich vor der Klärung von möglichen Ursachen, die aus dem Arbeitsprozess entstehen könnten, wie Lärm, Gestank, Schichtarbeit usw., über die grundsätzlichen Fakten für die Entstehung von Sucht und Abhängigkeit, nach dem *Trias-Erklärungsmodell*, im Klaren sein. Speziell vor Gesprächen mit Mitarbeitern nach dem Stufenplan kann es sehr wichtig sein, sich mit der Person des verdächtigen Mitarbeiters und seiner Persönlichkeit – auch im Hinblick auf die thematisierten Substanzen – auseinanderzusetzen.

Die Beachtung kriminologischer Erkenntnisse kann sicherlich nicht eins zu eins auf Ihre Tätigkeit im Arbeitsumfeld angewandt werden, aber aufgrund der Tatsache, dass Fehlverhalten im Umgang mit Drogen und Medi-

kamenten strafrechtliche, arbeitsrechtliche und zivilrechtliche Folgen auslösen kann, ist es sicher kein Fehler, die Methode der Kriminologie zur Analyse der Situation im Betrieb anzuwenden.

Falsch interpretierte Medienberichte zum Besitz und Konsum von Drogen und Medikamenten führen häufig zu einer Fehleinschätzung über die Häufigkeit des Vorhandenseins berauschender Substanzen und die rechtlichen Folgen. Deshalb wird das Thema oft verharmlost.

Kapitel 3
Prävention und allgemeine Hilfsangebote

I. Gesprächstechniken

Kommunikation ist in allen Lebensbereichen wichtig. Unsere Sprache und die nonverbale Kommunikation entscheiden in vielen Alltagssituationen darüber, ob ein Vorhaben positiv oder negativ abgeschlossen werden kann. Und diese Weisheit gilt natürlich auch im Arbeitsleben, vor allem wenn es darum geht, unangenehme oder unklare Situationen zu klären.

Geht es um Drogen und Medikamente, also um Themen, die schon sehr persönlich oder gar intim sind, wird es noch wichtiger, im Rahmen von Gesprächen zwischen Vorgesetztem und Mitarbeiter, überlegt und geplant vorzugehen.

Bei unserem speziellen Thema sind nicht nur die Gespräche mit dem Mitarbeiter selbst wichtig, sondern es sind bereits in der Planungsphase viele Faktoren zu beachten. Vor allem, wenn es um den Verdacht eines Substanzmissbrauchs geht und Gespräche nach einem Stufenplan zu führen sind, sollte man genau bedenken, wie man diese Art von Gesprächen organisiert, dazu einlädt und eröffnet.

Deshalb werde ich versuchen, Ihnen in diesem Kapitel einige Anregungen für die Vorbereitung, den Gesprächsrahmen und die Gesprächsführung zu geben. Die Anregungen stammen aus meiner langjährigen Erfahrung als Vorgesetzter und den Gesprächserfahrungen mit den Mitarbeitern, aber auch aus vernehmungstaktischen und vernehmungspsychologischen Erkenntnissen, deren Nutzung in meinem Beruf alltäglich ist.

Nutzen Sie diese Erfahrungen und bringen sie diese im Bedarfsfall in sogenannte *Stufengespräche* ein, um auf Arbeitspflichtverletzungen zu reagieren, deren Ursachen möglicherweise in Substanzmissbrauch zu suchen sind.

Gehen wir davon aus, dass einer Ihrer Mitarbeiter ein Drogen- oder Medikamentenproblem in den Betrieb getragen hat oder getragen haben könnte. Neben den bereits vorgestellten Möglichkeiten, diesen Verdacht zu bestätigen oder zu entkräften, sollten Sie alle Möglichkeiten nutzen, mit dem betreffenden Mitarbeiter zu sprechen. Voraussetzung für ein *Fürsorgegespräch,* der ersten Stufe von Gesprächen nach einem Stufenplan, sind kleine Arbeitspflichtverletzungen, deren Auslöser persönliche, gesundheitliche Ursachen oder Substanzmissbrauch sein könnten. Sicherheit haben Sie noch keine, aber Ihre Beobachtungen erfordern in unserem Beispielsfall ein *Fürsorgegespräch,* um frühzeitig auf die festgestellte Situation zu reagieren und Hilfsangebote zu machen. Hat sich Ihr Verdacht durch einen Schnelltest am Arbeitsgerät dieses Mitarbeiters bestätigt, der positiv ausfiel, ist es allerhöchste Zeit zu reagieren. Aber wie?

Ähnlich wie ich dies aus meiner kriminalistischen Arbeit kenne, ist in einem ersten Schritt festzustellen, welche belegbaren Informationen vorliegen und wie der Verdacht zu bewerten ist.

Kommen Sie zu dem Schluss, dass der Verdacht begründet ist, weil z.B. Detektionssysteme eingesetzt wurden und das Vorhandensein von Amphetaminen bestätigten, sind die Voraussetzungen für ein Fürsorgegespräch mit dem betroffenen Mitarbeiter gegeben. Sie müssen aktiv werden und können dazu die Punkte der nachfolgenden Checkliste abarbeiten und das Gespräch mit dem Mitarbeiter vorbereiten.

Checkliste zur Vorbereitung eines Fürsorgegesprächs:

– Was will ich erreichen – was muss ich erreichen – was kann ich erreichen?
– Welche Informationen habe ich insgesamt über den Mitarbeiter und seine Persönlichkeit?
– Wie komme ich an ihn/sie heran, um die Situation zu klären?
– Welche Vorbereitung ist für die Gesprächsführung im Detail erforderlich? (Ort, Zeit, Einladung)
– Welche Gesprächstaktik werde ich anwenden?
– Muss ich andere Personen (Betriebsarzt, Betriebsrat) beteiligen?

Sind diese Überlegungen abgeschlossen, klären Sie die nachfolgenden Fragen:

– Wie lade ich den Mitarbeiter zu einem derartigen Gespräch ein?
– Wo soll das Fürsorgegespräch stattfinden?
– Wie reagiere ich, wenn der Mitarbeiter auf Konfrontation geht?
– Habe ich ausreichendes Wissen über die missbrauchte Substanz?
– Wie eröffne ich das Gespräch konkret?
– Welchen Gesprächsrahmen biete ich an? (Kaffee, Getränke?)
– Kann ich im Bedarfsfall konkrete Hilfsangebote bieten?

Wenn alle Fragen beantwortet sind, müssen Sie aufgrund der Verdachtslage das *Fürsorgegespräch* organisieren.

In der Folge möchte ich noch einmal einen Schritt zurückgehen und Ihnen die einzelnen Gesprächstypen im Rahmen eines Stufenplanes vorstellen. Die korrekte Einhaltung dieser, auch arbeitsrechtlich sinnvollen Gespräche, sollte von der Reihenfolge her in jedem Fall beachtet werden.

1. Fürsorgegespräch

Anlass:
Persönliche, soziale oder gesundheitliche Probleme am Arbeitsplatz werden erkennbar und lassen bei Fortsetzung Arbeitspflichtverletzungen erwarten.

Der Vorgesetzte führt ein vertrauliches Gespräch mit dem Mitarbeiter und bringt seine Sorge vor.

Das Gespräch hat arbeitsrechtlich keinen Disziplinarcharakter, weshalb schriftliche Aufzeichnungen nicht nötig sind.

Im Vorfeld eines *Fürsorgegesprächs* mit dem Mitarbeiter ist zu empfehlen, die Arbeitsverträge und sonstige betriebliche Vereinbarungen eines Echt-Falles in der Firma genau zu studieren, um wirklich alle Rechte und Pflichten des Arbeitnehmers und der Arbeitgeberseite zu kennen.

Es sollte Ihnen bewusst sein, dass Ihr primäres Ziel die Hilfeleistung ist, Sie aber unglaubwürdig wirken, wenn es Ihnen nicht gelingt, eine angemessene Vertrauensbasis zu schaffen. Nach meiner Erfahrung ist dies nicht möglich, wenn Sie mit einem Mitarbeiter sprechen, der bereits nach den ersten Minuten spürt, dass Sie überhaupt keine Ahnung haben, wer Ihr Gesprächspartner eigentlich ist, was er tut und welche Probleme ihn beschäftigen könnten.

Sie sollten eine angenehme Atmosphäre schaffen, den richtigen Ton finden und die möglichen Erklärungen, Entschuldigungen oder auch Widerstände des Mitarbeiters richtig interpretieren können. Ich persönlich halte es für ungünstig, wenn Fürsorgegespräche in Kantinen oder auf dem Weg dorthin stattfinden. Ebenso ist es nicht günstig, den Mitarbeiter wie „Schlachtvieh" in das Büro des Chefs zu zitieren. Den Arbeitsplatz des betroffenen Mitarbeiters als Besprechungsraum zu nutzen, ist auch nicht zielführend, da er dort quasi die „Hoheitsgewalt" besitzt und – wie psychologisch belegbar ist – auch dem Chef gegenüber anders auftritt, als an einem neutralen Platz.

Denken Sie daran, dass sogar Friedensgespräche zwischen kriegerischen Nationen an neutralen Orten stattfinden. Und dies hat seinen Grund.

Meine Empfehlung! Nutzen Sie einen neutralen Ort und bereiten Sie sich geistig darauf vor, dass der Mitarbeiter vielleicht wenig Einsicht zeigt und Sie deshalb auf Ihre (Führungs-)Aufgaben und Ihre Position als Vorgesetzter sowie die möglichen rechtlichen Folgen hinweisen müssen.

Dabei ist es wichtig, dass Sie vor und während des Gespräches selbst in einer guten, körperlich und seelisch ausgeglichenen Verfassung sind. Sie sind der Vorgesetzte und wollen einen Verdacht klären oder bestätigt wissen. Das muss trotz des Respekts vor dem Mitarbeiter klar herauskommen. Vorwürfe, die zu einer Eskalation der Situation während des Gespräches führen können, sollten Sie aber in jedem Fall vermeiden. Dies schaffen Sie in den meisten Fällen, wenn Sie keine Formulierungen wie *„Sie haben Suchtprobleme?"* oder *„Ich glaube, es reicht jetzt, Herr....."* verwenden und alle Informationen über den (möglichen) Zustand des Mitarbeiters in der „Ich-Form" besprechen. Sie sind für den Mitarbeiter und die Arbeitssicherheit verantwortlich und deshalb haben SIE Ihre Sorge vorzubringen.

Aus diesem Grund halte ich Formulierungen wie *„Ich habe vertraulich gehört....!"* für nicht zielführend.

Besser ist, Sie bleiben in Ihrer Rolle als verständnisvoller Vorgesetzter und appellieren an die Eigenverantwortlichkeit Ihres Mitarbeiters für sein Leben, seine Gesundheit und die Familie. Bringen Sie klar zum Ausdruck, dass Ihnen (persönlich) dieses oder jenes aufgefallen ist und Sie die festgestellte Situation, wie ständige „blaue Montage" mit dubiosen Entschuldigungen, nicht mehr dulden können. Geben Sie aber auch zu, dass Ihnen völlig klar ist, dass Sie in Bezug auf die Kontrolle und Besserung der Situation auf die Mithilfe des gefährdeten Mitarbeiters angewiesen sind, und weisen Sie aber gleichzeitig darauf hin, dass Sie sich nicht scheuen, konsequent die Sicherheit aller im Betrieb Beschäftigten zu gewährleisten und entschlossen sind, nötigenfalls auch unpopuläre Maßnahmen einzuführen.

Es muss klar ausgedrückt werden, dass Hilfsmaßnahmen und der Erhalt der Arbeitssicherheit Priorität haben, und in konkreten Verdachtsfällen von Substanzmissbrauch oder gar bei belegtem Gebrauch von Drogen oder Medikamenten, die die Sicherheit beeinträchtigen können, sofort gehandelt wird.

Ein Testergebnis, wie in einigen Fallschilderungen vorgestellt, sollten Sie – sofern in Ihrem akuten Fall vorhanden – in jedem Fall in das Gespräch einbringen. Diskutieren kann man über den Zeitpunkt, an dem man „die Katze" (Testergebnis) aus dem Sack lässt. Sind illegale Drogen im Spiel, sollten Sie auch klar zum Ausdruck bringen, dass Sie Drogenkonsum nicht tolerieren können und Drogenkonsum gewöhnlich ein sofortiger Entlassungsgrund ist. Dies würde ich meinem Gesprächspartner auch dann sagen, wenn ich ihm – aus welchen Gründen auch immer – eine Bewährungschance im Betrieb gewähren will.

Es sollte Ihnen bewusst sein, dass in einem realen Fall, in dem der Mitarbeiter durch Amphetaminkonsum die Arbeitssicherheit gefährdet, sofortiges und konsequentes Handeln, bis hin zur sofortigen Entlassung, erforderlich ist.

Ein Fürsorgegespräch soll ja die Chance bieten, dem betroffenen Mitarbeiter Hilfestellung zu geben, ohne sein Gesicht zu verlieren. Deshalb sollten Sie den Mitarbeiter auch zu Wort kommen lassen, ohne zu gestatten, dass er sich ständig in eine Opferrolle redet. Es ist allerdings sehr wichtig, dem Betroffenen die Chance zu geben, seine Beweggründe und Meinungen zu äußern. Denn beim *Fürsorgegespräch* wissen Sie noch nicht sicher, ob wirklich Substanzen hinter den Arbeitspflichtverletzungen oder Auffälligkeiten stehen. Lebenskrisen oder andere Gründe können ebenfalls für die Arbeitspflichtverletzungen ursächlich sein, dies könnten Sie bei geschickter Gesprächsführung in Erfahrung bringen und angemessen reagieren.

Planen Sie ausreichend Zeit für ein *Fürsorgegespräch* ein. Der Mitarbeiter sollte auf keinen Fall den Eindruck gewinnen, dass Sie ein so wichtiges Thema, bei dem er im Mittelpunkt steht, in einer Zeitspanne von wenigen Minuten abhandeln wollen.

Vermeiden Sie deshalb Hinweise auf Ihre begrenzten zeitlichen Möglichkeiten oder Hinweise auf den nächsten, in Kürze anstehenden Besprechungstermin.

Schaffen Sie eine entspannte Situation. Es kann nicht schaden, dem Mitarbeiter Kaffee oder Wasser anzubieten und erst über belanglose Dinge (wie Fußball, die Betriebsfeier oder das Wetter) zu plaudern.

Damit „locken" Sie Ihren Mitarbeiter von einer evtl. gut überlegten (aber falschen) Erklärung zu festgestellten Arbeitspflichtverletzungen weg.

Wesentlich ist der Zeitpunkt des Gesprächs. Meldet sich Ihr Mitarbeiter beispielsweise häufiger an Montagen krank, ist zu überlegen, ob das Gespräch nicht an einem Montag stattfinden sollte, auch um festzustellen, ob der Mitarbeiter dann dennoch krankheitsbedingt absagt oder verspätet am Arbeitsplatz erscheint.

Präventiv kann es andererseits sinnvoll sein, bei einem Mitarbeiter, der im Verdacht steht, speziell an Wochenenden bedenkliche Substanzen wie Alkohol, Drogen oder Medikamente zu konsumieren, das Gespräch vor dem Wochenende zu führen.

Die Balance zu finden, dass Sie einerseits als Vorgesetzter auftreten müssen und dabei auch eine klare Meinung zur Thematik Drogen- oder Medikamentenmissbrauch zu vertreten haben, andererseits aber nicht „vom hohen Ross" auf den, in der betrieblichen Hierarchie unter Ihnen stehenden Mitarbeiter einreden sollten, ist nicht einfach.

Vielleicht ist Ihr Mitarbeiter bereits suchtkrank. Dann wird er in den meisten Fällen zwar Zugeständnisse machen und Besserung geloben, umsetzen kann er seine ernstgemeinten Vorsätze dann aber nur sehr selten.

Stellen Sie während eines Fürsorgegespräches fest, dass der Mitarbeiter vermutlich bereits suchtkrank ist, müssen Sie, um größeren Schaden von ihm und dem Betrieb abwenden, taktisch so agieren, dass Sie ihm konkrete Hilfsangebote unterbreiten und beim ersten Schritt zur Umsetzung unterstützen. Nur so können Sie den Mitarbeiter für „Ihre und seine Sache" gewinnen. Gleichzeitig müssen Sie ihm eindeutig die Gefährlichkeit der Situation für die Arbeitssicherheit bewusst machen. Trotz dieser Unterstützung werden Sie erfahren, dass ein Suchtkranker gegebene Zusagen nicht einhalten kann, weil ihn die Sucht daran hindert.

Letztlich soll beim Abschluss des *Fürsorgegespräches* grundsätzlich – je nach konkretem Gesprächsgrund – alles zusammengefasst werden, was besprochen worden ist. Im Bedarfsfall können auch getroffene Vereinbarungen oder Termine für Folgegespräche noch einmal wiederholt und mögliche Konsequenzen aufgezeigt werden. Schriftliche Aufzeichnungen, die für eine Personalakte bestimmt sind, halte ich bei einem „Fürsorgegespräch" für kontraproduktiv, sie sind zudem arbeitsrechtlich nicht vorgesehen. Persönliche Notizen, quasi als Gedankenstütze, erachte ich als sinnvoll.

Natürlich müssen Sie die Individualrechte Ihrer Mitarbeiter achten, wenn Sie effektiv und korrekt handeln wollen. Das Gespräch soll auch für den Mitarbeiter ein echtes Hilfsangebot darstellen, ihn nicht bloßstellen und außerdem die Firmeninteressen wie Unfallschutz, Erhalt der Arbeits- und Produktqualität und Vermeidung langer Ausfallzeiten sichern. Halten Sie sich aber in jedem Fall an die getroffenen Abmachungen und denken Sie daran, dass das Fürsorgegespräch vielleicht einmal Thema in einem Arbeitsgerichtsverfahren sein könnte.

Haben Sie ein *Fürsorgegespräch* geführt und stellen nach einigen Wochen fest, dass sich die beanstandete Situation nicht geändert hat, ist im Rahmen des Stufenplanes ein **Klärungsgespräch** zu führen.

2. Klärungsgespräch

Der Anlass sind wiederholte Pflichtverletzungen, wobei noch nicht klar ist, ob die Auffälligkeiten durch Medikamente/Drogen oder durch ein sonstiges Problemverhalten entstanden sind.

Das Gespräch wird geführt, um neben fürsorgerischen Aspekten auch eine positive Veränderung des Mitarbeiterverhaltens zu erreichen.

Eine Gesprächsnotiz über Anlass und Zielvereinbarung wird an den Mitarbeiter ausgehändigt.

Wie vor dem Fürsorgegespräch sollten auch bestehende Betriebsvereinbarungen oder allgemeine Rundschreiben zum Thema *Drogen und Medikamente im Arbeitsbereich* – sofern existent – noch einmal verinnerlicht werden, um die Inhalte im Gespräch mit dem Mitarbeiter jederzeit abrufen zu können.

Führt auch ein *Klärungsgespräch* und die getroffenen Absprachen mit dem Mitarbeiter nicht zu einer positiven Veränderung des monierten Verhaltens, muss das erste *Stufengespräch* organisiert werden.

3. Stufengespräch

Voraussetzung für dieses Gespräch sind arbeitsvertrags- oder dienstrechtliche Pflichtverletzungen, die aller Wahrscheinlichkeit nach auf Substanzkonsum oder nicht stoffgebundenes Problemverhalten zurückzuführen sind.

In mehreren Mitarbeitergesprächen soll auf die zukünftige Pflichterfüllung, im Rahmen der Vertragsbedingungen, hingearbeitet werden.

Es sollen sich Hilfsangebote und Sanktionen ergänzen.

In einem Stufenplan wird der Gesprächsinhalt dokumentiert.

Beim Stufengespräch, das auch mehrfach geführt werden kann oder muss, sind arbeitsrechtliche Belange in Zusammenhang mit Substanzmissbrauch konkret berührt. Deshalb ist im jeweiligen Betrieb zu prüfen, welche Rechte und Pflichten dem Mitarbeiter zustehen. Die Einbindung von Personalsachbearbeitern, Betriebsräten oder gar Juristen ist zu klären, um im Fall einer arbeitsgerichtlichen Auseinandersetzung nicht mit wesentlichen Fehlern belastet in den Rechtsstreit zu gehen.

Die vorgestellten Gesprächsarten, die sich in der Vergangenheit bewährt haben, erfordern allerdings tatsächlich ganz spezifische Erfahrung in der Gesprächsführung. Durch meine Seminare habe ich immer wieder die Erfahrung machen müssen, dass auch routinierte Führungskräfte überfordert waren, wenn es darum ging, den Mitarbeiter auf Pflichtverletzungen anzusprechen, die ihre Ursache vielleicht im Konsum bestimmter Substanzen hatten.

So zeigte sich, dass fehlendes, oder nach eigener Einschätzung der Gesprächsführer, unzureichendes Wissen über die Substanzen, deren Wirkung und die rechtlichen Folgen die Teilnehmer immens verunsicherten. Eine gesteigerte Unsicherheit war dann festzustellen, wenn der betroffene Mitarbeiter sein ganzes Substanzwissen präsentierte, den Konsum leugnete oder die Opferrolle einnahm.

Aus diesem Grund wird von Führungskräften immer wieder der Wunsch geäußert, in Führungsseminaren Workshops anzubieten, in denen unter anderem die praktische Gesprächsführung geübt und besprochen werden kann. Ich glaube aus Überzeugung und Erfahrung mit Drogen- und Medikamentenkonsumenten, dass die Art der Gesprächsführung nämlich schon anders angelegt sein muss, als dies manche Führungskraft aus Fortbildungen zu Alkoholmissbrauch kennt.

Die Wünsche zu spezieller Fortbildungsveranstaltung kann ich nur an Sie, als verantwortliche Führungskräfte und Leser dieser Zeilen weitergeben. Denn um das Thema *Drogen und Medikamente im Arbeitsbereich* bei der täglichen Arbeit weitgehend vergessen zu können, brauchen Sie und Ihre Verantwortlichen für die Arbeitssicherheit Themen-Sicherheit, auch wenn es um die Gesprächsführung in Rahmen des Stufenplanes geht. Und da noch kein Meister vom Himmel gefallen ist, muss man üben, um Handlungssicherheit zu erreichen.

Hilfreich war für viele Gesprächsführer – auch in Rollenspielen –, wenn sie sich bewusst gemacht hatten, dass vom Erfolg eines ersten Fürsorgegesprächs abhing, ob sie weitere unangenehme Gespräche mit dem Mitarbeiter führen müssen.

Aus der Erfahrung heraus halte ich es allerdings für sinnvoll, nicht nur Führungskräfte, sondern auch den nachfolgend aufgelisteten Personenkreis zu schulen:
– Mitarbeiter des Sozialen Dienstes,
– Arbeitsmediziner und Ersthelfer,
– Vorgesetzte aller Hierarchieebenen,

- Ausbilder und Betreuer von Werkstudenten,
- Mitarbeiter der Personalabteilungen und
- Betriebs- und Personalräte.

Diese könnten dann bei Bedarf auch als Multiplikatoren eingesetzt werden.

Allerdings gibt es noch weitere Möglichkeiten, die Weichen dafür zu stellen, dass Gespräche nach dem Stufenplan seltener oder kaum zu führen sind und Sie, wenn es nötig ist, aufgrund der innerbetrieblichen Vereinbarungen eine deutlich bessere Gesprächsposition haben.

Es geht um Maßnahmen, die vor einem tatsächlichen Fall organisiert sind und indirekt präventiv wirken sollen. Es geht um effektive Prävention, die ich in dem nachfolgenden Abschnitt II behandeln werde.

Zusätzlich können Sie natürlich auch auf zahlreiche Publikationen zugreifen, die Ihnen die einzelnen Schritte eines sogenannten *Stufenplanes* erläutern und Ihnen sowohl rechtliche wie auch praktische Hinweise liefern.

Da ich das „Rad nicht neu erfinden" möchte, habe ich die einzelnen Gesprächsarten nur kurz vorgestellt. Konkrete Hinweise zur Thematik erhalten Sie in den Broschüren der *Deutschen Hauptstelle für Suchtfragen e.V.*, die auf Bestellung sehr gut ausgearbeitete Büchlein verschickt, oder auch bei den Krankenkassen.

Publikationen der Polizei und von sonstigen Hilfsorganisationen ergänzen Ihre Möglichkeiten, ebenso wie Informationsbroschüren der Berufsgenossenschaften. Weitere praktische Tipps zur Gesprächsführung bei Stufenplan-Gesprächen und Prävention erhalten Sie auf den Homepages verschiedener Krankenkassen, des ADAC oder bei meinen Tagesseminaren.

Als letzten Punkt dieses Abschnitts möchte ich Ihnen noch einige Informationen zu Therapien liefern, die nötig werden, wenn es nicht gelingt, einen suchtgefährdeten Mitarbeiter frühzeitig zu erreichen, um die Suchtgefahr zu bannen.

Nehmen Sie deshalb die Gesprächsmöglichkeiten ernst und geben Sie alles, um den Mitarbeiter mit der von Ihnen angebotenen Hilfe zu erreichen.

Denn es muss Ihnen klar sein, dass ein suchtkranker Mitarbeiter für längere Zeit ausfällt, wenn es nicht gelingt, seinen Weg in eine Suchtproblematik zu stoppen.

Aus der folgenden Grafik können Sie sehen, welche Zeitfenster dann zu kalkulieren sind.

Was kann auf den suchtkranken Mitarbeiter und den Betrieb zukommen?

Und wenn es passiert ist?

Ist der Mitarbeiter nämlich einmal „suchtkrank", kommt auf den Betrieb u.a. Folgendes zu:

Behandlungsablauf eines Drogen- oder Medikamentensüchtigen(-abhängigen)

1. Phase: Stationäre Entgiftung (Wochen?)
2. Phase: Ambulante oder stationäre Therapie.
   Zeitfenster bei stationärer Therapie 8–10 Wochen
   bzw. 4–6 Monate (Rückfallquote relativ hoch)
3. Phase: Integration
4. Phase: Nachsorgetherapie

Alles in allem ist für eine erfolgreiche Therapie ein Zeitfenster von ca. 1 Jahr zu veranschlagen.
Die Kosten trägt die Kranken- oder Rentenversicherung. Der Mitarbeiter fällt allerdings für den Zeitraum aus und die Kollegen müssen seine Arbeit tun.

Deshalb – Prävention macht sich bezahlt!

Fazit

Die umfassende Vorbereitung auf die Gesprächsmöglichkeiten nach dem Stufenplan ist sinnvoll und schafft die Voraussetzung für die Reduzierung von Substanzmissbrauch und für geeignete Hilfsmaßnahmen für suchtgefährdete Mitarbeiter.

Allerdings sollten Sie die vorgestellten Gesprächstechniken auch im Rahmen von Fortbildungsveranstaltungen üben. In der Praxis haben sich dabei Kriminalbeamte als gute Moderatoren gezeigt, weil sie ihre praktische Erfahrung aus der Vernehmungspsychologie – ohne Geheimnisverrat zu betreiben – einbringen konnten und dadurch den Seminarteilnehmern gute Hilfestellung bieten konnten.

II.   Gedanken zu effektiver Prävention

Erste Überlegungen zu Präventionsmaßnahmen

Lassen Sie uns das Pferd einmal von hinten aufzäumen. Sie haben nun bereits einiges über Drogen und Medikamente gelesen und vielleicht ist es mir sogar gelungen, Sie – persönlich – für das komplexe Thema zu sensibilisieren. Sie haben die Gesprächsmöglichkeiten nach dem Stufenplan kennengelernt und wissen, wie Sie sich in Verdachtsfällen verhalten könnten.

Doch die ideale Lösung, um gegen zunehmenden Substanzmissbrauch – auch im Arbeitsbereich – vorzugehen, sind Maßnahmen, die geeignet sind, Missbrauch, der den Mitarbeitern schaden und die Arbeitssicherheit gefährden kann, zu verhindern. Das Schlagwort heißt hier **Prävention**!

Gute Präventionskonzepte könnten helfen, das Thema zu entschärfen.

Dazu könnten Sie ein Präventionskonzept erarbeiten oder erarbeiten lassen und dabei wichtige Fragen klären, die für die praktische Umsetzung und die Akzeptanz im Unternehmen entscheidend sein können.

Erst nach Beantwortung aller Fragen gehen Sie an die Erarbeitung von maßgeschneiderten Strategien und klären dabei gleich, „ob" und wenn „ja", wer an dem Projekt mitarbeiten soll oder muss. Sie brauchen persönliche Ansprechpartner, die das Projekt *„Medikamente und Drogen"* begleiten und sich interdisziplinär informieren, um das Beste für den Betrieb, die Mitarbeiter und die Planung von effektiven Präventionsstrategien herauszuholen.

Auch hier denke ich an Betriebsärzte, Fachkräfte für Arbeitssicherheit, Führungskräfte, Ersthelfer, Betriebsräte und Personalsachbearbeiter. Beteiligt sich jeder nur ein wenig an der Planung und Umsetzung eines Präventionsprojekts, ist der Personal- und Zeitaufwand vergleichsweise gering und im Falle eines tatsächlichen Missbrauchsfalles weiß jeder im Unternehmen, welche Maßnahmen folgen und welche Konsequenzen zu erwarten sind.

Zum Teil können oder sollten Sie – je nach Betriebsgröße – die Beantwortung der einzelnen Fragen auch grundsätzlich in die Hände der fachlich zuständigen Abteilungen legen oder delegieren.

Die Zuständigen sollten dann folgenden Fragenkatalog abarbeiten:

1. Sind zur Thematik „Medikamente und Drogen" bereits Verhaltensregeln in den bestehenden Arbeitsverträgen beschrieben?

2. Wenn „ja" – welche Verhaltensregeln sind dort genau festgelegt? Wer überwacht sie?

3. Gibt es eine gültige betriebliche Vereinbarung zum Umgang mit Medikamenten und Drogen?

4. Wissen Sie – unter Beachtung aller betriebs- und personalrechtlicher Aspekte – genug über Ihre Mitarbeiter, um die Situation Medikamente und Drogen richtig einschätzen zu können?

5. Wie können Sie den Wissenstand zur Erfüllung Ihrer arbeitsschutzrechtlichen Pflichten verbessern?

6. Beschäftigen Sie viele ältere Mitarbeiter(innen), Lehrlinge und Werkstudenten?

7. Müssen Ihre Mitarbeiter häufig Firmenfahrzeuge lenken oder Maschinen bedienen?

8. Gibt es Überprüfungen der Fahrtüchtigkeit und Arbeitsfähigkeit nach einem Krankheitsfall?

9. Bilden Sie Lehrlinge aus, die regelmäßig Medikamente einnehmen müssen?

10. Welche Fortbildungsmaßnahmen sind für Auszubildende im Themenbereich vorgesehen?

11. Beschäftigen Sie Schichtarbeiter, vielleicht mit Schwerbehinderungen oder chronischen Leiden?

12. Gibt es Arbeitsbereiche mit erhöhtem Gefährdungspotential? Welche? Letzte Gefährdungsanalyse?

13. Beschäftigen Sie ausgebildete Fachkräfte für Arbeitssicherheit und/oder Betriebsärzte?

14. Sind diesen Mitarbeitern „interdisziplinär" die möglichen Probleme in Zusammenhang mit Drogen und Medikamenten sowie den Nachweismöglichkeiten bekannt?

15. Welche gesetzlichen Vorschriften sind grundsätzlich in Ihrem Arbeitsbereich zu beachten, wenn es um Prävention oder Arbeitssicherheit in Zusammenhang mit Medikamenten oder Drogen geht?

16. Sind diese Vorschriften umgesetzt und jedem Mitarbeiter bekannt? Wo muss nachgebessert werden?

17. Sind in ihrem Betrieb häufige Dienstreisen ins Ausland notwendig? (In welche Länder?)

18. Ist allen Führungskräften bekannt, welche Probleme in Zusammenhang mit Medikamenten- oder Drogeneinnahme am Arbeitsplatz entstehen können?

19. Verfügt der Betrieb über Testmöglichkeiten (Detektionssysteme) für Medikamente und Drogen?
20. Wären die (rechtlichen) Voraussetzungen für die Einführung solcher Systeme gegeben?
21. Wenn „ja" – wie werden diese eingesetzt (im Verdachtsfall oder präventiv z. B. unangekündigt)?

Was auf den ersten Blick sicherlich ein umfangreiches Projekt erwarten lässt, ist in der Praxis gar nicht so aufwendig, wenn sich Mitarbeiter darum kümmern, die sowieso mit betrieblichem Gesundheitsmanagement befasst sind oder Personalangelegenheiten bearbeiten.

Doch neben all den bisher vorgestellten Fragen kann es auch sinnvoll sein, in präventive Überlegungen Gefährdungsanalysen und mögliche Beweggründe für die Einnahme bedenklicher Substanzen einzubeziehen. Denken Sie an Schichtarbeit, eintönige Tätigkeiten, Über- und Unterforderung oder Jetlag. Hinter vielen dieser Begriffe können sich Gründe für die Einnahme von Substanzen verbergen, die die Arbeitssicherheit gefährden könnten. Durch gezielte präventive Maßnahmen, wie Sportangebote, Massagen an Montagebändern, autogenes Training und vieles mehr, kann sich das Risiko auf Substanzmissbrauch senken lassen.

Was könnte Ihre Mitarbeiter zu Substanzmissbrauch bewegen?
- **Gesellschaftliche Verpflichtungen (Erwartungshaltung)**
- **Genetische Voraussetzungen (Suchtverhalten)**
- **Stress (sehr individuelles Stressempfinden)**
- **Sonstige Faktoren, wie**
  - Lärm/Hitze/Kälte
  - zu viel oder zu wenig Verantwortung
  - fehlende Anerkennung
  - Langeweile und Abenteuerlust
  - Unterforderung/Rivalität/kollegiale Probleme
  - fehlende Abwechslung – auch im Privatleben
  - Monotonie und Bürokratie
  - überhöhte Anforderungen
  - andere Faktoren, wie persönliche Problemlagen.

Anhand der Antworten auf die vorstehenden Fragen können Sie gezielt für Ihren Arbeitsbereich überprüfen, ob sich durch die speziellen Arbeiten (Lärm, Gestank usw.) im Unternehmen oder die derzeitige Situation (z. B. gute Auftragslage, aber extrem Stress für alle Mitarbeiter) Ursachen für die Nutzung von Drogen und Medikamenten – ohne therapeutisches Erfordernis – ergeben könnten.

Wenn Sie in der Vergangenheit die Thematik *Alkohol und Sucht* schon präventiv bearbeitet haben, gibt es in Ihrem Betrieb möglicherweise keinen derart großen Handlungsbedarf und Sie können in Ihre bereits vorhandenen Konzepte das Thema „Medikamente und Drogen" einarbeiten.

Die augenblickliche Entwicklung lässt mich allerdings zweifeln, ob vorhandene alkohol-spezifische Konzepte greifen können. Vielmehr halte ich die Aktualisierung von Gefährdungsanalysen unter Beachtung von Fragen zu Substanzgebrauch und -missbrauch für zielführend und nötig, denn schon die analytische Arbeit bezüglich dieser Fragestellung hat für sich allein präventiven Charakter, aktualisiert das Lagebild im Betrieb und hilft nachhaltig dabei, Arbeitsausfälle, Qualitätseinbußen, Therapiemaßnahmen und vieles mehr zu verhindern oder zu reduzieren.

Falls Sie nach Abschluss Ihrer persönlichen Analyse oder nach Beantwortung aller Fragen Handlungsbedarf sehen und akzeptable, effektive Präventionsmaßnahmen planen, binden Sie sofort Personalabteilungen, Betriebsärzte, Ausbilder oder Juristen mit in den Entscheidungsprozess ein. Das schafft größere Akzeptanz.

Natürlich ist auch mir bewusst, dass Sie auf Widerstände stoßen könnten. Deshalb ein Tipp:

Erfahrungsgemäß lassen sich präventive Maßnahmen – gerade bei Medikamenten- und Drogenproblemen – am leichtesten zuerst im Ausbildungsbereich einführen.

Ihre jüngeren Mitarbeiter werden leichter internalisieren, dass die Einhaltung der Präventionsmaßnahmen zur Vermeidung von Substanzmissbrauch Normalität ist und werden dadurch die Einstellung älterer Mitarbeiter positiv beeinflussen.

Beschäftigen Sie Juristen, kann es sinnvoll sein, bereits in neuen Ausbildungsverträgen die ausgearbeiteten Verhaltensmaßregeln bei nötiger Anwendung von Medikamenten und bei Missbrauch von Drogen und Medikamenten zu fixieren.

Die Akzeptanz im Ausbildungsbereich überträgt sich dann erfahrungsgemäß auch auf andere Arbeitsbereiche und kann sogar die Akzeptanz einer verbindlichen Betriebsvereinbarung fördern.

Deshalb bin ich überzeugt, dass gerade der Ausbildungsbereich geeignet ist, effektive Präventionsmaßnahmen einzuführen, die im Betrieb zu mehr Umsicht im Umgang mit bestimmten Substanzen führen und dadurch den Erhalt der Arbeitssicherheit unterstützen.

Gebrauch betäubungsmittelhaltiger Medikamente ohne ärztliche Verordnung

Das Betäubungsmittelgesetz gilt sowohl für illegale Drogen als auch für betäubungsmittelhaltige Medikamente. Erwirbt man betäubungsmittelhaltige Medikamente ohne Betäubungsmittelrezept und ärztliche Verordnung, verstößt man in den meisten Fällen gegen die Bestimmungen des Betäubungsmittelgesetzes, da zum Erwerb von Drogen im Sinne dieser Rechtsvorschrift die bereits beschriebene Erlaubnis der **Bundesopiumstelle** erforderlich ist.

Doch die meisten Menschen, die sich betäubungsmittelhaltige Arzneien ohne ärztliches Rezept – meist auf dem Schwarzmarkt – besorgen, haben somit die erforderliche Erlaubnis nicht. Sie kaufen die illegal erworbenen Substanzen, wie Anabolika, zu Neurodopingzwecken, um ihre Leistungsfähigkeit zu steigern oder als Ersatzdrogen, also als Ersatz für Heroin, Amphetamin oder sonstige illegale Drogen.

Um illegale Drogen und illegal erworbene, betäubungsmittelhaltige Medikamente aus dem Arbeitsumfeld zu verbannen, halte ich umfassende Aufklärung im Rahmen betrieblicher Fortbildungsmaßnahmen für die erste und beste Lösung.

Präventiv kann es deshalb hilfreich sein, wenn das gesamte Personal regelmäßig über den Umgang mit Drogen und auch Medikamenten belehrt und über die Konsequenzen aufgeklärt wird. Jährliche Belehrungen sind nach meiner Ansicht ausreichend, vor allem dann, wenn Substanzmissbrauch nach krankheitsbedingten Ausfallzeiten in grundsätzlich angeordneten Mitarbeitergesprächen thematisiert wird.

Wollen Sie mehr tun, haben sich Sensibilisierungsvorträge oder Workshops bewährt.

Betriebsklima und Akzeptanz präventiver Maßnahmen

Ich habe schon in anderen Kapiteln auf die Wichtigkeit eines guten, vertrauensvollen Betriebsklimas hingewiesen. Ein gutes Betriebsklima erleichtert auch Führungsaufgaben bei der Bearbeitung der Thematik „Drogen und Medikamente" sowohl in repressiver als auch präventiver Hinsicht.

Um ein maßgeschneidertes und an die Bedürfnisse Ihres Unternehmens angepasstes Präventionskonzept zu entwickeln, sollten Sie zunächst die Fähigkeit haben, aufmerksam zuhören und beobachten zu können und Ihre Mitarbeiter und deren Probleme ernst zu nehmen. Ich habe Ihnen bereits die Kriterien vorgestellt, die aus kriminologischer Sicht Abhängigkeit und

Sucht fördern können. Erinnern Sie sich? Die Persönlichkeit, die Droge selbst und das soziale Milieu sind wesentliche Punkte.

Im Hinblick auf Präventionskonzepte können die Beachtung von Beschwerden, positiv empfundenen Arbeitsabläufen oder Stress, Lärm und weitere Faktoren eine Basis für den Erfolg bilden. Und solche Dinge erfahren Sie dann, wenn Sie zuhören, beobachten und schlussfolgern.

Das Gehörte sollte Sie aber nicht dazu verleiten, Überreaktionen zu zeigen oder es auf unschöne Art und Weise auszunutzen. Und seien Sie sich bewusst, dass der Betrieb nicht nur wegen Ihnen gut läuft, sondern dass nachhaltiger Erfolg im Wesentlichen durch das gute Zusammenwirken eines Unternehmens mit allen Mitarbeitern gesichert wird.

Ihre Mitarbeiter vertrauen aber auf Ihr Sach- und Fachwissen und haben es deshalb verdient, dass Sie (auch gesellschaftliche) Probleme, wie Substanzmissbrauch, der sich negativ auf die Arbeitssicherheit auswirken kann, versuchen von ihnen fernzuhalten und dabei Führungskonsequenz zu zeigen.

Ziehen Sie Vergleiche mit dem Sportbereich. Ein hochqualifizierter Coach einer Profimannschaft wird sicherlich scheitern, wenn er nur Spieler betreuen kann, die vom Leistungsvermögen und der Ausbildung her höchstens unteres Amateurniveau haben.

Eine Profimannschaft wird mit einem Freizeitcoach, dem die technisch-taktische Ausbildung und Erfahrung fehlt, ebenfalls Schiffbruch erleiden.

Chefs besitzen zwar Macht und in den meisten Fällen auch berufliche Qualifikation, sind den Mitarbeitern aber zahlenmäßig oft unterlegen und scheitern dann, weil ihnen die nötige Akzeptanz zu getroffenen Entscheidungen fehlt. Oft genug liegt der Grund dafür in fehlender Transparenz.

Ein Chef, der absolutistisch „regiert" und seine Entscheidungen alleine in der stillen Kammer trifft, ist nicht mehr zeitgemäß. Auch Führungskräfte werden an Teamfähigkeit, ihren Leistungen, ihrer Führungskompetenz und ihrem Allgemeinwissen gemessen. Dies gilt auch in Bezug auf Medikamenten- und Drogenmissbrauch im Arbeitsbereich und die Einführung effektiver Präventionsmaßnahmen.

Kommunikation im Unternehmen

Transparenz und Akzeptanz sind wichtige Schlagworte, wenn es um die Einführung von Präventionsmaßnahmen in einem Betrieb geht. Das kann die Einführung von Detektionssystemen betreffen oder regelmäßige Belehrungen, aber auch die Überarbeitung von Arbeitsverträgen und Betriebsvereinbarungen.

Die Mitarbeiter müssen wissen, warum Präventivmaßnahmen eingeführt werden. Noch wichtiger scheint mir aus führungstechnischer Hinsicht, dass die Mitarbeiter verstehen können, warum die Maßnahmen nötig wurden. Wird transparent, dass sie wirklich zum Schutz ihrer eigenen Gesundheit und zum Schutz ihrer Familien und des Betriebes eingeführt worden sind, können Sie Akzeptanz erwarten.

Oft sind Mitarbeiter dann freiwillig bereit, sich in einem festgelegten Rahmen Kontrollen zu unterziehen oder die Einnahme von Medikamenten zu melden, die die Arbeitssicherheit gefährden können. Schaffen Sie es, glaubhaft über die Gefahren von Drogen und Medikamenten aufzuklären und durch das Anbieten von Alternativtätigkeiten für Mitarbeiter, die aufgrund ihrer gesundheitlichen Situation gezwungen sind, hochwirksame Medikamente einzunehmen, den Druck aus der Thematik zu nehmen, ist die Akzeptanz präventiver Maßnahmen meist sicher.

In vielen Betrieben mit speziell unfallgefährdeten Arbeitsbereichen dürfte es auch im Sinne der Arbeitnehmer sein, einerseits das Unfallrisiko im Arbeitsablauf zu analysieren und durch geeignete Maßnahmen auf die Reduzierung des Unfallrisikos hinzuwirken, andererseits den Mitarbeitern zu verdeutlichen, dass nur präventive Kontrollmaßnahmen die zusätzlichen Gefahren reduzieren können.

Der Großteil der Mitarbeiter wird nachvollziehen können, dass es nicht zielführend ist, einerseits aufwendige Sicherheitsmaßnahmen zur Unfallverhütung einzuführen, andererseits aber nichts zu unternehmen, wenn einzelne Mitarbeiter durch die Einnahme bestimmter Substanzen diese Unfallverhütungsmaßnahmen unterwandern, weil sie unter dem Einfluss der Stoffe nicht die nötige körperliche oder geistige Fitness mitbringen.

In diesem Zusammenhang kann den Mitarbeitern dann zur Selbstkontrolle zum Beispiel ein **Speicheltest** angeboten werden. Beratungsgespräche mit dem Arbeitsmediziner und ein Attest des behandelnden Arztes mit einem Statement zur Arbeitssicherheit unter Einfluss der verordneten Medikamente sind weitere Möglichkeiten, präventive Vorkehrungen zu treffen, auf die von Seiten des Unternehmens hingewiesen werden sollte.

Ich persönlich plädiere speziell in Betrieben mit unfallträchtigen Arbeitsabläufen für die Vorbereitung von Betriebsvereinbarungen, die sowohl die verschiedensten Präventivmaßnahmen als auch Drogenscreenings sowohl mit als auch ohne Ankündigung zulassen. Die Bedingungen sollten aber mit den Betriebsräten, den Hausjuristen (soweit vorhanden) und dem Managerboard ausführlich erörtert worden sein, ehe die Vereinbarung Gültigkeit erlangt.

Erwähnenswert erscheint mir in diesem Zusammenhang auch der Hinweis, dass im Falle der Einnahme von betäubungsmittelhaltigen Substanzen eventuell bestehende Berufsunfähigkeits- oder Unfallversicherungen die Gültigkeit verlieren könnten. Eine Tatsache, auf die durch den Betriebsrat hingewiesen werden könnte.

Anonyme Mitarbeiter-Befragungen

Nimmt einer Ihrer Mitarbeiter illegale Drogen ein, wird er sich kaum an Mitteilungspflichten halten, da er ja schon gegen das BtMG verstößt. Im Rahmen einer Betriebsversammlung zum Thema wird er aber vermutlich auch keinen Betrag leisten, weil der Konsum unentdeckt bleiben soll.

Vermuten Sie Substanzmissbrauch und erhalten keine Hinweise aus der Belegschaft, halte ich anonymisierte Mitarbeiter-Befragungen zum Thema „Substanzmissbrauch", die einem gut ausgearbeiteten Fragebogen folgen, für angebracht. Sie liefern in vielen Fällen aufschlussreiche Erkenntnisse, die Sie in Präventionskonzepten verarbeiten können.

Fazit

Neben Strategien für Hilfsmaßnahmen für suchtgefährdete Mitarbeiter sollten Sie schon im Vorfeld greifbare Präventionskonzepte erarbeiten. Diese sollen den Zweck haben, Sucht und Abhängigkeit sowie die Gefährdung der Arbeitssicherheit zu verhindern. Damit sparen Sie Zeit, Personal und Kosten.

Im polizeilichen Bereich spricht man davon, dass präventive Maßnahmen die edelste und effektivste Maßnahme der Verbrechensbekämpfung sind. Diese Weisheit lässt sich sicherlich auch auf präventive Maßnahmen und Konzepte für den beruflichen Bereich in Wirtschaft, Industrie und Handwerk anwenden.

III. Allgemeine Hilfsangebote

Im letzten Abschnitt bin ich unter anderem auf das *Fürsorgegespräch* eingegangen und habe als Hauptzweck dieser Gesprächsart die Sorge des Vorgesetzten in den Mittelpunkt gestellt, Abhängigkeit und Sucht zu vermeiden und im Bedarfsfall Hilfe für den betroffenen Mitarbeiter anzubieten. Wüssten Sie jetzt, welche Suchtberatungsstellen in Ihrer Region existieren? Kennen Sie die jeweilige Philosophie der Hilfsorganisation, deren Erreichbarkeiten oder gar die einzelnen Mitarbeiter? Ich will nichts unterstellen, aber ich denke, dass die meisten Leser diese Fragen nicht beantworten können.

Zur Wiederholung:

Gespräche nach dem Stufenplan sollten grundsätzlich vom Willen getragen sein, Missbrauchs- und Suchtprobleme aufzudecken und von Ihren Mitarbeitern und dem Arbeitsbereich fernzuhalten. Dazu sind die beschriebenen, präventiven Maßnahmen geeignet.

Stellen Sie im Rahmen eines solchen Gespräches fest, dass Ihr Gesprächspartner tatsächlich Hilfe von Suchtberatungsstellen brauchen könnte, sollten Sie ihm konkrete Hilfsmaßnahmen vorschlagen.

Sie sollten sich auch erkundigt haben, wie eine Therapie bei Drogen- oder Medikamentenmissbrauch abläuft, wer die Kosten übernimmt, welcher Zeitraum veranschlagt werden muss und – eines der wichtigsten Kriterien – ob der Betroffene freiwillig und aus eigenem Antrieb eine Therapie antreten will (und vielleicht nur noch den kleinen Anstoß durch Sie braucht).

Abhängige oder Suchtkranke, die nur gezwungenermaßen eine Therapiemaßnahme akzeptieren, haben nach meiner Erfahrung deutlich geringere Chancen erfolgreich abzuschließen.

Einem Mitarbeiter im akuten Problemfall zu sagen *„er müsse sich unbedingt helfen lassen",* ohne ihm konkret vorzustellen, welche Art von Hilfe er in Anspruch nehmen kann, ist selten von Erfolg gekrönt. Nach solchen seichten Hilfsangeboten werden Sie ohne gut durchdachte Strategien oft von den Argumenten eines betroffenen Mitarbeiters überrascht werden und müssten dann bei Lösungsansätzen improvisieren, weil er versucht, Sie zu überzeugen, dass er keine Therapie braucht. Oder er spielt den Einsichtigen, um schnell den Besprechungsraum verlassen zu können und hat nach einer Minute längst vergessen, dass er versichert hatte, sich helfen zu lassen. Suchtgefährdete Menschen sind sehr einfallsreich, wenn es darum geht, die Sucht zu verschleiern oder zu verharmlosen. Auf die Frage, *„Meinen Sie nicht, dass Sie therapeutische Hilfe bräuchten?"* werden deshalb Gefährdete meist mit „ja" antworten, in der Hoffnung, sie haben ihren Gesprächspartner beruhigt und sich selbst wieder eine Atempause verschafft. Um diesen *Super-GAU* zu vermeiden, sollten Sie Ihrem Mitarbeiter konkrete Hilfsangebote unterbreiten.

Doch diese **konkreten** Hilfsangebote müssen regelrecht erarbeitet werden. Durch persönliche Kontakte zu den ortsansässigen Suchtberatungsstellen erfährt man einiges über die Philosophie der dort arbeitenden Berater, deren Persönlichkeit und sonstige Fakten. Dies kann vorteilhaft sein, wenn man den Kontakt zwischen einer bestimmten Beratungsstelle und einem gefährdeten Mitarbeiter herstellen will, da man dann beurteilen kann, wer evtl. am besten mit dem Mitarbeiter klarkommt.

Die Hilfeleistung kann dann direkt in Verbindung mit einem Fürsorgegespräch stehen, in dem man dem betroffenen Mitarbeiter die Chance bietet, einen persönlichen Kontakt herzustellen.

Haben Sie für solche Fälle Vorbereitungen getroffen und den Kontakt mit Suchtberatungsstellen gepflegt, können Sie wirklich überzeugt einen Kontakt herstellen. Vielleicht der Beginn einer erfolgreichen Therapie!

Auch in Phasen, in denen die Auftragslage, eine Umorganisation im Betrieb oder sonstige Dinge Ihre Aufmerksamkeit dringlicher bräuchten, müssen Sie den Beginn der Problemlösung zum Thema *Medikamente und Drogen im Arbeitsbereich* nicht lange aufschieben, weil Sie nicht erst analysieren, überdenken, organisieren und handeln müssen, sondern Sie können ohne großen Zeitverzug Ihre Konzepte anwenden. Und dabei auch konkrete Hilfsangebote anbieten. Schnelles Reagieren kann bei der Vermeidung von größeren Suchtproblemen in einem Arbeitsbereich sehr wichtig sein.

Ein Mitarbeiter, der ständig Alkohol, Drogen oder Medikamente einnimmt und dabei körperliche oder geistige Wesensveränderungen zeigt, wie ich sie in den vorherigen Kapiteln beschrieben habe, ist möglicherweise bereits (sucht-)krank und braucht (schnell) therapeutische Hilfe. Vor allem deshalb, weil er vielleicht bereits selbst gar nicht mehr in der Lage ist, Entscheidungen zu treffen, die seine Gesundheit schützen und die Arbeitssicherheit gewährleisten.

In einem Gespräch mit Ihnen als Vorgesetzter wird er/sie häufig versuchen, das Drogen- oder Medikamenten-Problem zu vertuschen, wird vielleicht sogar aggressiv werden oder mit rechtlichen Schritten drohen und dabei verschiedenste Strategien anwenden, um nicht als Suchtgefährdeter oder Kranker erkannt zu werden. Oft wissen die Betroffenen sehr genau, dass

Suchtprobleme bestehen, wollen dies aber nicht vor den Vorgesetzten oder Familienmitgliedern zugeben und unternehmen deshalb vieles, um unentdeckt zu bleiben. Sie sind sich ihres Zustandes meist bewusst.

Die Gründe können Schamgefühl, Angst vor existentiellen Problemen oder Angst vor einer Therapie sein. Sie haben Angst vor therapeutischen Maßnahmen, vor Entzugserscheinungen und vor allem vor dem Bekanntwerden ihres (Sucht-) Problems. Sie schämen sich für die Situation und wenden viel Energie auf, das Problem zu verschleiern. Vielleicht können deshalb nicht einmal die engsten Vertrauten oder die Familienmitglieder einschätzen, wie dringend der oder die Betroffene Hilfe bräuchte.

Damit müssen Sie rechnen, wenn Sie den Wunsch „zu helfen" in die Realität umsetzen wollen.

Ein Suchtkranker ist in den wenigsten Fällen selbst in der Lage, seine Situation richtig einzuschätzen und die passenden therapeutischen Hilfsmaßnahmen anzugehen. Wenn er dies selbst in die Hand nimmt, hat er meist einen extremen Leidensweg hinter sich und kann einfach nicht mehr anders, als um Hilfe zu bitten oder eben „unterzugehen". Erst dann begibt er sich in die Hände von Fachleuten. Doch oft genug ist es dann schon zu spät. Mit Ihren konkreten Vorschlägen kann das Abhängigkeitsproblem vielleicht schon in einer Phase angegangen werden, in der die Heilungschancen noch sehr hoch sind.

Was ich deshalb in den recherchierten Fällen immer wieder bedauerlich fand, war die Tatsache, dass oft genug ein vager Verdacht auf Substanzmissbrauch vorhanden war, jedoch selten ein Verantwortlicher den Mut fand, den gefährdeten Mitarbeiter in einer Phase anzusprechen, in der er selbst noch die Chance gehabt hätte, sein Problem – mit Unterstützung – zu beseitigen.

Ruhe, Einfühlungsvermögen und fundiertes Grundwissen zu Hilfs- oder Therapiemaßnahmen sind hier eine gute Basis für die Einleitung erfolgreicher Maßnahmen, zum Wohle des Betroffenen und natürlich auch des Arbeitgebers.

In größeren Betrieben können diese Aufgaben, also die Abklärung vorhandener Suchtberatungsstellen sowie die einzelnen Schritte einer Therapie auf geeignete Personalsachbearbeiter, Betriebsmediziner oder sonstige Verpflichtete übertragen werden.

Ich habe gute Erfahrungen damit gemacht, einem Betroffenen am Schluss eines Gespräches anzubieten, einen mir persönlich bekannten Therapeuten X oder Y zu kontaktieren und einen Kontakt zu vermitteln. Oft genug gingen meine suchtgefährdeten Gesprächspartner auf das Angebot ein und ich versuchte in ihrer Anwesenheit einen ersten, telefonischen Kontakt mit dem Therapeuten aufzunehmen. Nicht selten kam es dann zu einer Terminvereinbarung zwischen dem Betroffenen und seinem zukünftigen Therapeuten und zum Beginn zielführender therapeutischer Schritte.

Ich muss aber darauf hinweisen, dass es auch oft zu Enttäuschungen kommen kann und der Hilfesuchende trotz aller Zugeständnisse die Termine nicht wahrnimmt. Dann sind weitere Versuche nötig, was oft viel Durchhaltevermögen und Toleranz verlangt.

Man sollte dennoch nichts unversucht lassen. Betroffene werden nach konkreten Hilfsangeboten im Rahmen eines Fürsorgegespräches schnell registrieren, dass Sie wirklich ein Interesse an einer Problemlösung haben. Sie dokumentieren dies einer gefährdeten Person gegenüber, indem Sie sich Wissen angeeignet haben und sogar konkrete Hilfsangebote anbieten können. Mehr noch, Sie helfen aktiv. Was der Betroffene dann daraus macht, können Sie leider nur selten beeinflussen.

Sie sollten in Ihrer Vorgehensweise sehr konsequent sein und Ihrem suchtgefährdeten Gesprächspartner klar zu verstehen geben, dass Sie handeln werden, um das Problem zu lösen, ihm aber gleichzeitig die Chance bieten, aktiv mitzumachen und die Zügel selbst in der Hand zu behalten. Dabei dürfen Sie aus meiner Sicht mögliche Konsequenzen aufzeigen, die allerdings auch umsetzbar und tatsächlich realisierbar sein müssen. In diesem Kontext kann die Androhung der Entlassung eines Mitarbeiters präventiven Charakter haben, wenn Sie konkrete Maßnahmen für den Fall ankündigen, dass sich der Zustand nicht bessert. Sie müssen diese Ankündigungen aber konsequent umsetzen, wenn der Mitarbeiter die Bedingungen nicht einhält. Ihre Konsequenz wird sich im Betrieb herumsprechen.

Fazit

Ich empfehle Betrieben ohne betriebsärztliche Abteilung:

1. den betrieblichen **Entscheidungsträgern** eine **Auskunftsdatei (Hilfsliste SUCHT)** zugänglich zu machen, die die Möglichkeit eröffnet, Informationen über bestimmte Drogen und Medikamente einzuholen. Zu denken ist dabei an
   - Die Rote Liste bzw. Gelbe Liste
   - Internetzugang zu WIKIPEDIA
   - Infos der DHS (www.dhs.de)
   - Infos der Krankenversicherer (z. B. www.dak.de).
2. Weiterhin erachte ich es für nützlich, die Erreichbarkeit von **Ansprechpartnern von Hilfsorganisationen** wie der CARITAS, der MUDRA, städ-

tischen oder staatlichen Suchtberatungsstellen, Suchtberatern bei Krankenkassen, aber auch Kontakte zur Kriminalpolizei bereitzuhalten und zu pflegen.

Wichtig scheint mir der Kontakt zu Hilfsorganisationen, die am Ort Ihrer Arbeitsstätte installiert sind, da es dann leichter ist, mit den Verantwortlichen regelmäßig Kontakt zu pflegen. Vorträge von Vertretern dieser Hilfsorganisationen, im Rahmen von innerbetrieblichen Fortbildungsveranstaltungen, können dem persönlichen Kennenlernen dienen und suchtgefährdete Mitarbeiter zu einem ersten Schritt in Richtung Therapie ermutigen.

Übertreiben Sie die Fortbildung in diesem Bereich aber nicht, da ein ZUVIEL abstumpft und gerade Betroffene oft vermeiden, solche Veranstaltungen zu besuchen.

3. Falls vorhanden, sollten die Juristen im Betrieb oder die Verantwortlichen der Personalabteilung mit der Erstellung einer Checkliste für suchtgefährdete Mitarbeiter beauftragt werden, die nützliche Tipps zur Vermeidung von straf- oder zivilrechtlichen Angelegenheiten, Links zu Informationsplattformen für suchtgefährdete Personen, Adressen von Suchtberatungsstellen enthält und dem Mitarbeiter im Bedarfsfall zur Verfügung gestellt werden kann.

Ergänzt werden könnte diese Checkliste mit praktischen Hinweisen zum Prozedere einer Kostenübernahme für eine Suchttherapie und mit einer Auflistung von Ansprechpartnern für Suchtfragen bei den Krankenkassen.

Betriebe mit Betriebsärzten:

Steht in Ihrem Arbeitsbereich ein Betriebsarzt zur Verfügung, sollten die vorgenannten Anregungen von ihm, Mitarbeitern seiner Abteilung oder der Personalabteilung (und dann in enger Zusammenarbeit mit dem Betriebsarzt) in ein Hilfsprogramm mit aktuellsten Daten und Informationen umgesetzt werden.

In diesem Zusammenhang ist die Pflege der vorhandenen Dateien zu regeln. Gerade in Großunternehmen haben die Beschäftigten dieser Abteilungen erfahrungsgemäß nur selten persönlichen Kontakt, was dazu führt, dass gerade bei einem heiklen Problem, wie einem Verdacht des Drogenkonsums oder Medikamentenmissbrauchs eines Beschäftigten, gewisse Hemmungen die Zusammenarbeit erschweren. Deshalb sollte die enge Zusammenarbeit zwischen den einzelnen Abteilungen eines Betriebes mit den Betriebsärzten gefördert werden.

Ich konnte immer wieder feststellen, dass gerade große Betriebe oft eine vorzügliche Betreuung des Personals durch Betriebsärzte bei Krankheit und Verletzung bieten, das Thema „Medikamente und Drogen im Arbeitsbereich" jedoch nicht umfassend geregelt haben. Hier sollten Sie als Verantwortlicher regulierend eingreifen.

Damit erfüllen Sie einen Teil Ihrer gesetzlich geregelten Pflichten und Sie können im Bedarfsfall professionell sowie personal- und kostensparend operieren. Denn erfahrungsgemäß entwickelt sich durch wiederkehrende Zusammenarbeit ein besseres Vertrauensverhältnis und die Mitarbeiter unterschiedlicher Arbeitsbereiche gehen früher aufeinander zu, um sich vor der Lösung eines Problems zu beraten.

Kapitel 4
Sonderthemen

Vorbemerkung

In diesem Kapitel möchte ich auf einige spezielle Themen, die in Verbindung mit der Einnahme von Drogen und Medikamenten besonders interessant sind, detaillierter eingehen und Ihnen Tipps für die Praxis geben.

Es geht um
— **Teilnahme am Straßenverkehr**
— **Fragen zum Versicherungsschutz**
— **Dienstreisen mit Medikamenten im Gepäck**
— **Auszubildende und Studenten.**

Doch keine Angst! Hier geht es nicht um die Probleme, die entstehen können, sondern um Lösungsansätze und wie man sie im Arbeitsbereich organisieren kann.

I.   Teilnahme am Straßenverkehr

Wenn man über Arbeitssicherheit nachdenkt, wird man unweigerlich das Thema Verkehrssicherheit mit einbeziehen müssen.

Erfahrungsgemäß wird die Vielzahl Ihrer Mitarbeiter mit einem Kraftfahrzeug oder dem Fahrrad zur Arbeit kommen und natürlich auch zur Erledigung von Arbeitsaufträgen auf ein Auto angewiesen sein. *Wegeunfälle* sind versicherungstechnisch Teil der Arbeit und deshalb ebenfalls bei Drogen- und Medikamenteneinnahme zu beachten.

Natürlich ist beim Thema Verkehrs- und Arbeitssicherheit zudem an *selbst fahrende Arbeitsmaschinen, an Bus, Zug und U-Bahn und vereinzelt sogar an Luftfahrzeuge (Flugzeuge, Hubschrauber, Drohnen)* zu denken. Auch das Führen dieser Geräte fordert gewisse Voraussetzungen an den Lenker.

Interessant ist in diesem Zusammenhang das Urteil des Bundesarbeitsgerichts vom 20.10.2016. Die Entscheidung erklärte die fristlose Kündigung des Mitarbeiters eines Transportunternehmens für rechtens, weil der Arbeitnehmer in seiner Freizeit durch einen Drogenwischtest des Amphetamin- und Methamphetamin-Konsums überführt worden war. (Quelle: Bundesarbeitsgericht – Urteil vom 20.10.2016, Aktenzeichen 6 AZR 471/15)

Wenngleich die verschiedenen Urteile von Arbeitsgerichten immer unterschiedliche Sachverhalte und Klagen behandeln, so ist doch erkennbar, dass gerade Drogen- und Medikamentenkonsum im Arbeitsumfeld massiven Einfluss auf den Arbeitsbereich und somit die Arbeitsfähigkeit haben.

Dabei ist es nur sekundär von Bedeutung, ob der Konsum aus therapeutischen Gründen oder missbräuchlich erfolgt ist. Wichtig ist, ob es sich um Substanzen handelt, die die Fahrtauglichkeit nachhaltig beeinflussen oder ob das Führen eines Fahrzeuges unter Einfluss der jeweiligen Medikamente oder berauschenden Stoffe ohne rechtliche Probleme möglich ist.

In erster Linie ist die Klärung dieser Fragen die Aufgabe der Person, die entsprechende Substanzen einnimmt oder einnehmen muss. Sie ist für die eigenen Handlungen verantwortlich, wobei sich in bestimmten, strafrechtlich relevanten Fällen auch Verantwortlichkeiten für sogenannte *Garanten* (z. B. Ehepartner, Lehrkräfte, Vorgesetzte, Ärzte) ergeben können.

Aus der bisherigen Rechtsprechung kennen wir – auch als Laien – bereits einige Mittel, auf die man verzichten sollte, wenn man am Straßenverkehr teilnimmt, vor allem dann, wenn man Kraftfahrzeuge führen will. Alkohol ist wohl der bekannteste berauschende Stoff, der beim Führen von Kraftfahrzeugen Probleme für den Fahrzeuglenker bringen kann. Was viele Menschen nicht wissen, ist die Tatsache, dass im deutschen Strafgesetzbuch nicht von Kraftfahrzeugen die Rede ist, wenn es um die Teilnahme am Verkehr unter Einfluss von Alkohol oder anderer berauschender Mittel geht, sondern um Fahrzeuge allgemein. Deshalb ist auch die Benutzung von Fahrrädern und Handwägen von den jeweiligen gesetzlichen Bestimmungen wie den §§ 316, 315c StGB erfasst, wenngleich hier andere Grenzwerte gelten als bei Alkohol. *(Gesetzestexte siehe Anhang, S. 289)*

Wie allgemein bekannt, zählen Wege zur Arbeit und von dort zurück nach Hause – versicherungstechnisch – zum Arbeitsbereich. Legen Mitarbeiter die jeweiligen Strecken unter dem Einfluss strafrechtlich relevanter Substanzen zurück und verursachen dabei einen Verkehrsunfall, ist dieser Unfall grundsätzlich als *Wegeunfall* zu werten. Kommt als Unfallursache der Einfluss von Alkohol oder Drogen und anderen berauschenden Stoffen in Betracht, werden viele rechtliche Fragen zu klären sein, ehe der Schuldige für den Unfall ermittelt ist. Wesentlich wird dann sein, ob die eingenommene Substanz und deren Wirkung für den Unfall ursächlich war.

Nimmt Ihr Mitarbeiter während der Arbeit – im schlimmsten Fall auf Ihre Anordnung – das Lenkrad eines Kraftfahrzeuges in die Hand und verursacht unter Einfluss von Drogen oder hochwirksamen Medikamenten einen Unfall, können sich auch für Sie straf- und versicherungsrechtliche Konsequenzen ergeben, vor allem dann, wenn Ihnen bekannt war oder Sie hätten wissen müssen, dass der Mitarbeiter Drogen konsumiert oder Medikamente einnimmt (die sich auf die Verkehrssicherheit auswirken können).

Dabei muss der betroffene Mitarbeiter die bedenklichen Substanzen nicht während der Arbeitszeit eingenommen haben. Unser Körper braucht einfach eine gewisse Zeit, um Nahrungsmittel, aber auch Drogen und Medikamente zu verarbeiten.

Das heißt, dass ein Mitarbeiter, der am Sonntagabend mehrere Joints geraucht hat (oder zwei Flaschen Wein getrunken hat), am nächsten Morgen gegen 08.00 Uhr – aller Wahrscheinlichkeit nach – noch Restalkohol im Blut hat oder unter dem Einfluss der Cannabisprodukte steht.

Um Ihnen eine Vorstellung von den rechtlich relevanten Zeitfenstern zu vermitteln, die einen Nachweis von Drogen und Medikamenten bzw. deren Abbauprodukten erlaubt, habe ich eine Matrix im Anhang abgebildet (siehe S. 295), aus der Sie die Zeiten für den Nachweis von bestimmten Substanzen nachvollziehen können.

Wesentlich ist bei den angegebenen Werten, dass Ihnen bewusst ist, dass es sich hier um Zeitfenster handelt, die von mehreren Faktoren beeinflusst werden. Je nach verwendetem Test, individuell unterschiedlichem Stoffwechsel oder Fakten, wie einmaligem Konsum oder Dauerkonsum, können die Untersuchungen zu unterschiedlichen Ergebnissen führen. Als Anhaltspunkt und Richtschnur für die Nachweismöglichkeiten von Drogen und Medikamenten ist die Matrix jedoch ausreichend.

Fest steht, dass den Ermittlungsbehörden im Falle eines Anfangsverdachts eines Verkehrsunfalles unter Einfluss von Alkohol oder anderen berauschenden Mitteln Maßnahmen wie die Blutentnahme oder die Untersuchung von Urin- oder Haarproben zur Verfügung stehen, um festzustellen, ob der Anfangsverdacht begründet ist oder nicht. Werden in den Proben tatsächlich berauschende Substanzen in einer rechtlich bedenklichen Konzentration festgestellt, führt dies aufgrund des in Deutschland durch die Strafprozessordnung vorgeschriebenen Strafverfolgungszwangs (§ 163 StPO) unweigerlich zu Ermittlungen und einer Strafanzeige mit allen Folgen.

Ich möchte aber noch einmal auf das Fehlen genauer Richtwerte nach Medikamentenkonsum hinweisen. Für die Bestimmungen des Ordnungswidrigkeiten-Rechts, die u. a. die Teilnahme am Straßenverkehr unter Einfluss berauschender Stoffe regeln – siehe § 24a StVG – hat die Rechtsprechung

genaue Listen für die Stoffe entwickelt, die zu beachten sind. Im Ordnungs-
widrigkeiten-Recht sind genaue Mengenangaben für die Höchstgrenzen der
Wirkstoffe festgelegt. Im Strafgesetzbuch fehlen solche Grenzwerte.

Da im deutschen Rechtssystem die Verfolgung einer Ordnungswidrigkeit
nachrangig gegenüber einem Verstoß gegen Vorschriften des Strafgesetzbuches ist. ist die Rechtssituation speziell für Laien durchaus schwer verständlich.

Zum Nachweis eines strafbaren Verhaltens oder einer Ordnungswidrigkeit
sind zur Beweisführung z. B. Blut-, Urin- und Haaruntersuchungen notwendig. Meist werden sie nach schweren Verkehrsunfällen bei allen Beteiligten
von der Staatsanwaltschaft oder Polizei angeordnet. Vor der Anordnung der
Untersuchungen kann bereits durch die Polizei mit Schnelltests (Wischtests, Speicheltests) festgestellt werden, ob sich ein Verdacht erhärtet oder
entkräften lässt, wobei in solchen Fällen jedoch das Einverständnis des
Tatverdächtigen erforderlich ist.

Die Sicherstellung oder Beschlagnahme des Führerscheins erfolgt in derartigen Fällen durch die Polizei oder Staatsanwaltschaft und verpflichtet den
Verdächtigen dann, bis zu einer Entscheidung durch die Staatsanwaltschaft
oder das Gericht, kein Fahrzeug mehr zu führen.

Wie bereits ausgeführt, sind die Strafverfolgungsbehörden im Ermittlungs-
fall verpflichtet, auch den Sicherheitsbehörden eine *Mitteilung* von Strafverfahren zu machen. Ein Verstoß nach dem StGB in Zusammenhang mit
einer sogenannten „Trunkenheitsfahrt" (§ 316 StGB) oder des Verdachts
einer „Straßenverkehrsgefährdung" (§ 315c StGB) ist gemäß § 2 Abs. 12
StVG an die Fahrerlaubnisbehörde (Führerscheinstelle) zu melden und
kann (wird) zu Maßnahmen der Verwaltungsbehörden führen.

Die Behörde kann bei Zweifeln an der Eignung zum Führen eines (Kraft-)
Fahrzeuges aufgrund Betäubungsmittel- oder Arzneimittelkonsums und
nach einem rechtskräftigen Gerichtsurteil, zur Klärung der Fahrtauglichkeit
folgende Maßnahmen anordnen:
– Die Beibringung eines ärztlichen Gutachtens (§ 11/II FeV)
– Die Beibringung eines medizinisch-psychologischen Gutachtens
  (§ 11/III FeV) oder
– Beibringung eines Gutachtens eines amtlich anerkannten Sachverständigen bzw. Prüfers für den Kraftfahrzeugverkehr (§ 11/IV FeV).

In der Praxis ist auch die Entnahme von weiteren Blut-, Urin- oder Haarproben über einen längeren Zeitraum möglich, um dem Verurteilten die
Chance zu geben, nachzuweisen, dass er drogenfrei lebt. Solche Verfahren
sind mir persönlich aber überwiegend in den Fällen bekannt geworden, in

denen der Verurteilte nicht in einen Verkehrsunfall verwickelt, sondern ausschließlich wegen eines BtMG-Verstoßes angezeigt worden war und glaubhaft darstellen konnte (Erstkonsument), dass der festgestellte Besitz und Konsum ein einmaliger Verstoß war. Hier lag dann ausschließlich ein Verstoß gegen das BtMG oder das AMG zugrunde, ohne dass die rechtswidrige Teilnahme am Straßenverkehr unter Einfluss von Drogen oder Medikamenten nachgewiesen werden konnte.

Die Fahrerlaubnisbehörde kann allerdings nach einer Verurteilung wegen Verstoßes gegen das BtMG oder straßenverkehrsrechtlicher Verfehlung auch die Fahrerlaubnis – meist zeitlich begrenzt – entziehen.

Dauert dieser Entzug dann, weil der Betroffene nicht bereit war, die angeordneten Probenentnahmen zeitgerecht zu ermöglichen, über zwei Jahre, muss er eine neue Fahrerlaubnis beantragen; die Verwaltungsbehörde kann daraufhin nochmals die beschriebenen Tests fordern, bevor sie eine Entscheidung über die Erteilung einer Fahrerlaubnis trifft.

Zusätzlich sind im Falle eines Verstoßes gegen das BtMG oder im Falle der Straßenverkehrsgefährdung nach §§ 316, 315 c StGB – um weitere Beispiele zu nennen – Meldungen an
– Gewerbeämter, wegen der Prüfung der Zuverlässigkeit zur Führung eines Gewerbes,
– Ordnungsbehörden, die über die Erteilung von Erlaubnisbescheinigungen, wie Waffenschein oder Jagdschein entscheiden oder auch
– Jugendämter
möglich, was ebenfalls zu weiteren Maßnahmen der Verwaltungsbehörden führen kann.

Eine weitere Rechtsfolge von Verstößen gegen die §§ 316, 315 c StGB kann neben Geld- und Freiheitsstrafe die *Entziehung der Fahrerlaubnis* durch das Gericht sein.

Eintragungen in das *Zentrale Verkehrsregister* und die Ansammlung bzw. seit einigen Jahren die Reduzierung von „Strafpunkten" in diesem Register sind weitere Folgen eines nachgewiesenen Verstoßes gegen Verkehrsgesetze unter Einfluss von Drogen und bestimmten Medikamenten.

Wie schwerwiegend solche Verstöße von der Rechtsprechung eingestuft werden, zeigt sich aus einem Auszug einer Stellungnahme der *Bezirksregierung von Mittelfranken*, in Bayern. Wie sich aus dem nachstehend abgedruckten Auszug aus diesem Schreiben entnehmen lässt, gibt es Lösungsmöglichkeiten für diejenigen Mitarbeiter, die therapeutisch bedingt auf betäubungsmittelhaltige Medikamente angewiesen sind. Ist die Einnahme nämlich medizinisch begründet und Intoxikation ist ausgeschlossen, muss der Betroffene – gutachterlich bestätigt – seine Zuverlässigkeit im Umgang mit den Präparaten nachweisen und kann dann eine Bestätigung der Fahrerlaubnisbehörde erhalten, die ihm die Teilnahme am Straßenverkehr ermöglicht, auch wenn er die verordneten betäubungsmittelhaltigen Arzneien einnimmt.

Ferner ist dem Schreiben der Bezirksregierung zu entnehmen, dass bereits der einmalige Konsum von Amphetamin die Fahreignung ausschließt. In dem Schreiben wird im Hinblick auf eine Fahrerlaubnis sowohl auf den missbräuchlichen Gebrauch von Drogen wie Amphetamin eingegangen, als auch auf Medikamente wie FENTANYL® oder RITALIN®, die aufgrund therapeutischer Notwendigkeit eingenommen wurden.

---

3. Bei einem Drogenkonsumenten schließt bereits der einmalige, belegte Amphetaminkonsum im Regelfall die Fahreignung aus, ohne dass es noch einer weiteren Abklärung des Konsumverhaltens und der Fahreignung durch die Einholung entsprechender ärztlicher Gutachten bedarf. Wird hingegen ein für einen konkreten Krankheitsfall ärztlich verordnetes methylphenithaltiges Medikament bestimmungsgemäß eingenommen, so führt dies, wie bereits oben kurz ausgeführt, nicht ebenfalls automatisch und zwangsläufig zum Ausschluss der Fahreignung.

Allerdings ist jedoch zu beachten, dass sich auch bei der bestimmungsgemäßen Einnahme von psychoaktiven Arzneimitteln, die anlässlich eines konkreten Krankheitsfalles ärztlich verordnet wurden, unter Umständen Auswirkungen auf das sichere Führen von Kraftfahrzeugen ergeben können. So ist auch in diesen Fällen bei nachgewiesenen Intoxikationen und anderen Wirkungen von Arzneimitteln, die die Leistungsfähigkeit zum Führen von Kraftfahrzeugen beeinträchtigen, die Fahreignung bis zu einem völligen Abklingen ausgeschlossen.
Die Fahrerlaubnisbehörde hat daher in Fällen, in denen ihr bei Bewerbern um eine Fahrerlaubnis oder bei Inhabern einer Fahrerlaubnis die Einnahme von psychoaktiven Arzneimitteln bekannt wird, durch Einholung entsprechender ärztlicher Gutachten sehr sorgfältig zu prüfen, ob
  – es sich tatsächlich um die bestimmungsgemäße Einnahme von im konkreten Krankheitsfall ärztlich verordneten psychoaktiven Arzneimitteln handelt und
  – auch tatsächlich keine Intoxikationen oder andere Wirkungen, die die Leistungsfähigkeit beim Führen von Kraftfahrzeugen beeinträchtigen, vorliegen.
Nur wenn beide Voraussetzungen gegeben sind, kann die Fahreignung bei der Einnahme psychoaktiv wirkender Medikamente bejaht und die beantragte Fahrerlaubnis erteilt oder eine bereits erteilte Fahrerlaubnis belassen werden.

Wir hoffen, dass Ihnen die vorstehenden Ausführen weiterhelfen können.

Mit freundlichen Grüßen

Hartel
Regierungsamtsrat

Abb. 9: Quelle: Schreiben Bezirksregierung Mittelfranken Az: 310-1-3615-47/2003 aus 2004

Der Unterschied liegt in der Tatsache, dass eine Person, die betäubungsmittelhaltige Medikamente einnehmen muss, unter bestimmten Voraussetzungen (Gutachten) dennoch eine Fahrerlaubnis erhalten oder behalten kann.

Für problematisch erachte ich allerdings, dass auch jemand, der durch den Nachweis der ordnungsgemäßen Anwendung eines ärztlich verordneten Fertigarzneimittels mit betäubungsmittelhaltigen Inhaltsstoffen einen Führerschein besitzt, dennoch im Falle eines Verkehrsunfalles Gefahr läuft, den Verdacht widerlegen zu müssen, dass der Einfluss der Substanzen die Ursache für den Verkehrsunfall gesetzt haben könnte. Hier sind – nach meiner persönlichen Meinung – langwierige rechtliche Auseinandersetzungen zwischen Unfallgegnern nicht auszuschließen.

In der Anlage zu § 24a Straßenverkehrsgesetz (StVG) sind die Substanzen explizit aufgelistet, die in § 24a Abs. 2 Satz 1 StVG als „berauschende Mittel" genannt sind. METHYLPHENIDAT ist allerdings vom § 24a StVG nicht erfasst, ist aber als *anderer berauschender Stoff* im Sinne des Strafgesetzbuches zu werten.

Für Sie ist es daher generell wichtig zu wissen, welche Stoffe und in welcher Konzentration vom § 24a StVG erfasst sind, da Verstöße gegen diese Bestimmung auch zu Fahrverboten und Bußgeld in beachtlicher Höhe führen können und Ihr Mitarbeiter dann für 1 Monat oder länger ausfällt, wenn es um das Führen von Kraftfahrzeugen geht.

Gemäß eines Schreibens des Bayerischen Staatsministeriums des Innern (IMS vom 04.09.2007 IC4-3608.2-48; *Quelle: Eigene Unterlagen*) werden im Rahmen der Ahndung von Verstößen gemäß § 24a StVG als Grenzwerte für den Nachweis von Drogen im Blut die folgenden von der Grenzwertkommission für alle in der Anlage zu § 24a StVG aufgeführten Substanzen als Ahndungsuntergrenze festgelegten Werte anerkannt:

Cannabis (Tetrahydrocannabinol)	1 ng/ml Serum (0,001 mg/l)
Heroin, Morphin	10 ng/ml Serum (0,01 mg/l)
Cocain (Benzoylecgonin)	75 ng/ml Serum (0,075 mg/l)
Cocain (Cocain)	10 ng/ml Serum (0,01 mg/l)
Amphetamin	25 ng/ml Serum (0,025 mg/l)
Methamphetamin	25 ng/ml Serum (0,025 mg/l)
Designer-Amphetamin (MDA)	25 ng/ml Serum (0,025 mg/l)
Designer-Amphetamin (MDMA)	25 ng/ml Serum (0,025 mg/l)
Designer-Amphetamin (MDE)	25 ng/ml Serum (0,025 mg/l)

Werden diese Grenzen nicht überschritten, jedoch Ausfallerscheinungen oder drogenbedingte Auffälligkeiten festgestellt, ist eine Anzeige nach

§ 24a StVG zu erstellen (vgl. Beschluss des OLG München vom 13.03.2006, Az: 4 St RR 199/05).

Eine Überprüfung der Strafbarkeit nach §§ 315c, 316 StGB und der Fahreignung bleiben von dieser Regelung aber unberührt.

Drogen und Medikamente im Straßenverkehr sind grundsätzlich ein heikles Thema. Neue Schnelltests erlauben der Polizei schnelle und effektive Maßnahmen gegen Personen zu ergreifen, die rechtlich relevante Substanzen konsumiert haben und unter dem Einfluss der Mittel am Straßenverkehr teilnehmen.

Fällt ein Schnelltest positiv aus, rechtfertigt dies Maßnahmen wie die Blutentnahme nach § 81a StPO.

Solange kein Verkehrsunfall mit schweren Folgen passiert, vertreten immer noch viele Zeitgenossen die Meinung, dass *doch alles nicht so schlimm ist* und nehmen das Risiko in Kauf, unter Drogen- und Medikamenteneinfluss am Straßenverkehr teilzunehmen.

Viele wurden bisher noch nicht zur Verantwortung gezogen. Aber diejenigen, die die Grenzen des Erlaubten überschritten hatten und deshalb vor Gericht standen, mussten leidvoll spüren, dass die Teilnahme am Straßenverkehr unter Einfluss von Alkohol, Drogen oder bestimmten Medikamenten sicherlich kein Kavaliersdelikt war.

Diese Folgen einer Teilnahme am Straßenverkehr unter Einfluss von Alkohol oder anderen berauschenden Stoffen können – wie bereits angedeutet – auch Sie als Verantwortlichen eines Unternehmens oder eines Handwerksbetriebes treffen. Nämlich dann, wenn Sie Ihrem Mitarbeiter den Auftrag gegeben hatten, mit einem Fahrzeug am öffentlichen Verkehr teilzunehmen, obwohl Sie wussten oder annehmen mussten, dass dieser Mitarbeiter unter dem Einfluss von Alkohol, Drogen oder anderen berauschenden Stoffen wie hochwirksamen oder betäubungsmittelhaltigen Medikamenten steht.

Sie nehmen nämlich eine *Garantenstellung* ein und können deshalb, im schlimmsten anzunehmenden Fall, auch für die Tat Ihres Mitarbeiters zur Rechenschaft gezogen werden. Hier eine verbindliche Aussage zu treffen, ist nicht grundsätzlich möglich, da jeder Fall anders zu bewerten ist. Sie sollen aber wissen, dass auch Sie rechtlich zur Verantwortung gezogen werden können, wenn Ihnen bekannt war, dass Ihr Mitarbeiter unter Medikamenten- oder Drogeneinfluss steht und Sie ihm den Auftrag geben, Fahrzeuge zu führen. Im Übrigen tragen Sie in ähnlich gelagerter Fallkonstellation auch bei einem Betriebs- oder Arbeitsunfall eine entsprechende Verantwortung.

Nachdem heute viele Menschen Rechtsschutzversicherungen abgeschlossen haben und sich deshalb auch bei Verkehrsstraftaten durch spezialisierte Rechtsanwälte vertreten lassen, ist nicht auszuschließen, dass Ihr Mitarbeiter, der mit einer Strafanzeige, dem Entzug der Fahrerlaubnis und sogenannten Nebenstrafen rechnen muss, versuchen wird, eine Teilschuld oder Teilverantwortung auf den Auftraggeber abzuwälzen.

Er könnte deshalb versuchen, darzustellen, dass Sie schon vor dem Unfall gewusst haben oder gewusst haben müssten, dass er hochwirksame (betäubungsmittelhaltige) Medikamente einnimmt oder Drogen konsumiert und ihm dennoch den Auftrag gegeben haben, ein Fahrzeug zu führen.

Er könnte auch vorgeben, dass er aufgrund seiner Erkrankung und der einzunehmenden Medikamente niemals ein Fahrzeug geführt hätte, hätte er nicht Angst gehabt, seinen Job zu verlieren, wenn er den Auftrag „des Chefs" nicht erledigt hätte. Nur deshalb sei es dann zu dem Verkehrsunfall gekommen. In solchen Fällen gäbe es für Sie Erklärungsbedarf.

Ob Ihr Mitarbeiter mit solchen Entschuldigungen bei Gericht Gehör finden würde, muss ich offen lassen. Doch eines ist klar! Sie hätten in diesem Fallbeispiel einiges zu erklären und müssten beweisen, dass Sie nichts von der Erkrankung des Mitarbeiters und der Einnahme der Medikamente gewusst hatten. Und dennoch würden vielleicht sogar Regressforderungen an Sie gestellt werden.

Zusammenfassung

Da nahezu jeder Arbeitnehmer mit Fahrzeugen am öffentlichen Straßenverkehr teilnimmt, sollte im Rahmen regelmäßiger Belehrungen auf die Gefahren der Teilnahme am Straßenverkehr unter Einfluss von Drogen und Medikamenten hingewiesen werden.

Dabei ist besonders auf die Folgen durch den Konsum von illegalen Drogen und betäubungsmittelhaltigen Medikamenten hinzuweisen. Ein weiterer allgemeiner Hinweis sollte Medikamente im Allgemeinen und die Tatsache betreffen, dass auch rezeptfreie Medikamente – im Einzelfall – zur rechtlich bedeutsamen Beeinflussung der Fahrtüchtigkeit und der Arbeitssicherheit führen können.

Betroffene Mitarbeiter sollten die Einnahme verkehrsrechtlich relevanter Medikamente in jedem Fall ihrem Vorgesetzten anzeigen. Er sollte die Arbeitsfähigkeit und die Arbeitssicherheit überprüfen lassen. Personen

mit Führungsverantwortung sollten in geeigneter Form über bestehende GARANTENPFLICHTEN in strafrechtlicher Hinsicht informiert werden. Dies kann über die Juristen von Berufsgenossenschaften oder Gewerkschaften geschehen.

Eine Handlungsempfehlung möchte ich an dieser Stelle noch anbringen. Wenngleich ein Patient grundsätzlich selbst dafür verantwortlich ist, was er unter dem Einfluss ärztlich verordneter Medikamente tut, halte ich es für durchaus vorteilhaft, wenn Ihre Mitarbeiter sich im Rahmen einer ärztlichen Behandlung schriftlich bescheinigen lassen, ob und in welcher Form ein verordnetes Medikament die Fahrtauglichkeit oder die Arbeitssicherheit beeinflussen kann.

Diese Bescheinigung könnte – falls der Mitarbeiter einverstanden ist – in Kopie zu den Personalakten gelegt werden.

Nimmt Ihr Mitarbeiter betäubungsmittelhaltige Medikamente ein, sollte er in jedem Fall durch die zuständige oberste Fahrerlaubnisbehörde klären lassen, ob er die nötigen Voraussetzungen für das Führen eines Kraftfahrzeuges – auch unter Einfluss der ärztlich verordneten, betäubungsmittelhaltigen Arzneien – erfüllt. Dazu kann eine medizinisch-psychologische Untersuchung (MPU) nötig werden.

Bei den Anträgen zur fahrerlaubnisrechtlichen Überprüfung können Sie Ihren Mitarbeiter aktiv unterstützen. Solange der Mitarbeiter jedoch keine behördliche Erlaubnis zur Teilnahme am Straßenverkehr besitzt, sollten Sie ihn keine Kraftfahrzeuge führen lassen.

Auch aus versicherungsrechtlichen Gründen sollten Sie darauf hinwirken, dass Auszubildende im Antrag auf Erteilung einer Fahrerlaubnis nicht verschweigen, dass sie hochwirksame Medikamente einnehmen müssen. Die Handelsbezeichnungen der Arzneien sollten in den Anträgen genau angegeben werden.

II. Versicherungsfragen

Speziell in Deutschland sind wir versicherungstechnisch gut versorgt, wenn wir einen finanziellen Schaden zu regulieren haben. Durch Versicherungsverträge können wir vorsorgen, um im Bedarfsfall wenigstens eigenen finanziellen Verlust zu vermeiden.

Pflichtversicherungen, wie die Krankenversicherung, oder eine berufliche Absicherung im Unglücksfall am Arbeitsplatz durch die jeweilige Berufsgenossenschaft, durch eine private Haftpflichtversicherung und Kfz-Haftpflichtversicherungen sind nur einige der Versicherungen, die uns wirklich nützen können, wenn mal etwas passiert ist.

Die gesetzlich vorgeschriebenen Versicherungen (Pflichtversicherungen) sind meist auch dann leistungspflichtig, wenn das Schadensereignis durch fahrlässiges Handeln wie beim missbräuchlichen Konsum von Medikamenten oder gar bewusstem Konsum von illegalen Drogen am Arbeitsplatz entstanden ist. Ob dann allerdings nicht Regressforderungen an den Versicherungsnehmer gestellt werden können, kann nur am Einzelfall beurteilt werden.

Wichtig ist bei einem Schadensereignis oder einem Versicherungsfall in Verbindung mit der Verwendung von Drogen oder Medikamenten, welche Versicherung für das schädigende Ereignis eintreten soll oder muss, und wie genau die jeweiligen Versicherungsverträge ausgestaltet sind. Es ist zu klären, ob im Falle nachgewiesener grober Fahrlässigkeit oder des Vorsatzes ein Regressanspruch der Versicherungsgesellschaft besteht.

Die Anzeige der therapeutisch notwendigen Einnahme hochwirksamer Medikamente, allen voran betäubungsmittelhaltiger Substanzen, wie die mehrfach zitierten RITALIN®-Pillen, FENTANYL®-Pflaster oder OXYCODON®- und LYRICA®-Tabletten, bei der jeweiligen Versicherung scheint aus meiner Sicht unbedingt nötig, um im Schadensfall nicht eine böse Überraschung erleben zu müssen, weil die Versicherungsgesellschaft durch die Nichtanzeige der Substanzeinnahme nicht mehr leistungspflichtig wäre. Deshalb sollte die nötige Meldung sofort nach der ärztlichen Verordnung erfolgen.

Sie sollten von der zuständigen Stelle Ihrer jeweiligen Versicherung auch prüfen lassen, ob die abgeschlossenen Versicherungsverträge dann noch Gültigkeit haben, wenn betäubungsmittelhaltige Substanzen eingenommen werden (müssen) und unter welchen Kriterien und in welchem Umfang die Versicherungsgesellschaft leistungspflichtig bleibt.

Leistungsansprüche gegenüber den Berufsgenossenschaften oder auch den privaten Haftpflichtversicherungen bleiben im Regelfall auch bei Fahrlässigkeit erhalten. Doch es ist empfehlenswert, sich genaue Informationen bei der für Ihren Arbeitsbereich zuständigen Berufsgenossenschaft zu holen. Auf der sicheren Seite sind Sie, wenn Sie dies in schriftlicher Form tun und eine schriftliche, verbindliche Antwort anfordern.

Bei Kfz-Haftpflicht-, Berufs- oder Dienstunfähigkeitsversicherungen kann der Fall etwas anders liegen. Vielleicht haben Sie schon von Fällen gehört, in denen ein alkoholisierter Autofahrer nach einem Verkehrsunfall in Regress genommen wurde. Auch bei Medikamenten- und Drogenkonsum sind solche Fälle denkbar.

Als ich für mein zweites Buch „AD(H)S-METHYLPHENIDAT-KRIMINALITÄT???" recherchierte, habe ich auch bei einigen großen Versicherungsgesellschaften nachgefragt und mich erkundigt, wie die dortigen Fachleute die Situation einschätzen, wenn ein Versicherungsnehmer betäubungsmittelhaltige Präparate einnimmt. In meiner Anfrage ging es primär um das betäubungsmittelhaltige Medikament RITALIN® und die möglichen versicherungsrechtlichen Folgen. Sekundär war bei der Anfrage, ob es sich um eine therapeutisch notwendige Anwendung des Medikaments oder um die missbräuchliche Nutzung handelt.

Die Antwort aus den Reihen der Versicherungsfachleute eines der größten europäischen Versicherungsunternehmen möchte ich Ihnen nicht vorenthalten.

```
Betreff: Ihre Frage zu Ritalin


Hallo Herr Wimmer,

bei Antragstellung in der Berufsunfähigkeits-
/Dienstunfähigkeits(Beamte)versicherung  wird die Einnahme von Ritalin
sicherlich zu einer Ablehnung des Antrages führen.

In der Krankenversicherung verhält es sich genauso, sollte der behandelnde
Arzt ein Jahr Behandlungsfreiheit attestieren, nimmt sich der Versicherer die
Antragsprüfung erneut vor.

In der Kfzversicherung würde im Schadensfall geprüft, ob der Versicherer wegen
Führen eines Kfz unter Drogen hier beim Versicherungsnehmer Regreß nehmen
kann.
In der Vollkasko würde es zur Leistungsfreiheit des Versicherers führen.


Die Aussagen der anderen Versicherer sind alle ähnlich.
```

Abb. 10: Quelle: Auszug aus Wimmer, „ADHS-METHYLPHENIDAT-KRIMINALITÄT???", 2015, ISBN 978-3-00-032476-5.

Bei anderen betäubungsmittelhaltigen Medikamenten ist es sicherlich vorteilhaft, wenn Sie davon ausgehen, dass die Situation versicherungstechnisch ähnlich ist wie bei RITALIN® und deshalb klären, wie die Versicherungen, bei denen Sie Verträge abgeschlossen haben, im Schadensfall, der sich unter Einfluss von Alkohol, Medikamenten und Drogen ereignet hat, reagieren werden.

Um Ihnen die Thematik zu verdeutlichen, gebe ich Ihnen ein Fallbeispiel:

Stellen Sie sich vor, Sie haben an einem schönen Frühlingstag um 12.00 Uhr Ihre Arbeit beendet und setzen sich frohgelaunt in Ihr Auto, um – wie täglich – über eine vierspurige Straße nach Hause zu fahren.

Das Wetter ist fantastisch. Die Straße ist trocken und wenig befahren. Sie fahren auf der rechten Fahrspur. Etwa 150 Meter vor Ihnen schaltet die Ampel von Rotlicht auf Grün. Sie fahren aufmerksam und nahezu auf den Punkt die vorgeschriebenen 70 km/h.

Als Sie geschätzte 10 Meter vor der Ampel (die immer noch Grün zeigt) fahren, sehen Sie von rechts einen jugendlichen Fahrradfahrer, der ohne zu schauen genau an „Ihrer" Ampel die vierspurige Straße überqueren will.

Instinktiv reagieren Sie, leiten eine Vollbremsung ein und merken, ehe Ihr Fahrzeug steht, dass Sie einen Zusammenstoß mit dem Fahrrad nicht verhindern können.

Sie spüren den Schlag, als Ihr Fahrzeug den Jugendlichen mit seinem Fahrzeug frontal erfasst. Er wird vom Fahrrad geschleudert; Ihr Pkw überrollt das Fahrrad. Alles lief in gefühlten Bruchteilen von Sekunden ab.

Sie steigen aus Ihrem Fahrzeug. Der Jugendliche liegt vielleicht acht Meter von Ihrem Fahrzeug entfernt auf der Fahrbahn. Er ist bewusstlos. Neben ihm liegt seine Aktenmappe oder Schultasche.

Sie laufen zu dem Jugendlichen, versuchen ihm zu helfen. Sie kennen ihn nicht. Auch andere Verkehrsteilnehmer, die mittlerweile stehengeblieben sind und Ihnen Hilfe anbieten, können nichts zur Identität des vielleicht 16 Jahre alten Burschen sagen. Sie können aber auch nichts zum Unfallhergang sagen, sondern erklären Ihnen nur, dass sie bereits die Polizei verständigt haben.

Schockiert nehmen Sie wahr, dass Polizei und Rettungsdienst eintreffen. Während Sie einer der Polizeibeamten zum Unfallhergang befragt und Sie Ihre Unschuld beteuern, sehen Sie aus dem Blickwinkel, wie der andere Beamte die Aktenmappe des Verletzten durchsucht und dabei offensichtlich auf seinen Schulheften den Namen und eine Adresse findet. Außerdem zieht er ein kleines Tütchen mit Tabletten aus der Tasche. Sie registrieren, dass die Beamten mit einem Staatsanwalt Kontakt aufnehmen. Sie persönlich werden dann als Beschuldigter belehrt, weil Sie – wie Ihnen der Beamte erklärt – im Verdacht einer Straftat der Straßenverkehrsgefährdung nach § 315c StGB und der fahrlässigen Körperverletzung stehen.

Man erklärt Ihnen auch, dass eine Blutentnahme angeordnet ist. Sie beteuern, dass Sie keinerlei Drogen, Alkohol oder sogenannte „andere berauschende Stoffe" eingenommen haben. Sie versichern auch, dass Sie völlig vorschriftsmäßig gefahren sind und Ihnen der Jugendliche vor das Auto gefahren sei, als Sie grünes Ampellicht hatten. Durch eine Buschreihe neben der Fahrbahn und die für ein Fahrrad relativ schnelle Geschwindigkeit hatten Sie Ihrer Ansicht nach jedoch keinerlei Chance, den Unfall zu verhindern.

Ihr Pech ist jedoch, dass keine Unfallzeugen vorhanden sind und der Unfallhergang nicht zweifelsfrei geklärt ist.

Man erklärt Ihnen allerdings auch, dass aufgrund der RITALIN®-Pillen, die bei dem verletzten Jugendlichen aufgefunden wurden, bei beiden Unfallbeteiligten vom zuständigen Staatsanwalt Blutuntersuchungen angeordnet worden sind.

Diese Blutentnahme wird Ihnen von einem Bereitschaftsarzt auf einem Polizeirevier genommen; Ihr Führerschein wird beschlagnahmt. Sie dürfen bis auf weiteres kein Kraftfahrzeug führen.

Ihr Rechtsanwalt, den Sie nach dem Vorfall aufsuchen, bestätigt Ihnen die Rechtmäßigkeit aller angeordneten Maßnahmen und will wissen, ob Sie erfahren haben, welche Tabletten bei dem Jugendlichen gefunden wurden. Sie bejahen und werden dahingehend aufgeklärt, dass es sich bei RITALIN® um betäubungsmittelhaltige Medikamente handelt, deren Inhaltsstoff METHYLPHENIDAT dem Betäubungsmittelgesetz unterliegt. Sie erfahren auch, dass Ihre rechtliche Lage dann positiver einzuschätzen ist, wenn der Jugendliche unter dem Einfluss der Medikamente stand und dies unfallursächlich war.

Doch vor einer Klärung sind noch die beantragten Gutachten abzuwarten.

Zwei Wochen nach dem Unfall wird Ihrem Rechtsanwalt mitgeteilt, dass in Ihrer Blutprobe keinerlei bedenkliche Substanzen und auch bei der

Vermessung der Unfallstelle keinerlei Hinweise gefunden wurden, die Ihren bisherigen Angaben widersprechen.

Der Jugendliche stand aber dem Gutachten zufolge unter dem Einfluss von METHYLPHENIDAT, was eindeutig festgestellt worden sei. Ihr Anwalt weist Sie darauf hin, dass jetzt die rechtliche Frage im Raum steht, ob der Medikamenteneinfluss als Ursache für das Verhalten des Jugendlichen verantwortlich war. Die Beantwortung dieser Frage ist auch im Hinblick auf den gegen Sie gerichteten Tatverdacht eines Vergehens nach § 315c StGB ungemein wichtig.

Wenige Tage nach dem Gespräch mit Ihrem Rechtsanwalt liegt die Stellungnahme des Rechtsanwaltes Ihres Unfallgegners vor.

Darin ist zu lesen, dass Sie nicht so gefahren sind, dass Sie in einer Gefahrensituation jederzeit hätten anhalten können. Zudem wird bestritten, dass der Jugendliche aufgrund der Einnahme des ärztlich verordneten Medikaments RITALIN® über den Fuß- und Radfahrerübergang gefahren ist, ohne die Verkehrssituation und Ihr herankommendes Fahrzeug zu beachten.

Sie können sich vorstellen, wie schwierig es in einem solchen Fall für Rechtsanwälte, Staatsanwälte und Richter wird, hier eine Entscheidung zu treffen.

Auch ich werde hier keine endgültige Aussage treffen können, wie das Gerichtsverfahren ausgeht.

Fakt ist, dass das Verhalten des Jugendlichen unter Einfluss betäubungsmittelhaltiger Präparate im Sinne des § 315c StGB gewertet werden könnte. METHYLPHENIDAT gilt als *anderer berauschender Stoff* im Sinne des Strafgesetzbuches. Das Verhalten des Jugendlichen, den Überweg trotz Rotlicht noch vor dem herankommenden Auto zu überqueren, kann durch die Medikamente beeinflusst worden sein. Betäubungsmittelhaltige Medikamente und Drogen wurden in vielen richterlichen Entscheidungen als Grund eingestuft, dass der unter dem Einfluss der Substanzen stehende Mensch nicht in der Lage war, ein Fahrzeug (also auch ein Fahrrad) sicher zu führen.

Gehen wir deshalb davon aus, dass – wie in ähnlich gelagerten Fällen bereits entschieden – dem Radfahrer ein Verstoß nach § 315c StGB zur Last gelegt wird, weil er unter Einfluss anderer berauschender Mittel stand und deshalb nicht in der Lage war, sicher am Verkehr teilzunehmen. Wird der Jugendliche vom Gericht verurteilt, weil der Einfluss der „anderen berauschenden Mittel" – in unserem Beispielsfall METHYLPHENIDAT – als unfallursächlich bewertet wurde, sind Sie hinsichtlich der Unfallverursachung haftungsrechtlich „aus dem Schneider". Aber es bleibt noch die versicherungsrechtliche Seite des Unfalls zu klären.

Natürlich wird Ihr Rechtsanwalt vorschlagen, den Schaden an Ihrem Pkw und evtl. Folgeschäden zivilrechtlich einzuklagen.

Selbstverständlich wird der Rechtsbeistand des Radfahrers versuchen, die Krankenhauskosten, den Ersatz für das unbrauchbare Fahrrad und ein Schmerzensgeld einzuklagen.

Viele Fragen werden zu beantworten sein. Ihre Versicherung wird sicherlich versuchen, nichts zu bezahlen und auf den Einfluss der Medikamente bei Ihrem Unfallgegner hinweisen.

Bei der Versicherung des Radfahrers wird zu klären sein, ob und wie eine Regulierung erfolgen kann. Soweit nur die Privathaftpflichtversicherung in Anspruch genommen werden würde, könnte die Regulierung auch für den Jugendlichen unproblematisch erfolgen. Die Privathaftpflichtversicherung wird im Regelfall bezahlen.

Ist unser Radfahrer aber beispielsweise bleibend körperlich oder geistig geschädigt und hat er eine Versicherung für solche Unfallfolgen (Berufs- oder Arbeitsunfähigkeitsversicherung), kann es zu Schwierigkeiten kommen, wenn im Versicherungsvertrag nicht vermerkt ist, dass er (hier unser Radfahrer) über Jahre hinweg betäubungsmittelhaltige Medikamente eingenommen hat.

In vielen Fällen wird die Versicherung nicht zahlen müssen, da die dauerhafte Einnahme von hochwirksamen Medikamenten zu einem Ausschluss der Versicherungsleistungen führen kann. Deshalb ist es wichtig, bereits vor einem schädigenden Ereignis zu klären, ob ein bestehender Versicherungsvertrag Gültigkeit hat oder behält, wenn betäubungsmittelhaltige Medikamente eingenommen werden (müssen).

Wesentlich könnte dann auch werden, ob ein Versicherungsnehmer entsprechende Gutachten von Fachärzten und den zuständigen Behörden vorlegen kann, die die gefahrlose Teilnahme am Straßenverkehr, trotz der ordnungsgemäßen Einnahme betäubungsmittelhaltiger Arzneien, erlauben.

Und noch ein wichtiger Punkt:

Gehen wir davon aus, anstelle unseres Radfahrers wird ein Mitarbeiter Ihres Betriebes in einen ähnlich gelagerten Verkehrsunfall verwickelt. Der

Mitarbeiter befindet sich im Rahmen einer Wiedereingliederungsmaßnahme im Betrieb, muss – Sie wissen das – morphiumhaltige Schmerzpflaster kleben und Sie haben ihm den Auftrag gegeben, mit dem Firmenfahrzeug eine Besorgungsfahrt zu unternehmen. Auf dieser Fahrt passiert der Unfall.

Wird der Mitarbeiter einer Straftat nach dem bereits bekannten § 315c StGB verdächtig, müssen Sie – vor allem im Zeitalter der Rechtschutzversicherungen – damit rechnen, dass Ihr Mitarbeiter den Verstoß des Führers eines Kraftfahrzeuges zwar zugibt, aber als Rechtfertigung oder als Schuldausschließungsgrund angibt, er wäre niemals gefahren, wenn Sie ihm nicht den Auftrag gegeben hätten.

Wertet das Gericht Ihre Position als die eines GARANTEN im rechtlichen Sinne, kann es massive Probleme geben, die viel Ärger, Zeit und Geld kosten können. Im schlimmsten Fall können Sie ebenfalls – möglicherweise als Anstifter – wegen Verstoßes nach § 315c StGB angezeigt und verurteilt werden. Gleichzeitig könnten Sie – als Nebenstrafe – Ihre Fahrerlaubnis verlieren, sowie zivilrechtliche Forderungen erfüllen müssen.

Schwierige Situationen, zugegeben! Doch hier geht es um Lösungsansätze und die will ich Ihnen nachfolgend aufzeigen:

Was heißt das für Sie im Betrieb?

– Lassen Sie die bestehenden Versicherungsverträge dahingehend prüfen, ob schädigende Ereignisse unter Einfluss von Alkohol, Medikamenten und illegalen Drogen vom jeweiligen Versicherungsvertrag abgedeckt sind und in welcher Form.
– Haben Sie eine verbindliche Aussage Ihrer Versicherung erhalten, sollten Sie diese allen Mitarbeitern in geeigneter Form mitteilen und gleichzeitig darauf hinweisen, dass Ihre Mitarbeiter auch die eigenen, privaten Versicherungsverträge prüfen lassen sollten.
– Sie geben Ihren Mitarbeitern damit fachmännische Unterstützung im Rahmen der Fürsorgepflicht und zeigen – führungstechnisch – entsprechenden Weitblick und Sorge um das Wohl der Belegschaft. Dies kommt sicherlich bei vielen Mitarbeitern gut an und wird in der Realität tatsächlich positiv bewertet.
– In der Praxis hat sich hier bewährt, dass Sie jeden Mitarbeiter die Aufklärungskampagne unterschreiben lassen. Jeder bestätigt mit seiner Unterschrift *Kenntnis genommen zu haben*, was Sie im Schadensfall entlasten kann.

Fazit

Versicherungsverträge werden abgeschlossen, um im Schadensfall zumindest die finanzielle Seite abgedeckt zu haben. Da die Einnahme von Drogen und Medikamenten aber zu Einschränkungen oder zum Erlöschen des Versicherungsschutzes bestimmter Versicherungen führen kann, sollten Sie in Ihrer Funktion als Führungskraft abklären lassen, ob und in welcher Form die bestehenden Verträge Bestand haben, wenn ein schädigendes Ereignis unter dem Einfluss von Drogen oder Medikamenten versicherungstechnisch relevant wird.

Eine Aufklärungskampagne für die Mitarbeiter ist im Rahmen der Fürsorgepflicht anzustreben.

III.   Dienstreisen ins Ausland

Haben Sie schon einmal überlegt, ob es zu Schwierigkeiten kommen kann, wenn einer Ihrer Mitarbeiter zu einer Geschäftsreise ins Ausland muss und dabei seine nötigen Medikamente mitführt?

Viele Menschen haben sich über diese Frage noch nie Gedanken gemacht, auch wenn die Antwort sogar für private Urlaubsreisen interessant sein könnte.

Fakt ist, dass, bedingt durch die politische Situation, häufige polizeiliche Kontrollen zu erwarten sind und dabei natürlich auch Drogen-, Waffen- und Medikamentenschmuggel ein wichtiges Thema ist.

In diesem Kapitel möchte ich auf die besonderen Regelungen eingehen, die beachtet werden sollten, wenn Sie oder Ihre Mitarbeiter Auslandreisen antreten (müssen) und gezwungen sind, Medikamente mitzuführen. Hier geht es weniger um Missbrauch, sondern einfach um den praktischen Hinweis, dass Sie ärztlich verordnete, *betäubungsmittelhaltige Medikamente* nur ins Schengen-Ausland mitführen sollten, wenn Sie eine amtliche Bescheinigung mitführen. Wesentlich ist, ob Sie in Länder reisen wollen, in denen das *Schengen-Abkommen* gilt oder ob Sie in Länder reisen, in denen das Abkommen keine Gültigkeit hat.

Die Länder der EU plus sogenannte Drittstaaten, wie die Schweiz, Norwegen und Island, haben das *Schengener Abkommen* ratifiziert, sodass in all diesen Ländern eine Bescheinigung nach *Art. 75 Schengener Durchführungsabkommen* mitzuführen ist, wenn Sie ärztlich verordnete, betäubungsmittelhaltige Medikamente in Ihrem Reisegepäck dabeihaben müssen und in das jeweilige Land folglich einführen .

Um es zu unterstreichen: Die Regelungen des Schengener Durchführungsabkommens beziehen sich nur auf *betäubungsmittelhaltige Medikamente*, die auf ärztliche Verordnung eingenommen und aufgrund therapeutischer Notwendigkeit in das jeweilige Land eingeführt werden müssen. Illegale Drogen und nicht betäubungsmittelhaltige Arzneien sind in der angeführten Bescheinigung nicht erfasst.

Da bei allen anderen rezeptfreien oder rezeptpflichtigen Medikamenten die Lage nicht grundsätzlich als unproblematisch bezeichnet werden kann, schlage ich Ihnen am Ende dieses Abschnitts einige Verhaltensregeln für die Mitnahme dieser Arzneien vor, die massive Schwierigkeiten ersparen können, vor allem wenn Sie in Länder reisen müssen, die dem *Schengener Abkommen* nicht beigetreten sind.

Doch zunächst zu illegalen Drogen bei Reisen ins Ausland.

Drogen

Drogen, die in Deutschland dem BtMG unterliegen, sollten Sie auf keinen Fall mitführen, wenn Sie ins (Schengen-)Ausland reisen. Bei einem Grenzübertritt und einer folgenden Kontrolle durch die Kontrollbehörden geraten Sie sehr schnell in den Verdacht eines Drogenschmuggels, der in den meisten Ländern mit empfindlichen Strafen geahndet wird. Nicht nur die Einfuhr und der Schmuggel von Cannabisprodukten, Heroin, Kokain, Crystal (= Methamphetamin) und weiteren klassischen Rauschdrogen werden in vielen Ländern mit hohen Freiheitsstrafen bestraft

So machte vor einigen Jahren der Fall einer jungen Frau Schlagzeilen, die auf den Philippinen mit 200 Gramm Haschisch festgenommen und nach Abschluss der Ermittlungen zum Tode verurteilt wurde. Es waren extreme diplomatische Anstrengungen notwendig, um die Frau vor dem Vollzug der Todesstrafe zu bewahren.

Der Fall zeigt auf dramatische Weise, dass der Umgang mit illegalen Drogen in anderen Ländern sehr gefährlich werden kann, vor allem wenn es sich um Länder handelt, die nicht der EU oder dem Bereich des Schengener Durchführungsabkommens zugerechnet werden können.

Ferner werden in diesen Ländern auch Delikte in Zusammenhang mit entsprechenden Fertigarzneimitteln streng bestraft.

Für Ihren Arbeitsbereich empfiehlt es sich deshalb, alle Mitarbeiter, die regelmäßig Auslandsreisen antreten müssen, gegen Unterschrift auf die Gefahren des Mitführens von Drogen hinzuweisen.

Denn selbst wenn sich plausibel erklären ließe, warum Drogen mitgeführt wurden (was vermutlich nicht gelingen würde), müsste der Mitarbeiter und die Firma wegen der zwangsweisen Reiseunterbrechung und für die Klärung der Situation einen Zeitraum von Stunden oder gar Tagen einkalkulieren und einen Rechtsbeistand einsetzen, um die Weiterreise zu ermöglichen. Geplatzte Geschäftstermine könnten dann sehr teuer kommen oder einen Vertragsabschluss gefährden.

Medikamente

Müssen Sie oder Ihre Mitarbeiter aus therapeutischen Gründen *betäubungsmittelhaltige Arzneien* bei Geschäftsreisen ins Ausland mitführen, ist es zunächst wichtig abzuklären, in **welches Land** die Reise gehen soll.

Handelt es sich um ein Land, dass das *Schengener Durchführungsabkommen* unterzeichnet hat, gelten die Vertragsvereinbarungen dieses Abkommens.

Demzufolge muss bei der Einfuhr betäubungsmittelhaltiger Medikamente in das Reiseland die (bereits vorgestellte) Bescheinigung nach *Art. 75 des Schengener Durchführungsabkommens* mitgeführt und auf Verlangen vorgezeigt werden.

Die **USA** sind beispielsweise ein Land, in dem die Bestimmungen des ***Schengener Durchführungsabkommens* keine Gültigkeit** haben. Ebenso China und zahlreiche andere asiatische oder afrikanische Länder.

Dort sind andere rechtliche Regelungen zu beachten, die man im Bedarfsfall – ich empfehle schriftlich – von der jeweiligen Botschaft des Landes in Deutschland abfragen sollte. Weitere Tipps zu Reisen in Länder außerhalb des Schengen-Raumes, gebe ich Ihnen an anderer Stelle.

Die nächste Frage, die zu beantworten ist, wenn Sie in ein europäisches Schengen-Land reisen wollen, bezieht sich auf die Medikamente selbst:

Welche Medikamente müssen oder wollen Sie mit auf Ihre Reise nehmen?

Handelt es sich um betäubungsmittelhaltige Medikamente, wie RITALIN®, OXYCODON® oder FENTANYL®, sind die Regelungen des *Schengener Durchführungsabkommens* zu beachten und Sie müssen die Bescheinigung nach *Art. 75 Schengener Durchführungsabkommen* mitführen.

Diese Bescheinigung, die der behandelnde Arzt kennen sollte, finden Sie am Ende dieses Kapitels abgedruckt. Sie können die Blanko-Bescheinigung aber auch aus dem Internet herunterladen.

Sie muss vom behandelnden Arzt korrekt ausgefüllt sein. Es sind die genauen Personalien des Patienten anzugeben. Ergänzt wird die Bescheinigung mit der exakten Angabe der nötigen Medikamente und der Menge, die mitgeführt werden muss. Letztlich ist die Bescheinigung von der zuständigen Gesundheitsbehörde zu prüfen und mit Stempel und Unterschrift zu beglaubigen.

Welche Behörde für die Beglaubigung der Bescheinigung in den unterschiedlichen Bundesländern zuständig ist, finden Sie im Anhang auf Seite 296.

Ich kann Ihnen nur empfehlen, die nötigen Formalitäten frühzeitig zu erledigen. Um dies zu schaffen, sollten Ihre Mitarbeiter über diese Notwendigkeit informiert sein, um nicht massive rechtliche Probleme zu bekommen.

An dieser Stelle möchte ich auch noch einmal darauf hinweisen, dass die Thematik noch vor wenigen Jahren in der Praxis kaum eine Rolle spielte. Wer hat vor 5–10 Jahren bei Grenzkontrollen konkret auf mitgeführte (betäubungsmittelhaltige) Medikamente geachtet?

Doch die Situation hat sich geändert.

Terroristische Aktivitäten, Flüchtlingskontrollen und ein reger Handel mit anderen illegalen Produkten und Substanzen zwischen verschiedenen Staaten – ich denke dabei an den Crystal- und Zigaretten-Schmuggel zwischen Bayern und Tschechien – verstärken die Aufmerksamkeit der Kontrollorgane und erhöhen die Wahrscheinlichkeit, dass auch einer Ihrer Mitarbeiter angehalten und kontrolliert und – falls er illegale Substanzen mitführt oder die nötigen Erlaubnispapiere nicht vorlegen kann – gar festgenommen wird. Ich habe mittlerweile die Erfahrung gemacht, dass sogar Schulbusse genauestens kontrolliert worden sind, weil in diesen Fahrzeugen immer wieder illegale Güter geschmuggelt wurden.

Besondere Vorsicht ist, wie bereits erwähnt, bei Reisen in Länder angebracht, die das *Schengener Durchführungsabkommen* nicht unterzeichnet haben und eigene gesetzliche Regelungen für den Besitz und die Einführung bestimmter Medikamente haben.

Wesentlich ist dabei, dass Ihnen bewusst ist, dass Medikamente, die wir in Deutschland kennen, nicht grundsätzlich in jedem Land dieser Erde den gleichen rechtlichen Vorgaben unterliegen.

Ein Medikament, das in Deutschland rezeptfrei ist, kann in einem anderen Land besonderer rechtlicher Kontrolle unterstellt sein und umgekehrt.

Deshalb habe ich schon am Anfang dieses Kapitels angeregt, mit den jeweiligen Botschaften des Landes, in welches die Geschäftsreise gehen soll, schriftlich zu klären, ob die nötigen Medikamente mitgeführt werden dürfen, welche Erlaubnisbescheinigungen nötig sind und ob es Höchstgrenzen gibt.

Dabei ist es natürlich unerheblich, ob die Reise eine Geschäftsreise ist oder die Arzneien als Bestandteil einer privaten Reiseapotheke mitgeführt werden müssen.

Sinnvoll ist es nach einer schriftlichen Antwort der jeweiligen Botschaft, dem Mitarbeiter das Antwortschreiben mitzugeben, damit er es bei Kontrollen vorlegen kann. Gleiches gilt bei privaten Reisen.

Und noch ein Tipp!

Auch als Sportübungsleiter einer jugendlichen Sportmannschaft sind Sie – wie die Lehrer einer Schulklasse – für die Kinder, die Ihnen zur Betreuung anvertraut sind, verantwortlich.

Deshalb sollten Sie – beispielsweise – von den Eltern von ADS- oder ADHS-Kindern und Jugendlichen, die RITALIN® oder ähnliche Medikamente einnehmen und mitführen müssen, wenn Sie eine Auslandsreise in EU-Staaten planen, die vorgestellte Bescheinigung einfordern.

Wird diese Bescheinigung nicht zeitgerecht bei Ihnen abgeliefert, sollten Sie sich genau überlegen, ob Sie das Kind oder den Jugendlichen mitnehmen. Ich würde die Betreuung in solchen Fällen ablehnen.

Doch zurück zu Reisen in Schengen-Staaten

Um das Spannungsfeld zwischen der Notwendigkeit einer medizinisch notwendigen Versorgung von Reisenden mit nötigen Medikamenten und den grundsätzlichen, gesetzlichen Vorgaben abzubauen, haben die Mitgliedsstaaten mit dem bereits erwähnten SCHENGENER DURCHFÜHRUNGSABKOMMEN eine Möglichkeit geschaffen, Medikamente ohne rechtliche Probleme mitführen zu können. Sie benötigen dazu die spezielle Bescheinigung nach Art. 75 des Abkommens.

Hier ist es empfehlenswert, die Mitarbeiter vor einer Geschäftsreise – durch geeignete Mitarbeiter oder Mitarbeiter einer bestimmten Abteilung, wie der Personalabteilung – über diese Regelung unterschriftlich zu belehren und das nötige Formblatt zumindest als Muster (erhältlich im Internet oder von den behandelnden Ärzten; s. auch Abb. 11, S. 250) vorrätig zu haben.

Sie sollten die Reglementarien des Mitführens von (**betäubungsmittelhaltigen) Medikamenten** bei Auslandreisen nicht unterschätzen, um nicht eine böse Überraschung zu erleben (siehe auch unter Bundesinstitut für Arzneimittel und Medizinprodukte – BfArM, „Reisen mit Betäubungsmitteln" – http://www.bfarm.de/DE/Bundesopiumstelle/Betaeubungsmittel/Reisen/_node.html).

Sofern der Geschäftsreisende ärztlich verordnete Medikamente einnehmen muss, also auf die Mittel angewiesen ist, jedoch keine entsprechende Erlaubnisbescheinigung besitzt und mit sich führt, müssen Sie damit rechnen, Tage oder gar Wochen damit zu vergeuden, den jeweiligen Zoll- oder Polizeibeamten zu erklären und nachzuweisen, dass der betroffene Mitarbeiter die mitgeführten Medikamente aufgrund therapeutischer Notwendigkeit einnehmen muss. Im schlimmsten Fall müssten Sie von Deutschland

**Bescheinigung für das Mitführen von Betäubungsmitteln
im Rahmen einer ärztlichen Behandlung
- Artikel 75 des Schengener Durchführungsabkommens -**

A   Verschreibender Arzt:

_____   _____   _____ (1)
(Name)   (Vorname)   (Telefon)

_____ (2)
(Anschrift)

_____   _____   _____ (3)
(Stempel des Arztes)   (Datum)   (Unterschrift des Arztes)

B   Patient:

_____ (4)   _____ (5)
(Name)   (Vorname)   (Nr. des Passes oder eines
                                         anderen Ausweisdokumentes)

_____ (6)   _____ (7)
(Geburtsort)   (Geburtsdatum)

_____ (8)   _____ (9)
(Staatsangehörigkeit)   (Geschlecht)

_____ (10)
(Wohnanschrift)

_____ (11)   _____ (12)
(Dauer der Reise in Tagen)   (Gültigkeitsdauer der Erlaubnis von/bis - max. 30 Tage)

C   Verschriebenes Arzneimittel:

_____ (13)   _____ (14)
(Handelsbezeichnung oder Sonderzubereitung)   (Darreichungsform)

_____ (15)   _____ (16)
(Internationale Bezeichnung des Wirkstoffs)   (Wirkstoff-Konzentration)

_____ (17)   _____ (18)
(Gebrauchsanweisung)   (Gesamtwirkstoffmenge)

_____ (19)
(Reichdauer der Verschreibung in Tagen - max. 30 Tage)

_____ (20)
(Anmerkungen)

D   Für die Beglaubigung zuständige Behörde:

_____ (21)
(Bezeichnung)

_____   _____ (22)
(Anschrift)   (Telefon)

_____   _____   _____ (23)
(Stempel der Behörde)   (Datum)   (Unterschrift der Behörde)

BfArM 017 (12.2000)

Abb. 11: Bescheinigung

250

aus versuchen, einen festgesetzten oder inhaftierten Mitarbeiter durch den Einsatz von Rechtsanwälten, Kontaktpersonen oder Botschaftern aus der misslichen Lage frei zu bekommen.

Um dies zu vermeiden, hier die **Zusammenfassung** der Maßnahmen, die ich für den Arbeitsbereich für sinnvoll erachte, wenn Mitarbeiter des Unternehmens regelmäßig im Ausland tätig sein müssen:

1. **Illegale Drogen** werden grundsätzlich nicht auf Geschäftsreisen mitgeführt und Iihre Mitarbeiter werden einmal jährlich auf die Gefahren hingewiesen.

   In der Praxis hat sich auch hier eine betriebsinterne Vereinbarung bewährt, die den Mitarbeitern einmal jährlich zur Kenntnisnahme und Unterschrift vorgelegt wird.

2. **Medikamente**, die **keine betäubungsmittelhaltigen Substanzen** enthalten und in Staaten mitgenommen werden sollen, die das Schengener Durchführungsabkommen nicht ratifiziert haben, werden über die jeweiligen Botschaften oder Konsulate hinsichtlich der Bedingungen einer *Einfuhr* abgeklärt und der Mitarbeiter oder die zuständige Abteilung des Betriebes organisiert ein verbindliches, schriftliches Statement der jeweiligen Landesvertretung in Deutschland, das dann vom Mitarbeiter mitzuführen ist und klar Auskunft darüber gibt, wie das Medikament im Reiseland rechtlich bewertet ist und welche Mengen mitgeführt werden dürfen.

   Werden von der Botschaft weitere Verhaltensmaßregeln beschrieben, sollten diese unbedingt eingehalten werden.

   Diese Empfehlung gilt in **„Nicht-Schengen"-Ländern**, auch für **nicht betäubungsmittelhaltige Arzneien**. Eine Abklärung mit den Landesvertretungen ist aber vor allem beim Mitführen betäubungsmittelhaltiger Präparate unerlässlich (Beispiele: RITALIN®, FENTANYL®, OXYCODON®, LYRICA®).

   Soweit es sich um ein **Reiseland** handelt, welches dem **Schengen-Abkommen** beigetreten ist und es müssen betäubungsmittelhaltige Substanzen mitgeführt werden, ist die Bescheinigung mit der Bezeichnung – **„Bescheinigung für das Mitführen von Betäubungsmitteln im Rahmen einer ärztlichen Behandlung – Artikel 75 des Schengener Durchführungsabkommens"** – korrekt ausgefüllt mitzuführen.

Fazit

Wenn Sie diese Punkte beachten und sich Ihre Mitarbeiter an die Mengenangaben bezüglich der erlaubten Arzneimittel halten, die auf dem mitgeführten Formblatt dokumentiert sind, sollte es keinerlei Probleme bei
Geschäftsreisen geben und Ihre Mitarbeiter können sich auf den Auftrag
konzentrieren.

Als präventive Maßnahmen empfehle ich im Rahmen von Mitarbeitergesprächen, Betriebsversammlungen oder in Form von Rundschreiben immer wieder auch auf das Thema *„Drogen und Medikamente bei Geschäftsreisen"* hinzuweisen.

Das erspart Ihnen und dem Betrieb, ja auch dem Mitarbeiter, viel Zeit und
Ärger. Außerdem fühlt sich Ihr Mitarbeiter gut aufgehoben und betreut,
was einem guten Betriebsklima nützen kann.

IV. Auszubildende und Werkstudenten

Verfolgt man die statistischen Zahlen freier und belegter Ausbildungs-
plätze, so fällt auf, dass sich die Situation in den letzten Jahrzehnten in
vielen Berufssparten geändert hat. Während vor wenigen Jahren Ausbil-
dungsplätze absolute Mangelware waren, suchen heute viele Branchen –
händeringend – nach geeigneten, ausbildungswilligen Jugendlichen.

Wir sollten Sorge dafür zu tragen, dass nicht mehrere Generationen von
Jugendlichen scheinbar ohne Perspektiven durch das Leben gehen, weil sie
für sich entschieden haben, dass es ohne Abitur sowieso keinen Sinn hat,
zu arbeiten. Häufig ist auch die Erwartungshaltung des Elternhauses bezüglich des erwünschten Schulabschlusses besorgniserregend. Unser Schul-
system begünstigt eine Entwicklung, in der scheinbar nur noch Abiturien-
ten Chancen auf gute Jobs haben. Und sogar mit einem durchschnittlichen
Abitur haben es viele schwer, an einer Universität, einer Fachhochschule
oder in bestimmten (Wunsch-)Berufssparten einen Ausbildungsplatz zu
erhalten.

Ich habe selbst sechs Kinder, die den harten Weg durch die verschiedenen
Schulen, Universitäten und Ausbildungsstätten im Handel hinter sich gebracht haben. Aus ihren Erzählungen und den Schilderungen ihrer Freunde
weiß ich, dass viele frustriert sind und Ventile für ihren Frust suchen.

Diejenigen, die glauben, mit einem höheren Lernpensum dennoch das gewünschte Ziel zu erreichen, scheitern aber oftmals an ihren psychischen
und physischen Grenzen. Einige von ihnen versuchen dann, mit pharmazeutischen Produkten die vermeintlichen Defizite ausgleichen zu können,
andere greifen auf stimmungsaufhellende Substanzen zurück, um überhaupt einmal abschalten zu können. Wieder andere denken, dass Drogen
und Medikamente zum Lifestyle gehören. Sie konsumieren alles was „IN"
zu sein scheint, unabhängig davon, ob es für Studium oder Arbeit einen
vorübergehenden Nutzen versprechen könnte.

Und trotz aller Opfer müssen sich erfolgreiche Studenten immer wieder
anhören, sie seien überqualifiziert; im anderen Fall sind die Punkte im
Abiturzeugnis einfach nicht ausreichend, um beruflich Fuß fassen zu können.

Ob diese Entwicklung dem Arbeitsmarkt und dem einzelnen Bewerber
nützt, möchte ich hier nicht diskutieren. Fakt ist jedoch, dass ein zunehmender Prozentsatz von Schülern, Studenten und Ausbildungswilligen

bereit ist, die Möglichkeiten von pharmakologischen Produkten zu nutzen. In Einzelfällen auch, um sich durch die Wirkung illegaler Drogen ein besseres Lebensgefühl zu gönnen.

Doch nicht nur eine scheinbar existierende geistige Elite hat offenbar mit Problemen zu kämpfen und greift dabei auf Substanzen zu, die Gesundheit, Verkehrs- und Arbeitssicherheit gefährden können.

Was machen Hauptschüler, Realschüler und die, die einfach nicht für gute Noten geboren sind, stattdessen aber andere (praktische oder kreative) Fähigkeiten haben? Auch sie fühlen sich oft dem tatsächlichen oder subjektiv empfundenen Leistungsdruck nicht gewachsen und behelfen sich teilweise mit berauschenden Substanzen. Materialismus, überzogenes Freizeitdenken oder antrainierter Hang zum „chillen", sind andere Schlagworte, die in Zusammenhang mit der Berufswahl eine Rolle spielen können.

Viele resignieren aufgrund dieser Entwicklung, einige laufen Gefahr, in *Randsider*-Gruppen abzudriften. Andere sind bereit, sich durch Drogen und Medikamente in eine Situation zu manövrieren, die ihnen scheinbar bessere Chancen im Beruf sichern könnte. Wieder andere suchen in Suchtstoffen Entspannung, Anerkennung oder auch Vergessen. Dabei verdrängen sie, dass sie durch die Auswirkungen der Mittel arbeitsunfähig werden können. Sie schätzen die Situation und die eigene Fähigkeit, Suchtstoffen zu widerstehen, falsch ein. Sie glauben trotz vielfältiger Aufklärungsangebote nicht, dass sie nach längerer Einnahme der *pharmazeutischen Hoffnungsträger* Sucht-Probleme zu lösen haben oder extrem ausgebrannt sind, weil sie durch die Mittel ständig die Reserven des Körpers und/oder des Geistes ausgeschöpft haben.

Es ist häufig ein Teufelskreis, in dem nur die Allerbesten, die psychisch und physisch Stärksten wirklich gute Chancen haben, sich zu verwirklichen und ihre (Zukunfts-) Träume zu realisieren. Diesen Teufelskreis gilt es zu durchbrechen. Darüber sollte man aus meiner Sicht auch in den Führungsetagen der Industrie und Wirtschaft nachdenken und prüfen, ob die derzeit herrschenden Normen und Werte unserer Gesellschaft nützen oder ob damit nicht immer mehr junge Menschen ausgegrenzt werden. Aus meiner Sicht ist die Schul- und Ausbildungssituation, neben anderen Gründen, mitverantwortlich für die Ursachen von Drogen- und Medikamentenproblemen.

Hier können bereits in der Schul- oder Studienzeit, aber auch in der Lehre, die Weichen für eine Verbesserung der Gesamtsituation gestellt werden.

Natürlich gibt es auch heute noch viele zielstrebige Jugendliche, die wissen was sie wollen und sich gerne einer Ausbildung und den dort üblichen Normen und Werten unterwerfen.

Sie schaffen es, ohne gefährliche Hilfsmittel auszukommen und ihren Weg zu gehen. Doch als Vater von zwei eigenen und vier Stiefkindern weiß ich, dass es vielen Jugendlichen schwerfällt, bei Angeboten von Freunden, Drogen zu konsumieren, NEIN zu sagen. Doch Gott sei Dank schaffen das Viele.

Im anderen Fall ist es eine Scheinwelt, die sich Jugendlichen unter Drogeneinfluss oder unter der Wirkung von Medikamenten mit Drogen ähnlicher Wirkung im „gechillten" oder aufputschten Zustand ohne den Bezug zur Realität darstellt. Der Blick für die Realität ist oft vernebelt.

Sind Sie für Auszubildende und Werkstudenten verantwortlich, sollten Sie sich die folgenden Zeilen genau durchlesen und anschließend mithelfen, die Gruppe derer, die man als positive Beispielsfälle anführen kann, zu vergrößern.

Gerade im Arbeitsbereich können für Jugendliche die Weichen gestellt werden, wenn Drogen- und Medikamentenmissbrauch verhindert werden sollen. Verständnis, Toleranz, aber auch konsequente Entscheidungen sind einige Kriterien, die man vorleben kann.

Ich kann Ihnen versichern, dass mich in meiner täglichen Recherchearbeit viele Fälle erreichten, in denen
– fehlende Familienstruktur und Missachtung von Normen und Regeln,
– die Erziehung der Kinder als scheinbare Partner auf Augenhöhe,
– eine Respektlosigkeit vor den Eltern, Lehrern oder älteren Menschen,
– oder der Leistungsdruck schon in Kinderschuhen und
– negativ ausgeprägter Egoismus, sowie Materialismus

die Auslöser für berufliches Desinteresse und die Bereitschaft waren, Drogen oder Medikamente als Mittel zum Aussteigen aus der (Konsum-) Gesellschaft oder als Sprungbrett für die Steigerung der eigenen Leistung und Fähigkeiten zu nutzen. Und die Betroffenen kommen aus allen Gesellschaftsschichten.

Oft „durften" die Kinder gar nicht lernen, dass es zwischen Eltern und Kindern, zwischen Schülern und Lehrern, zwischen Alten und Jungen Unterschiede gibt, die sich auch im täglichen Miteinander bemerkbar machen (sollten). Sie durften auch nicht erfahren, dass jedes Alter mit bestimmten Rechten und Pflichten verbunden ist.

Dr. Michael Winterhoff hat sich in seinem Buch „Warum unsere Kinder Tyrannen werden" (Goldmann Verlag, ISBN 978-3-442-17128-6) sehr eindrucksvoll mit dieser Thematik beschäftigt. Seine Ausführungen kann ich nur bestätigen und ich sehe in der beschriebenen Entwicklung auch einen Grund für den zunehmenden Substanzmissbrauch.

Eine entscheidende Rolle spielt dabei die immer wieder aufkeimende Diskussion über die Legalisierung von Drogen. Eine Diskussion, die aus meiner Sicht von Leuten geführt wird, die noch niemals erlebt haben, welch negative Wirkungen Drogen auslösen können oder die selbst – sollten wir als Erwachsene nicht Vorbilder sein – versuchen, eigene Wünsche oder Träume aus *Flower-Power*-Tagen umzusetzen.

Und dann gibt es noch die Medienstars, die mit Kokainexzessen, Zusammenbrüchen durch Alkohol und Drogen (*Robbie Williams*) oder gar mit ihrem Tod (*Amy Winehouse*) unbewusst negativen Einfluss auf die Einstellung vieler Jugendlicher nehmen und den Gebrauch hochwirksamer Substanzen und die dadurch ausgelösten Exzesse gesellschaftsfähig machen. Die Ausschlachtung der Ereignisse durch die Medien tut ein Übriges. Verurteilungen des falschen Verhaltens dieser vermeintlichen Idole hört man kaum.

Kinder und Jugendliche wollen naturgemäß experimentieren und dazu gehört in unserer Zeit leider auch immer wieder das Probieren illegaler Drogen, wie Haschisch, Kräutermischungen und Amphetamine, oder Medikamente, die eine der persönlich gewünschten Wirkungen, wie Erhöhung der Leistungsfähigkeit, der Ausdauer oder der Konzentrationsfähigkeit (z.B. Medikamente mit METHYLPHENIDAT), aber auch die Steigerung eines „WIR"-Gefühls, zum Beispiel durch XTC, versprechen.

Dieser gefährlichen Entwicklung sollten wir tatkräftig entgegenwirken. Hier gibt es noch viel zu tun.

Dass suchtgefährdete Jugendliche auch der Arbeitswelt – oft genug für den Rest des Lebens – verlorengehen könnten und dadurch keinerlei Zukunftsperspektiven haben, ist einfach eine Tatsache, die eine ganze Gesellschaft zwangsläufig zu akzeptieren und zu bezahlen hat. Können wir uns dies auf Dauer leisten?

Viele Eltern, Lehrer und Ausbilder diskutieren mit, passen sich den Meinungen von Befürwortern von Drogenliberalisierung an, ohne eine Vorstellung davon zu haben, wie die verschiedenen verbotenen Drogen aussehen, wie Sie konsumiert werden und welche Anzeichen auf den Konsum hindeuten können. Oft ahnen sie nicht, welche gesundheitlichen und gesetzlichen Folgen zu erwarten sind. Sie sind auch häufig sehr naiv, wenn es um den Missbrauch von Fertigarzneimitteln geht, die missbräuchlich benutzt eine drogenähnliche Wirkung auslösen können und oft genug von Ärzten verordnet worden sind.

Aber manche Eltern wollen solche Dinge vielleicht gar nicht wissen. Sie glauben, das Konsumieren von suchtmachenden Substanzen ist Teil der

Kindesentwicklung und die *kleine Fehlentwicklung* kann durch eine Maßnahme, die das Zauberwort *Therapie* trägt, jederzeit wieder korrigiert werden.

Beispiel:

Ein Jugendlicher wird an einem Mittwoch, gegen 02.00 Uhr, mit Haschisch-platte erwischt. Er ist 15 Jahre alt und treibt sich in der Innenstadt einer Großstadt herum. Die Haschischplatte wurde bei einer polizeilichen Kontrolle gefunden. Den kontrollierenden Beamten waren im Vorbeifah-ren zwei junge Männer aufgefallen, die sich in auffälliger Art und Weise miteinander unterhielten und dabei Gegenstände austauschten.

Augenscheinlich waren beide noch nicht sehr alt. Außerdem hatten sie sich nicht in der Ferienzeit getroffen, sondern an einem Mittwoch, gegen 02.00 Uhr. Aufgrund des Aussehens war zu vermuten, dass beide Ju-gendliche am nächsten Morgen in die Schule gehen müssen.

Als das Polizeifahrzeug gewendet hatte und die Kontrolle begann, war bereits einer der Männer verschwunden. Der Angetroffene war der 15-Jährige, der sich weigerte, Personalien anzugeben und deshalb in Gewahrsam genommen wurde, um erstens seine Identität zu überprüfen und zweitens eine körperliche Durchsuchung nach gefährlichen Gegen-ständen und Personalunterlagen durchzuführen. Dabei wurde quasi als Zufallsfund die besagte Haschischplatte gefunden.

Dem Jugendlichen war daraufhin die Festnahme erklärt worden. Die Eltern wurden verständigt und erfuhren, dass gegen ihren Sohn eine Anzeige wegen Verstoßes gegen das BtMG erstattet werden muss.

Die Mutter, der die Frage gestellt worden war, wie es sein kann, dass ein 15-Jähriger an einem Schultag nachts um 02.00 Uhr in der Innenstadt mit Haschisch unterwegs ist, wurde ungehalten. Sie drohte mit einem Disziplinarverfahren gegen die Beamten und erklärte, man könne einem 15-Jährigen doch nicht mehr verbieten, „mal" auszugehen.

Weitere Einzelheiten zum Rest dieser wahren Geschichte möchte ich hier nicht beschreiben. Doch eine Frage habe ich mir damals gestellt. Wohin soll ein derartiger Erziehungsstil führen, der leider kein Einzelfall ist?

Er führt meiner langjährigen Erfahrung zufolge häufig dazu, dass sich Jugendliche leichter zum strafbaren Konsum bestimmter Substanzen hin-reißen lassen, immer im Hinterkopf, dass die Erwachsenen davon ausge-hen, dass dieses Verhalten zur jugendlichen Experimentierphase gehört oder sie einfach darauf bauen, dass ihr elterliches Umfeld leicht getäuscht werden kann.

Und mit dieser Vermutung liegen die Jugendlichen gar nicht so falsch. Wie oft habe ich Eltern erlebt, die Drogenstraftaten ihrer Söhne und Töchter heruntergespielt hatten und dann total überrascht waren, wenn es zu einer Bestrafung kam, oder es bei der Beantragung einer Fahrerlaubnis Probleme gab. Zum Teil versuchen solche Eltern sogar, die jeweiligen Ermittlungsbeamten anzugehen und deren Tätigkeit als „unmöglich" zu bezeichnen. Die häufig fehlende Sozialkontrolle der Eltern trägt ihren Teil zu dieser negativen Entwicklung bei.

Wird diese Entwicklung noch durch Lehrer, Ausbilder oder sonstige wichtige Bezugspersonen unterstützt, können die Jugendlichen schnell die Orientierung verlieren und rechtfertigen ihr eigenes Verhalten im Umgang mit bedenklichen Substanzen auch mit der Toleranz ihres Umfeldes.

Viele Erwachsene bedenken nicht, dass die Praktik, Drogen und bestimmte Medikamente aus Neugierde zu probieren oder den Konsum in einer bestimmten Gruppe als Ritual zu betrachten, schnell in eine Suchtproblematik führen kann und dann auch das Abwandern in eine *Randsider* Gruppe begünstigt, in der regelmäßige Arbeit nicht unbedingt an Nummer *eins* der gruppenrelevanten Normen und Werte steht.

Betriebe, die interessierte Jugendliche ausbilden, müssen sich aber – glaubt man den Aussagen von Drogenexperten – auch damit auseinandersetzen, dass ihre Lehrlinge oder Auszubildenden in die Versuchung kommen können, Drogen und Medikamente auszuprobieren oder auch regelmäßig zu konsumieren – auch in der Berufsschule und am Arbeitsplatz. Und natürlich an Wochenenden vor der Arbeit.

Drogen- und Medikamentenmissbrauch findet definitiv nicht nur in Fernsehsendungen oder bei Nachbarn statt, sondern überall und deshalb auch im Arbeitsbereich.

Und deshalb können meiner Ansicht nach gerade Ausbildungsbetriebe einen wesentlichen Beitrag zur Vermeidung von Sucht und Abhängigkeit leisten. Eine angemessene Sozialkontrolle der Auszubildenden durch die Verantwortlichen kann den Auszubildenden selbst, den Ausbildern und damit den Betrieben selbst helfen.

Es muss nicht darauf gewartet werden, dass ein „Schützling" in den Verdacht des Substanzmissbrauches gerät, sondern man sollte ein effektives und auf die betrieblichen Aufgaben und die Zielgruppe abgestimmtes Präventionskonzept erarbeiten, dass kontinuierlich verfolgt wird.

Welche Kriterien sollten deshalb Ausbilder und der/die Verantwortliche(n) für die Ausbildungsmaßnahmen beachten?

Zunächst einmal die Substanzen, die neben Alkohol am häufigsten im Jugendbereich oder im Bereich von Werkstudenten angetroffen werden können. Lassen Sie mich mit einem Inhaltsstoff für Fertigarzneimittel beginnen, der dem BtMG unterstellt ist.

METHYLPHENIDAT (RITALIN®, MEDIKINET®, CONCERTA®)

Bei einer Verbrauchsmenge von ca. 1.900 kg METHYLPHENIDAT-Base (jährlich), das vor allem zur Behandlung von Verhaltensauffälligkeiten im Kindes- und Jugendalter, in Medikamenten wie RITALIN®, MEDIKINET® oder CONCERTA® verarbeitet wird und dem Betäubungsmittelgesetz (s. Anlage III des BtMG) unterstellt ist, ist rein statistisch gesehen die Wahrscheinlichkeit hoch, dass auch Lehrlinge in Ihrem Betrieb derartige Medikamente einnehmen müssen (sollen) oder sie als Mittel zur Leistungssteigerung missbrauchen.

Deshalb ist es für die Sicherheit der Lehrlinge und Auszubildenden in Ihrem Arbeitsbereich wichtig, zu wissen, welche Personen ärztlich verordnete, betäubungsmittelhaltige Arzneimittel mit dem Inhaltsstoff METHYLPHENIDAT einnehmen müssen.

Das gewonnene Wissen darf jedoch in keinem Fall zu einer Stigmatisierung der Betroffenen oder zu einer Benachteiligung dieser führen, sondern sollte ausschließlich genutzt werden, um arbeitssicherheitsrelevante Konzepte zu erarbeiten und die betroffenen Mitarbeiter und deren Kollegen zu schützen.

Praktische Tipps

So können Sie mit einem erfahrenen Rechtsanwalt für Arbeitsrecht oder dem Hausjuristen einen Ausbildungsvertrag entwerfen, in dem klare Regelungen getroffen sind, wie sich der Auszubildende und die Verantwortlichen des Betriebes zu verhalten haben, wenn hochwirksame oder betäubungsmittelhaltige Medikamente eingenommen werden müssen.

In einem derartigen Ausbildungsvertrag sollten klare Vereinbarungen für Fälle getroffen werden, in denen ein Missbrauchsverdacht (Drogen und Medikamente) bekannt wird.

Des Weiteren erleichtert das unterschriftlich bestätigte Einverständnis aller Vertragspartner zu Detektions-Tests, mit dem Hintergrund der Fürsorgepflicht dem Mitarbeiter gegenüber und zur Erhaltung der Arbeitssicherheit, die betriebliche Orientierung bezüglich des legalen und illegalen Einsatzes von bestimmten Substanzen und die Einleitung nötiger, präventiver Maßnahmen durch die Ausbilder.

Solche Verträge sollten, schon zur Vermeidung von Stigmatisierung, nicht auf bestimmte Substanzen abgestimmt werden, sondern generelle Regelungen für die
- therapeutisch nötige Einnahme von Medikamenten,
- für die missbräuchliche Einnahme von hochwirksamen Medikamenten und
- den Konsum und Besitz illegaler Drogen am Arbeitsplatz

enthalten.

Ferner sollen die konkreten Maßnahmen oder Sanktionen beschrieben werden, die von Seiten der Firma angedacht sind, wenn zum Schutz des Mitarbeiters oder zur Erhaltung der Arbeitssicherheit Handlungsbedarf gegeben ist. Die Möglichkeiten sind vielfältig und sollten vor Einführung in der Firma immer juristisch geprüft werden. Dann sind Maßnahmen wie Verwarnung, Entlassung oder eine Anzeige nach Feststellung des Besitzes illegaler Drogen am Arbeitsplatz oder Verpflichtungserklärungen zu Therapiemaßnahmen möglich und halten auch bei arbeitsrechtlichen Auseinandersetzungen einer Überprüfung stand.

Auszubildende oder Lehrlinge, die METHYLPHENIDAT-haltige Medikamente aus therapeutischer Notwendigkeit heraus einnehmen müssen, sollten dies vor Beginn ihrer Tätigkeit dem Unternehmen anzeigen. Ist dies geschehen, müssen die vereinbarten Verhaltensmaßregeln genau beachtet werden, damit die Betroffenen ohne Risiko für sich, die Auftraggeber und für die Verantwortlichen des gesamten Unternehmens arbeiten dürfen.

Dazu können Sie (die zuständigen *Führungskräfte* oder *Fachkräfte für Arbeitssicherheit*) bei der Beschaffung notwendiger Gutachten mitwirken, die erforderlich sind, damit der betroffene Mitarbeiter beispielsweise Kraftfahrzeuge führen darf. Oder Sie können zentral regeln, wer sich um die Beschaffung einer Bescheinigung nach *Art. 75 des Schengener Durchführungsabkommens* kümmert, wenn der mit betäubungsmittelhaltigen Arzneimitteln therapierte Auszubildende oder Werkstudent in Länder des Schengen-Raumes reisen muss.

Eine Unterstützung können Sie auch für die Klärung der versicherungs- und haftungsrechtlichen Fragen anbieten, deren Beantwortung wichtig ist, wenn Mitarbeiter betäubungsmittelhaltige Medikamente einnehmen müssen

Doping

Natürlich sollten Sie bei der Betrachtung der Gesamtproblematik darauf achten, dass Ihre Auszubildenden nicht versuchen, die eigene Leistungsfähigkeit mit geeigneten Medikamenten zu steigern.

Bauen Sie Themen wie Neurodoping, Sportdoping und sonstige missbräuchliche Nutzung von Drogen und Medikamenten in Ausbildungsverträge oder Betriebsvereinbarungen ein und benennen Sie die Zielgruppen *Auszubildende, Werkstudenten und Ausbilder* konkret.

Wie bereits oben ausgeführt, können Sie speziell im Ausbildungsbereich die ersten Maßnahmen zur Reduzierung von Substanzmissbrauch einführen, ohne großen Widerstand zu erzeugen.

Illegale Drogen

Haschisch, XTC, Amphetamin und Crystal sind die illegalen Drogen, die vorwiegend von Jugendlichen konsumiert werden. Nach Untersuchungen von Experten werden die Erstkonsumenten immer jünger. Oft empfinden die Konsumenten – aus den bereits umfassend erläuterten Gründen – keinerlei Unrechtsbewusstsein. Dabei liegen die Gründe auch in der Gruppendynamik, der viele Jugendliche erliegen.

Der Drogenkonsum in Diskotheken oder Music-Clubs ist heute weitverbreitet. Dabei tauchen auch die bereits erwähnten LEGAL HIGHS, allen voran SPICE, immer häufiger auf.

In diesem Zusammenhang kann man die Frage in den Raum stellen, ob die Aufklärungsmaßnahmen im betrieblichen Bereich geeignet sind, um die betroffenen Konsumenten zu erreichen und sie auch im Privatleben zu einem Umdenken zu bewegen?

Ich glaube, es wäre einen Versuch wert. Vor allem, wenn die Auszubildenden eigenverantwortlich die Thematik aufgreifen und eigene Ideen zur Reduzierung von Substanzmissbrauch in *ihrem Arbeitsbereich* organisieren, sehe ich die Möglichkeiten, dass sich diese Ideen auf den gesamten Betrieb übertragen können und somit ein wichtiger Beitrag zum Gesundheitsmanagement geleistet wird. Außerdem wird die Selbstkontrolle intensiviert.

Neben Haschisch, Marihuana und SPICE werden speziell vor dem Wochenende von Szenegängern gerne aufputschende Substanzen (XTC, Amphetamin, Crystal oder Fertigarzneimittel mit dem Inhaltsstoff METHYLPHENIDAT) eingenommen, um die Nächte durchfeiern zu können. Am Sonntag bereitet man sich dann – auch noch am Anfang einer möglichen Drogenkarriere – auf den Arbeitsbeginn am Montag vor und da man weiß, dass man nach dem Konsum der aufputschenden Präparate schlecht schlafen kann, sucht man sich Substanzen, die beruhigen.

Man geht dann gerne – quasi präventiv – zu sogenannten *Chillout Parties*, um dort Haschisch oder Marihuana zu rauchen oder Downers (Pillen mit beruhigender oder sedierender Wirkung) einzunehmen (= *einzuwerfen*).

Doch der Kiffer (= Haschisch- oder Marihuana-Raucher) der sich nach dem Konsum seiner bevorzugten Drogen zusätzlich mit Weckaminen wie Amphetamin, Crystal oder mit Pillen wie RITALIN® wieder wach macht, um zur Arbeit gehen zu können, ist nicht unbedingt die Ausnahme.

Angehörige von gewalttätigen Jugendgruppen greifen gerne auf Schmerzmittel wie TILIDIN® zu, um bei Auseinandersetzungen mit anderen Gruppen (Fan-Gruppen im Fußballbereich) schmerzunempfindlicher zu sein.

Sie sollten Ihre Auszubildenden speziell nach Wochenenden aufmerksam beobachten und schnell handeln, wenn sich ein Verdacht des Substanzmissbrauchs ergibt. Das gilt im Übrigen natürlich auch für Alkohol. Ein Zusammenwirken mit einer Initiativgruppe der Auszubildenden könnte hier Ihre Führungsarbeit unterstützen. Eine angemessene Sozialkontrolle kann für sich alleine schon präventiv wirken.

Sie haben nämlich nicht nur rechtliche Verpflichtungen, sondern Sie können als Ausbilder oder Verantwortlicher für Auszubildende tatsächlich die Voraussetzungen dafür schaffen, dass diese nicht in einen Abhängigkeits- oder Suchtstrudel geraten. Dazu sollten Sie Ihre Schützlinge gut kennen und beobachten, und selbstverständlich über ein gutes Grundwissen über Drogen und Medikamente verfügen, um Ihre Beobachtungen richtig interpretieren zu können. Lehnen Sie deshalb grundsätzlich alle Arten von Drogen und den missbräuchlichen Einsatz von Medikamenten ab!

Sie sollten die Einstellung vieler Eltern, die Haschisch und Marihuana als *leichte Drogen* einstufen, die „gar nicht so schlimm" sind, nicht teilen. Kritisieren Sie lieber die lasche Einstellung vieler Erwachsener zu unserem Thema und bieten Sie den Jugendlichen stichhaltige Argumente an, die gegen Substanzmissbrauch sprechen.

Allein die Tatsache, dass Haschisch noch vor 10–20 Jahren einen THC-Gehalt von maximal 3–8 Prozent hatte, während jetzt 20 Prozent und mehr keine Ausnahmen sind und die Jugendlichen zum Teil mit schweren Psychosen in psychiatrische Behandlung müssen, sollte ein stichhaltiges Argument sein.

Professor Dr. Dormann – Chef der Notaufnahmestation des Klinikums Fürth/Bayern – bezeichnet Cannabis als **die** „*Sportdroge*" mit völlig unterschätzten Folgen durch die Konsumenten, weil es ein regelrechter Sport unter Jugendlichen geworden ist, Cannabisprodukte zu konsumieren.

An zweiter Stelle rangieren SPICE und das als KO-Tropfen bekannte GBL, dass gerne auch Mädchen ohne ihr Wissen verabreicht wird, um sie gefügig zu machen. Die Mädchen erleiden dann einen *Filmriss* und können sich am nächsten Morgen an nichts mehr erinnern.

Die Hoffnung, durch Blut- oder Urinuntersuchungen Klarheit bezüglich des Vorfalls zu bekommen, muss ich enttäuschen. GBL wird innerhalb weniger Minuten in körpereigenes GHB umgewandelt und ist deshalb nach mehreren Stunden nicht mehr nachweisbar.

Deshalb geben Sie den TIPP weiter:
Keine Gläser in Diskotheken oder Clubs stehenlassen und dann aus ihnen trinken. Lieber ein neues, verschlossenes Getränk ordern. Das kann ein absolut unangenehmes Erlebnis oder gar Opfer eines Verbrechens zu werden, verhindern.

Feststellung von Drogen- oder Medikamenteneinfluss bei Auszubildenden

Den Einfluss von Drogen und Medikamenten kann man auch als Laie an Verhaltensänderungen der Auszubildenden feststellen. Der immer müde Lehrling, der nach einer kurzen Pause auffällig wach und aktiv ist, oder der Dauerraucher, der mit Kollegen zur Zigarettenpause aufbricht und 10 Minuten später mit glasigen Augen und extrem gechillt zurückkommt, sollte Ihre Aufmerksamkeit wecken. Näheres zur Erkennung von Substanzmissbrauch habe ich bereits abgehandelt.

Oft genug haben mir erfahrene Lehrer erzählt, dass Schüler in den Pausen Cannabisprodukte konsumierten, ihre Wesensänderungen aber von einigen Lehrkräften aus Unkenntnis nicht wahrgenommen worden sind. Ich schließe ähnliche Situationen im Arbeitsbereich nicht aus.

Dabei sollte aber den Verantwortlichen auch klar sein, dass nicht jeder Jugendliche, der einmal verschläft oder unpünktlich am Arbeitsplatz erscheint, Kontakt mit Drogen hat oder missbräuchlich Medikamente einnimmt.

Agieren Sie mit Bedacht und Überlegung und setzen Sie Ihren gesunden Menschenverstand ein, wenn es um die Bewertung einer Vermutung oder einen Verdacht hinsichtlich eines möglichen Substanzmissbrauches durch Auszubildende geht!

Einerseits sollen Sie aufmerksam sein, andererseits wäre es fatal, hinter jeder Verhaltensänderung der Auszubildenden oder Schüler gleich einen kriminellen Hintergrund oder Substanzmissbrauch zu sehen. Überreaktion wäre ebenso fatal wie das Ignorieren von Fehlverhalten, insbesondere dann, wenn sich herausstellen würde, dass Sie mit ihrem Drogenverdacht völlig falsch lagen. Der Betroffene wird dann oftmals stigmatisiert und findet keine Anerkennung mehr im Arbeitsbereich. Das kann besonders bei Jugendlichen dramatische Folgen haben.

Sie könnten aber effektiv und wirklich zielgerichtet agieren, wenn Sie sich intensiver mit der Thematik beschäftigen und zur Wissensvertiefung ein auf Drogen- und Medikamentenmissbrauch bezogenes Seminar besuchen. Eine Investition, die sich für Sie, den Betrieb und Ihre untergebenen Mitarbeiter oder Auszubildenden rentiert.

Ebenso können Veranstaltungen der jeweiligen Kriminalberatungsstellen in Ihrem Tätigkeits- oder Wohnbereich für Ihre Arbeit sehr hilfreich sein.

Ich war mehrfach Referent solcher Veranstaltungen und es war teilweise erschütternd, wie naiv Führungskräfte oder Ausbilder von Lehrlingsbetrieben beim Thema „Drogen und Medikamente" waren.

Mein Tipp:
Eignen Sie sich Wissen über Drogen und Medikamente, aber auch über IN-Kneipen an, weil derartiges Wissen speziell im Arbeitsleben mit Jugendlichen wichtig ist. Sie sollten aber auch nicht bei jeder Vermutung mit „Kanonen auf Spatzen schießen", sondern aufmerksam sein sowie angemessen und konsequent handeln.

Bei mehrmalig festgestellten Auffälligkeiten sollte man dagegen durchaus die Möglichkeit nicht ausschließen, dass die Ursache – auch – im Konsum von Drogen oder Medikamenten liegen könnte.

Statements wie *„ihr trinkt eben Alkohol, wir kiffen"* hörte ich bei derartigen Veranstaltungen immer wieder, und musste dabei feststellen, dass ebenso viele Jugendliche keinerlei Ahnung von den tatsächlichen Wirkungen hatten oder ihre Erfahrung aus *Kiffer-Foren* im Internet hatten.

Ihnen muss bewusst sein, dass Meinungen, die im Internet publiziert sind, von Vielen glaubwürdiger eingestuft werden, als Warnungen von Erwachsenen, Ausbildern oder Vorgesetzten.

Sie haben es zum Teil in der Hand, durch Ihr Basiswissen Einfluss auf diese falsche Einstellung Ihrer *Schutzbefohlenen* zu nehmen. *Wie Sie das anstellen können?*

Zunächst sind Drogen und Medikamente auf sachlicher Basis auch im Wirtschafts- und Industriebereich zu thematisieren. Umgang mit illegalen Drogen und missbräuchliche Nutzung von Medikamenten sollte im Ausbildungsbereich kategorisch abgelehnt werden.

Deshalb halte ich es – auch aus betrieblicher Sicht – durchaus für wünschenswert, wenn sich die Verantwortlichen entschließen könnten, in der **Lehrlingsausbildung** das **Thema „Drogen und Medikamente"** häufiger zu integrieren, um erstens einen Betrag zur Verhinderung von Suchtproblemen und damit zur Vermeidung von Ausfällen im Betrieb oder der Verschlechterung von Arbeitsqualität zu leisten und dadurch zweitens die Voraussetzungen dafür zu schaffen, dass die Auszubildenden neben der rein fachlichen Ausbildung auch erfahren, dass ihre Arbeitsleistung, die Sicherheit ihres Arbeitsplatzes und die dauerhafte Sicherung der Qualität ihrer Arbeit nicht nur von computergestützter Qualitätskontrolle abhängt, sondern vor allem auch von der körperlichen und geistigen Gesundheit jedes einzelnen Mitarbeiters.

Fallbeispiele mit den beschriebenen praktischen Folgen für die Betroffenen im Alltag – wie die Versagung oder der Entzug einer Fahrerlaubnis, Auflagenmöglichkeiten eines Jugendgerichtes oder tragische Unfälle durch den Konsum gefährlicher Substanzen – durch einen interdisziplinär arbeitenden und aus der beruflichen Erfahrung sprechenden Fachmann, kamen bei zahlreichen Veranstaltungen bei den Jugendlichen und Studenten gut an. Sie zeigten eine deutlich durchschlagendere Wirkung, wenn es um die Sensibilisierung und die Vermeidung von Drogen- und Medikamentenmissbrauch und der Einhaltung notwendiger Verhaltensregeln bei ärztlich verordneten Präparaten ging, als rein wissenschaftlich orientierte Veranstaltungen.

Um eine durchschlagende Wirkung in einem **Betrieb, der Lehrlinge ausbildet,** zu realisieren, erscheint mir zusätzlich die **Schulung** von **Sicherheitsfachkräften** und **Personalsachbearbeitern** und vor allem der **Lehrlingsausbilder** und **Berufsschullehrer** wichtig.

Gerade diesen Personenkreisen sollte die Möglichkeiten der Erkennung von Drogen und Medikamenten, die Erkennungszeichen von möglichem Drogenmissbrauch, aber auch die jeweiligen „In-Medikamente" im Jugend- und Neurodopingbereich aufgezeigt werden, und zwar nicht nur von rein medizinisch oder therapeutisch orientiertem Schulungspersonal, sondern von Praktikern, die täglich mit der Problematik „Drogen und Medikamente" und den Folgen im Alltag zu tun haben.

Hier bieten sich als Referenten langjährige Mitarbeiter der örtlichen Kriminalpolizei, Streetworker oder auch Mitarbeiter von Suchtkliniken an. Sie verfügen über die Fähigkeit, ihren Zuhörern die Gefahren interdisziplinär darzustellen, und die Auswirkungen auf die Gesundheit und die Folgen im Alltag mit aufschlussreichen und interessanten Fallbeispielen zu beschreiben. Am sinnvollsten halte ich in diesem Zusammenhang Bildungsmaßnahmen, bei denen alle genannten Personengruppen ihre beruflichen Erfahrungen weitergeben, da dadurch das Problem interdisziplinär, aus unterschiedlichen Blickwinkeln und mit den verschiedenen Zielrichtungen beleuchtet wird.

Besuche von Entzugseinrichtungen oder Nachsorgeeinrichtungen mit den Jugendlichen habe ich als äußerst lehrreich erlebt, vor allem dann, wenn die Besucher mit den Patienten sprechen konnten. Sie haben dadurch erfahren, dass Suchtpatienten ihr Leben mit einer schweren Krankheit leben müssen und es sich nicht um „heruntergekommene Menschen" handelt, sondern um ganz normale Zeitgenossen, die oft schleichend und naiv in eine Suchtproblematik abgerutscht sind.

Der Spruch „*Vorsicht ist besser als Nachsicht*" wurde bei solchen Besuchen grundsätzlich in einem anderen Licht gesehen.

Zusammenfassung empfohlener Maßnahmen in Lehrbetrieben

- Aufnahme von Maßnahmen im Ausbildungsvertrag (Siehe Arbeitsschutzgesetz u. ä. Bestimmungen) bei Gebrauch von Medikamenten und Drogen.
- Einrichtung von Azubi-Arbeitsgruppen zur Planung von Maßnahmen im Falle von Drogen- oder missbräuchlichem Medikamentenkonsum vor und während der Arbeit, bei Einbindung des Betriebsrats, der Personalabteilung und der Firmenleitung.
- Aufklärung über die Auswirkungen von Drogen und Medikamenten auf die Arbeitsleistung, die Konzentration und über die rechtlichen Folgen.
- Aufklärung über Vortestmöglichkeiten im Betrieb und die Konsequenzen bei positivem Testergebnis (Individualrechte der Mitarbeiter beachten!)
- Aufklärung über versicherungstechnische, strafrechtliche und arbeitsrechtliche Folgen von Drogen- und Medikamentenmissbrauch im Arbeitsbereich.
- Besuche von Drogen- und Medikamentenentzugskliniken mit Gesprächen dort untergebrachter Patienten und deren Betreuer.

Zum Abschluss räume ich ein, hier – ohne Anspruch auf Vollständigkeit – eine optimale und umfassende Vorbeugung und Aufklärung in Lehrlingsbetrieben anzustreben, also den *Idealfall*.

Mir ist durchaus bewusst, dass in der Praxis in Ihrer Firma nicht immer jede Idee in der vorgeschlagenen Form zu realisieren sein wird. Doch wenn Sie ernsthaft prüfen, welche Präventivmaßnahmen umsetzbar sind und dann tatsächlich beginnen, Ihre eigenen Ideen in die Praxis umzusetzen und dabei auch Rückschläge einkalkulieren, haben Sie mittelfristig sicher viel für Ihr Unternehmen und vor allem Ihre zukünftigen Mitarbeiter erreicht.

Wie viele Mitarbeiter durch Ihre präventiven Ideen und Ihre Konsequenz im Verdachtsfall wirklich vor Sucht und Abhängigkeit bewahrt worden sind, werden Sie allerdings vermutlich nie erfahren.

Und dennoch – versuchen Sie es, es lohnt sich – auch für Ihr Unternehmen!

Schlusswort

Sie haben jetzt einige Gedankenanregungen zur Problematik „Medikamente und Drogen im Arbeitsbereich" erhalten und haben nun die freie Wahl, Entscheidungen zu treffen, um Ihre Mitarbeiter, Ihr Unternehmen/Ihren Betrieb und sich selbst zu schützen. Prävention können Sie für Ihren Bereich leisten und gleichzeitig für andere ein Zeichen setzen.

Das Buch soll – ich habe bereits darauf hingewiesen – kein wissenschaftliches Lehrbuch sein, das alle Fragen klärt und wissenschaftlich belegt. Dazu ist das Thema zu komplex und die verschiedensten Betriebe, Firmen und Unternehmen sind zu unterschiedlich strukturiert.

Es sollte Sie sensibilisieren, Gedanken und Erfahrungen weitergeben und Ihnen die Chance bieten, die Fakten aufzugreifen, die in Ihrem persönlichen Arbeitsumfeld wichtig sein könnten.

Wenn ich Ihren bisherigen Blick oder Ihre Einstellung zur Thematik ein wenig verändern konnte, habe ich viel erreicht.

Wenn ich es geschafft habe, Ihnen zu zeigen, dass auch speziell Sie mit der Problematik konfrontiert werden können, weil Medikamente nicht nur Heilung, Schmerzfreiheit und Linderung bringen können, sondern auch die Verantwortung des jeweiligen Patienten, seines Arztes oder der Vorgesetzten fordern, haben wir bestimmt ein bedeutsames Stück auf dem Weg der Reduzierung von Substanzmissbrauch zurückgelegt. Wir können dann die Vorteile moderner Medizin nutzen und gleichzeitig die möglichen Nachteile kalkulieren.

Sicher werden meine Ausführungen und Erfahrungen nicht immer wohlwollend in den Führungsetagen aufgenommen. Doch man kann nicht immer bequem sein, wenn es um Problemlösungen geht.

Meine langjährige Erfahrung und vor allem mein anfänglicher Leidensweg aufgrund meiner Kritik an der massenhaften Verordnung von METHYLPHENIDAT-haltigen Medikamenten sowie die spätere EU-Kommissionsentscheidung, die meine Warnungen schließlich bestätigte, haben mir gezeigt, dass es sich sehr wohl lohnt, berufliche Erfahrungen weiterzugeben, um für bestimmte Themen zu sensibilisieren.

Meine bisherige Arbeit hat Früchte getragen, nicht nur bei METHYLPHENIDAT. Gesellschaft und Politik sind sensibilisiert, wie interdisziplinäre Meetings zeigen.

Es liegt jetzt an uns allen, mitzuhelfen, die enormen Kosten, die durch Missbrauch bestimmter Substanzen und durch die nötigen Suchttherapien entstehen, zu senken.

Wir können aber auch wegschauen und abwarten, bis weitere, engere gesetzliche Regeln und Kontrollen die vorhandenen therapeutischen Möglichkeiten moderner Medizin einschränken, weil wir wieder einmal glaubten, alle Möglichkeiten (aus-)nützen zu müssen, selbst dann, wenn wir dadurch andere Menschen belasten und uns mittelfristig selbst großen Schaden zufügen könnten. Denn allein die Kostenexplosion im Gesundheitsbereich wird zu Maßnahmen der Verantwortlichen führen müssen, die uns alle treffen. Was kommt dann noch, wenn der Substanzmissbrauch weiter zunimmt?

Noch sitzt das Kind auf dem Brunnenrand. Wir können sicherlich noch etwas tun, damit es nicht hineinfällt. Helfen Sie doch mit!

Danke.

Anhang

I. Abkürzungen/Begriffserklärungen

ABDA
steht für die *Bundesvereinigung Deutscher Apothekerverbände* (www.abda.de)

Abhängigkeit
in der Umgangssprache auch als *Sucht* bezeichnet, steht als Sammelbegriff in der Medizin, Psychiatrie und klinischen Psychologie für die dringende Angewiesenheit zwischen Personen oder einzelner Personen von Substanzen oder anderen Umständen. Bei Drogensucht geht man von einem Krankheitsbild durch den Gebrauch von Suchtstoffen (psychotropen Substanzen) aus.

Das Wort Co-Abhängigkeit steht für ein Krankheitsbild, bei dem das Tun oder Unterlassen von Bezugspersonen die stoffliche Abhängigkeit einer Person verstärkt.

ADHS/ADS
sind Abkürzungen, die für **Aufmerksamkeitsdefizitsyndrom (ADS) und Hyperaktivitätsstörung (ADHS)** stehen. Auch die Formulierung **Hyperkinetische Störung (HKS)** wird gelegentlich verwendet. Dabei handelt es sich um eine, bereits im Kindesalter beginnende, psychische Störung mit Beeinträchtigungen in den Bereichen Aufmerksamkeit und Impulsivität, sowie ausgeprägter körperlicher Unruhe (Hyperaktivität).

ADS und ADHS wurden bis 2009 vorwiegend mit Medikamenten behandelt, die METHYLPHENIDAT enthielten, also einem dem Betäubungsmittelgesetz unterliegendem, zur Gruppe der Amphetamine zählenden Inhaltsstoff.

Die Verschreibung der Medikamente an Erwachsene war nur im Rahmen einer *Off-Label-Use-Verordnung* möglich.

Nach einem zweijährigen *Risikobewertungsverfahren*, das die EU-Kommission in Auftrag gegeben hatte, führte das in einem über 40seitigem Anhang beschriebene Ergebnis und die darin dargestellten Nebenwirkungen zu einer europaweit gültigen EU-Kommissionsentscheidung, die die Behandlungsmodalitäten änderte und von den Fachgesellschaften der Ärzte und Psychologen sofort umgesetzt wurde.

Kurze Zeit später erfolgte die Zulassung von Medikamenten mit dem Wirkstoff METHYLPHENIDAT auch an Erwachsene.

Therapeutisch gesehen wird ADS/ADHS nach den Kriterien der ICD-10-Klassifikation beschrieben.

Klassifikation nach ICD-10	
F90.–	Hyperkinetische Störungen
F90.0	Einfache Aktivitäts- und Aufmerksamkeitsstörung
F90.1	Hyperkinetische Störung des Sozialverhaltens
F90.8	Sonstige hyperkinetische Störungen
F90.9	Hyperkinetische Störung, nicht näher bezeichnet
F98.–	Andere Verhaltens- und emotionale Störungen mit Beginn in der Kindheit und Jugend
F98.8	Sonstige näher bezeichnete Verhaltens- und emotionale Störungen mit Beginn in der Kindheit und Jugend – Aufmerksamkeitsstörung ohne Hyperaktivität

Quelle: ICD-10 online (WHO-Version 2013)

Akzeptanz

als Begriff effektiver Führungstätigkeit bedeutet die Bereitschaft, etwas oder jemanden zu akzeptieren. Dabei sind Freiwilligkeit und eine aktive Komponente notwendig.

Anabolika

(aus dem Griechischen *anabolé* – Aufwurf, *ana* – auf und *ballein* – werfen) sind Substanzen zum Aufbau körpereigenen Gewebes und zur Förderung einer verstärkten Proteinsynthese.

Die bekanntesten Vertreter der Anabolika-Gruppe sind die anabolen Steroide. Neben Testosteron selbst kommen Steroide, die Testosteron ähnliche Wirkung zeigen, zur Anwendung. (Wichtigste Vertreter sind – Dehydrochlormethyltestosteron, Nandrolon, Metandienon, Stanozolol, Furazabol und Metenolon *(Quelle: WIKIPEDIA)*.

Charakteristische Nebenwirkungen sind Akne, Herz-Kreislauf-Probleme und Leberschäden (unter anderem Peliosis hepatis).

Ärztehopping

Englisch als *doctor shopping* bezeichnet, ist ein von den Krankenkassen eingeführter Begriff. Sie bezeichnen damit die Inanspruchnahme von mehreren Ärzten der gleichen Fachgruppe ohne Überweisung durch einen Hausarzt, um zum Beispiel an ein Mehr an gewünschten Medikamenten, teilweise mit hochwirksamer Wirkung, zu gelangen. Sucht ein Patient einen weiteren Arzt auf, um sich eine zweite therapeutische Meinung einzuholen, kann man nicht von Ärztehopping sprechen.

Ärztehopping kann die Behandlungskosten für die Solidargemeinschaft der gesetzlich Versicherten massiv ansteigen lassen und zur unkontrollierten Einnahme bestimmter Medikamente führen.

Aus diesem Grund versuchen verschiedene Behörden und Institutionen gemeinsam Wege zu finden, Ärztehopping zu unterbinden. Dabei stoßen sie aber immer wieder an Grenzen, insbesondere wegen der individuell geschützten Daten (Datensicherheit).

Arbeitsschutzvorschriften

Diese wurden geschaffen, um Maßnahmen der Unfallverhütung und Schutzmaßnahmen für Arbeitnehmer zu regeln. Sie beinhalten Maßnahmen, Mittel und Methoden zum Schutz der Beschäftigten vor arbeitsbedingten Sicherheits- und Gesundheitsgefährdungen.

Die Verpflichtungen des Unternehmers zu Arbeitssicherheit und Gesundheitsschutz sind heute im Sozialgesetzbuch VII (SGB VII) festgeschrieben.

Die dort festgeschriebenen deutschen Gesetze werden jedoch zunehmend durch die Umsetzung europäischer Richtlinien, im Rahmen der internationalen Harmonisierung, beeinflusst.

Derzeit sind wesentliche Vorschriften im *Arbeitsschutzgesetz* und in den *Unfallverhütungsverschriften* enthalten.

Benzodiazepine

Benzodiazepine sind bicyclische, organische Verbindungen, die zum Teil in der Medizin als angstlösende, zentral muskelrelaxierende, sedierend und hypnotisch (schlaffördernd) wirkende Arzneistoffe verwendet und verordnet werden. In der Literatur findet man auch den Begriff Tranquilizer.

Manche Benzodiazepine werden auch als Antiepileptika eingesetzt. Alle Benzodiazepine wirken auf Rezeptoren des Zentralnervensystems und haben ein hohes Abhängigkeitspotential.

Betäubungsmittelrezept

Ein spezielles Formular für die Verschreibung von Betäubungsmitteln wie etwa MORPHIN, FENTANYL oder METHYLPHENIDAT (RITALIN®, MEDIKINET®).

Aufgrund des häufigen Missbrauchs von Rezeptvordrucken, die zum Teil aus Arztpraxen entwendet werden oder relativ unkompliziert von entsprechenden Druckereien bestellt worden sind, wurden neue Rezeptvordrucke eingeführt.

BGV

steht als Abkürzung für die **Berufsgenossenschaftlichen Vorschriften.** Die deutschen Berufsgenossenschaften haben Unfallverhütungsvorschriften erlassen, die in vier Kategorien eingeteilt sind:

– Kategorie A: Allgemeine Vorschriften und betriebliche Arbeitsschutzorganisation
– Kategorie B: Einwirkungen
– Kategorie C: Betriebsart und Tätigkeiten
– Kategorie D: Arbeitsplatz und Arbeitsverfahren

Diese Vorschriften sind autonomes Recht der Berufsgenossenschaften und sind für die Mitglieder der Berufsgenossenschaften verbindlich.

BtMVVO

steht für Betäubungsmittelverschreibungsverordnung.

Burnout

(englisch: *burn out* – ausbrennen) steht für einen Zustand des **Ausgebranntseins** mit starker emotionaler Erschöpfung und reduzierter Leistungsfähigkeit. Oft kann BURNOUT als Endzustand einer Entwicklung entstehen, die mit idealistischer Begeisterung und Aktivität beginnt und durch verschiedene Erlebnisse zu Desillusionierung und Apathie, psychosomatischen Erkrankungen, zu Depressionen oder Aggressivität und einer erhöhten Suchtgefährdung führen kann.

Bisher ist das Burnout-Syndrom wissenschaftlich noch nicht als Krankheit anerkannt, sondern gilt im ICD-10 als ein Problem der Lebensbewältigung. Es handelt sich um eine körperliche, emotionale und geistige Erschöpfung aufgrund beruflicher oder anderweitiger Überlastung bei der Lebensbewältigung. Diese wird meist durch negativen Stress ausgelöst.

Klassifikation nach ICD-10	
Z73	Probleme mit Bezug auf Schwierigkeiten bei der Lebensbewältigung
Z73.0	**Ausgebranntsein** (Burnout, Zustand der totalen Erschöpfung)

Quelle: ICD-10 online (WHO-Version 2013)

Cannabinoide

SPICE oder LEGAL HIGHS sind künstlich hergestellte Substanzen, die dem Tetracannabinol, also dem natürlichen Inhaltsstoff von Haschisch und Marihuana, ähnlich sind.

Bei SPICE werden Cannabinoide auf Kräutermischungen aufgesprüht. Analysen verschiedener Räuchermischungen haben gezeigt, dass die Wirkung vor allem durch die Beimengung synthetischer Cannabinoide hervorgerufen wird, die vermutlich auf das Pflanzenmaterial (Damiana) aufgesprüht werden. Sie binden sich (meist) an Cannabinoid-Rezeptoren im Gehirn und lösen einen Rauschzustand aus. Mittlerweile sind über 50 synthetische Cannabinoide bekannt.

Chillout-Party

Der Begriff kommt von chillen (engl.: *kühlen*, *abkühlen*; im amerikanischen Slang auch: *sich beruhigen*, *sich entspannen*, *rumhängen*, *abhängen*) und wird häufig im Sprachgebrauch von Jugendlichen benutzt.

Auch hier wird er für „entspannen", „reg' Dich ab!" („Chill mal, Mutter!") oder „abhängen" verwendet.

Chillout-Parties verfolgen in der Jugendszene den Zweck, „abzuhängen", also zu entspannen, z.B. nach lauten und anstrengenden Disco-Veranstaltungen. Chillout Music verfolgt den gleichen Zweck und ist deshalb deutlich weniger aggressiv als verschiedene andere Musikrichtungen. Der Unterschied wird Ihnen deutlich, wenn Sie sich auf Youtube mal aktuelle Disco Music anhören und dann das aktuelle Programm von „Chillout Music" anhören.

In der Drogenszene wird der Begriff auch verwendet, um nach XTC-Konsum zum Durchhalten der anstrengenden Tanzveranstaltungen sanfte Chillout Music zu hören und sich evtl. auch aus dem drogenbedingten „aufgekratzten, hyperaktiven" Zustand durch beruhigende Drogen wie Haschisch oder Marihuana wieder in einen ruhigen Zustand zu versetzen.

Deutsche Hauptstelle für Suchtfragen e.V. (DHS)

Die Deutsche Hauptstelle für Suchtfragen (DHS) wurde 1947 gegründet, um allen in der Suchtkrankenhilfe bundesweit tätigen Verbänden und gemeinnützigen Vereinen eine Plattform zu geben. Mit wenigen Ausnahmen sind sämtliche Träger der ambulanten Beratung und Behandlung, der stationären Versorgung und der Selbsthilfe in der DHS vertreten.

Ziel der DHS-Mitgliedsverbände ist es, ihre Fachkompetenz zu Fragen und Problemen der Suchtprävention und der Suchthilfe organisatorisch zu bündeln. Insofern steht die DHS für die Suchthilfe in Deutschland.

Um die Ziele zu erreichen erscheint jährlich das sogenannte „JAHRBUCH SUCHT":

Jahrbuch Sucht 2017 (Auszug DHS)

Das aktuelle Jahrbuch Sucht
- *enthält die neuesten Statistiken zum Konsum von Alkohol, Tabak, Arzneimitteln sowie zu Glücksspiel, Delikten unter Alkoholeinfluss und Suchtmitteln im Straßenverkehr;*
- *informiert über die Versorgung und Rehabilitation suchtkranker Menschen;*
- *präsentiert die aktuellen Themen „Menschen mit geistiger Behinderung und Suchtmittelkonsum", „Argumentationsstrategien der Tabak-, Alkohol- und Glücksspielindustrie" sowie die „Don't be a maybe – Be Marlboro"-Kampagne von Philip Morris;*
- *liefert ein umfangreiches Adressverzeichnis deutscher und europäischer Einrichtungen im Suchtbereich.*

Bezug: Pabst Sciene Publishers, Eichengrund 28, 49525 Lengerich, Tel.: +49 5484 308, pabst@pabst-publishers.com, www.pabst-publishers.com

Quelle: www.dhs.de

Doping

Unter **Doping** versteht man die Einnahme von unerlaubten Substanzen oder die Nutzung von unerlaubten Methoden zur Steigerung bzw. dem Erhalt der (meist sportlichen) Leistung. Doping ist im Sport weitestgehend verboten, da die für den Sportler häufig mit dem Risiko einer Gesundheitsschädigung einhergehende Anwendung von Dopingmitteln zu einer ungleichen Chancenverteilung im sportlichen Wettbewerb führt.

Leider existieren keine einheitlichen Verbote. Im Dopingbereich wird zwischen Substanzen und Methoden unterschieden, die nur im Wettkampf verboten sind, und solchen, die auch im Training verboten sind.

Dopingmittel und deren Nebenwirkungen

Dopingmittel können erhebliche Nebenwirkungen auslösen. Deshalb sollen sie auch gesunden Menschen nicht verabreicht werden. Die folgende Aufstellung zeigt Nebenwirkungen auf, über die in der medizinischen Literatur berichtet wird. Sie können eintreten, müssen es aber nicht. Das Risiko einer dauerhaften Schädigung (evtl. mit Todesfolge) ist aber grundsätzlich gegeben.

Auch das Risiko rechtlicher Probleme, die durch die Einnahme von verschiedenen, insbesondere betäubungsmittelhaltigen Dopingmitteln entstehen können, ist nicht zu unterschätzen.

	Mögliche Nebenwirkungen
Stimulanzien	schwere Erschöpfungszustände, Zusammenbrüche, Übelkeit, Desorientierung; Herz-Rhythmus-Störungen, Kreislaufversagen; völlige Erschöpfung bis hin zu Todesfällen.
Narkotika	Stimmungs- und Wahrnehmungsveränderung, Koordinationsstörungen; in Kombination mit Stimulanzien schwere Erschöpfungszustände.
Anabole Steroide	Leberschädigung, Beeinträchtigung des Fettstoffwechsels, Begünstigung von Arteriosklerose; Vergrößerung der Herzmuskelfaser bei Verringerung der Kapillardichte fördert das Herzinfarktrisiko; Vermännlichungserscheinungen bei Frauen; Hodenverkleinerung und verminderte Spermienproduktion bei Männern; Erhöhung auch weiblicher Geschlechtshormone bei Männern, Verminderung bei Frauen; Bei Jugendlichen kann vorzeitiger Wachstumsstop eintreten; Zunahme von Muskelverletzungen; auch von psychischen Problemen nach Absetzung von Anabolikapräparaten wird berichtet.
Beta-Blocker	Verminderung der körperlichen Leistungsfähigkeit durch Senkung der Herzfrequenz; negative Wirkungen auf die Herzmuskulatur bei erhöhter Anstrengung.
Diuretika	Kreislaufregulationsstörungen; Kollaps; Muskelkrämpfe; Magen- und Darmstörungen.
Peptidhormone (Wachstumshormone) und analog wirkende Substanzen	Somatropin (Human growth hormon): Anomales Wachstum von Knochen und inneren Organen (Akromegalie); Vergrößerung der Herzmuskelfaser bei Verringerung der Kapillardichte fördert das Herzinfarktrisiko (s. Anabolika); EPO: Verschluss von Kapillaren (bei Flüssigkeitsmangel).
Blutdoping	Infektionsgefahr bei Transfusion von Fremdblut; Gefahr der unsachgemäßen Lagerung und Übertragung des Blutes sowie Überlastungen des Herz-Kreislaufsystems und metabolischer Schock. (Quelle: Donike und Rauth, 1996)

Quelle: WIKIPEDIA (nach: Sehling/Pollert/Hachforth: Doping im Sport; Engelhardt/Neumann – Sportmedizin)

Fentanylpflaster

Dies sind transdermale Pflaster (opioidhaltige Pflaster), die das Analgetikum Fentanyl enthalten und in der Schmerztherapie verwendet werden. Die Verordnung von Fentanylpflastern fällt unter das Betäubungsmittelgesetz.

Die Pflaster sind u. a. unter dem Handelsnamen *Durogesic®* erhältlich und werden in verschiedenen Dosierungen angeboten, wobei sich dafür jeweils die Größe des Pflasters ändert:

- 12,5 µg/h   – 50 µg/h
- 25 µg/h   – 75 µg/h
- 37,5 µg/h   – 100 µg/h

Garantenstellung

Ist ein Begriff aus dem juristischen Bereich. Hinter dem Begriff steht die strafrechtliche Pflicht, dafür einzustehen, dass ein bestimmter tatbestandlicher Erfolg nicht eintritt (siehe § 13 StGB). Sie ist im deutschen Strafrecht notwendige Voraussetzung für eine Strafbarkeit durch Unterlassen (strafbar durch Nichtstun).

Im Arbeitsbereich kann sich aufgrund dieser rechtlichen Situation eine Strafbarkeit für Vorgesetzte ergeben, wenn bestimmte Pflichten vernachlässigt werden oder wenn nichts unternommen wird, um eine mögliche Straftat zu vermeiden. Das Beispiel des alkoholisierten Mitarbeiters, der vom Vorgesetzten den Auftrag erhält, mit einem Auto am öffentlichen Straßenverkehr teilzunehmen, obwohl dieser weiß oder annehmen muss, dass der Mitarbeiter nicht die rechtlichen Voraussetzungen dafür erfüllt, ist ein Schulbeispiel.

IDC-10

Steht für **Internationale statistische Klassifikation der Krankheiten und verwandter Gesundheitsprobleme** (**ICD**, englisch *International Statistical Classification of Diseases and Related Health Problems*). Es ist das wichtigste, weltweit anerkannte Diagnoseklassifikationssystem der Medizin und wird von der Weltgesundheitsorganisation (WHO) herausgegeben.

Jetlag

Eine Wortkombination aus dem Englischen (*jet* – Düsenflugzeug und *lag* – Zeitdifferenz) steht für eine Störung des Schlaf-Wach-Rhythmus, die nach Langstreckenflügen über mehrere Zeitzonen auftreten kann und in der deutschen Übersetzung auch als *Zeitzonenkater* bezeichnet wird.

Legal Highs

Psychoaktive Substanzen, die unter das Neue-psychoaktive-Stoffe-Gesetz (NpSG) fallen. Beispiele sind SPICE und Badesalze, die noch vor Jahren frei verkäuflich waren und nur dann unter das BtMG fielen, wenn Stoffe nach den Anlagen zum BtMG nachgewiesen werden konnten.

Seit November 2016 ist die Rechtslage klar geregelt.

Modafinil® (Vigil)

Wird zur Behandlung der Narkolepsie eingesetzt und gehört zu einer Gruppe psychostimulierender Medikamente. Das Mittel ist rezeptpflichtig.

Nach einer Risikobewertung des Ausschusses für Humanarzneimittel (CHMP) der Europäischen Arzneimittelagentur (EMA) wird das Nutzen/Risiko-Verhältnis von MODAFINIL *nicht länger als günstig angesehen,* wenn es für die Krankheitsbilder

– mittelschweres bis schweres obstruktives Schlafapnoe-Syndrom (OSAS) mit exzessiver Schläfrigkeit trotz adäquater nCPAP-Therapie oder
– mittelschweres bis schweres chronisches Schichtarbeiter-Syndrom mit exzessiver Schläfrigkeit bei Patienten mit Nachtschicht-Wechsel (SWSD), wenn andere schlafhygienische Maßnahmen zu keiner Besserung geführt haben,

eingesetzt werden soll (siehe – *Rote-Hand-Brief,* vom 7. Februar 2011).

Interessant ist der Rechtsstatus. Während MODAFINIL in Deutschland 2008 aus den betäubungsmittelrechtlichen Vorschriften entlassen worden ist, unterliegt es in anderen Ländern Gesetzen, die dem deutschen BtMG vergleichbar sind.

Neurodoping

Unter Neurodoping oder pharmakologischem **Neuro-Enhancement** versteht man die Einnahme von psychoaktiven Substanzen aller Art mit dem Ziel der geistigen Leistungssteigerung. Der Begriff *Hirndoping* wird ebenfalls oft benutzt. Hirndoping ist aber ein Begriff, der die missbräuchliche Einnahme solcher Substanzen, die verschreibungspflichtig oder illegal sind, beinhaltet.

Niedrigdosis-Abhängigkeit

besteht bei einer niedrigen therapeutischen Dosierung, die zum Teil über Jahrzehnte konstant bleibt. Sie tritt vor allem bei Schlaf- und Beruhigungsmitteln auf. Die Abhängigkeit wird erst beim Absetzen des Medikaments deutlich.

Entzugssymptome wie Schlafstörungen, depressive Verstimmungen oder Ängste treten aufgrund der Wirkungsnachdauer der Medikamente (Halbwertszeit) teilweise zeitverzögert auf, sodass sie von den Betroffenen oft gar nicht als Entzugssymptome gewertet werden. Waren diese Befindlichkeitsstörungen, die nach dem Absetzen auftreten, schon eingangs Anlass für die Mitteleinnahme, wird jetzt durch den erneuten Konsum ein *Teufelskreislauf* in Gang gesetzt.

Von **Hochdosis-Abhängigkeit** spricht man im Gegenzug, wenn man durch Dosissteigerung oder auch durch den Übergang zu immer stärker wirkenden Medikamenten in eine Suchtproblematik geraten ist.

Ordnungswidrigkeit
Begriff für die geringsten Gesetzesverletzungen in Deutschland (zum Beispiel: Parken in der Parkverbotszone). Diese vorwerfbaren, rechtswidrigen Handlungen werden mit Geldbuße geahndet.

Oxycodon®
ist ein *stark wirkendes* Opioid der Stufe III im WHO-Stufenschema (Klassifizierung der Schmerztherapie), das als Schmerzmittel bei starken bis sehr starken Schmerzen angewendet wird. (Quelle: Auszug WIKIPEDIA)

Polytoxikomanie
Beschreibt multiplen Substanzgebrauch, laut ICD-10 eine Form des Drogenkonsums, bei dem zwei oder mehr psychotrope Substanzen eingenommen werden. Dabei wird jedoch noch keine Aussage über das Vorhandensein oder das Ausmaß gesundheitlicher Störungen bzw. ein spezifisches klinisches Erscheinungsbild getroffen.

Multipler Substanzgebrauch liegt auch dann vor, wenn die Substanzaufnahme chaotisch und wahllos erfolgt, ohne dass eine bestimmte Substanz oder Substanzgruppe bevorzugt wird.

Klassifikation nach ICD-10	
F19.–	Psychische und Verhaltensstörungen durch multiplen Substanzgebrauch und Konsum anderer psychotroper Substanzen
F19.0	Akute Intoxikation (akuter Rausch)
F19.1	Schädlicher Gebrauch
F19.2	Abhängigkeitssyndrom
F19.3	Entzugssyndrom
F19.4	Entzugssyndrom mit Delir
F19.5	Psychotische Störung
F19.6	Amnestisches Syndrom
F19.7	Restzustand und verzögert auftretende psychotische Störung
F19.8	Sonstige psychotische und Verhaltensstörungen
F19.9	Nicht näher bezeichnete psychotische und Verhaltensstörung

Quelle: ICD-10 online (WHO-Version 2013)

Randgruppen (Randsider)

Gruppen mit keinen oder wenig gemeinsamen Zielen außerhalb der zentralen Normen unserer Gesellschaft. Oft sind es Minderheiten mit eigenen Normen und Werten, wie bei Drogenabhängigen.

Sie stehen neben der Gesellschaft (Obdachlose, Strafgefangene oder eben Drogensüchtige) und haben wenig politische Bedeutung. Die materiellen Möglichkeiten sind gering, weshalb bestimmte politische oder gesellschaftliche Elitegruppen (Milliardäre) kaum als Randsider bezeichnet werden.

Schengen-Abkommen

waren internationale Übereinkommen insbesondere zur Abschaffung der stationären Grenzkontrollen an den Binnengrenzen der teilnehmenden Staaten und insofern die Voraussetzung für die Erleichterungen im Handels- und Verkehrs- sowie Zollbereich zwischen den „Schengen-Staaten".

Infolge der Einbeziehung der Abkommen und des darauf basierenden Rechts innerhalb der Europäischen Union, gelten die Bestimmungen weiter, wurden aber inzwischen fast vollständig durch verschiedene andere Rechtsakte ersetzt.

Das „SCHWARZE BUCH"

Hier handelt es sich um ein sehr kontrovers diskutiertes Buch, in dem alle (viele) steroide Anabolika, sowie bestimmte Medikamente und deren Wirkung beschrieben sind.

Das Buch ist ein Standardwerk der Bodybuilder-Szene und wird über das Internet vertrieben.

Strafgesetzbuch (StGB)

Das Strafgesetzbuch regelt in Deutschland die Kernmaterie des sogenannten materiellen Strafrechts und bestimmt die Voraussetzungen und Rechtsfolgen strafbaren Handelns.

Strafprozessordnung (StPO)

In der Strafprozessordnung sind neben dem Ablauf und den Voraussetzungen für die Durchführung eines Strafprozesses auch Befugnisse und die Voraussetzungen für Durchsuchungen, Festnahmen, Vernehmungen, Telefonüberwachungen usw. geregelt.

Straßenverkehrsgesetz (StVG)

Es enthält die Grundlagen für die Straßenverkehrsregelungen in Deutschland und regelt zusammen mit der Fahrerlaubnis-Verordnung, der Straßenverkehrs-Zulassungs-Ordnung (StVZO) und der Straßenverkehrs-Ordnung (StVO) das gesetzlich korrekte Verhalten.

Straßenverkehrs-Ordnung (StVO)
regelt die Verhaltensmaßregeln von Verkehrsteilnehmern, die bei der Teilnahme am öffentlichen Straßenverkehr zu beachten sind. Verstöße sind
bußgeldbewährt. Verstößt das fehlerhafte Verhalten gleichzeitig gegen Strafbestimmungen, wird juristisch die Ahndung der Ordnungswidrigkeiten
zurückgestellt.

Straßenverkehrs-Zulassungs-Ordnung (StVZO)
Hier sind – bußgeldbewährt – die formalen und technischen Zulassungs-
Voraussetzungen für Menschen und Fahrzeuge festgelegt, die bei der Teil-
nahme am öffentlichen Straßenverkehr erfüllt sein müssen.

Sucht Siehe Abhängigkeit.

Spice
ist die Verkaufsbezeichnung für eine Droge, die aus synthetischen Cannabinoiden sowie verschiedenen getrockneten Pflanzenteilen besteht. Die
rechtliche Bewertung ist für den Konsumenten (Käufer) nicht klar erkennbar, da Spice rechtlich nach den enthaltenen Cannabinoiden bewertet
werden muss, was im Regelfall eine labormäßige Untersuchung erfordert.

Spice wird meist wie Marihuana oder Haschisch geraucht und ist häufig im
Jugendbereich anzutreffen. Viele gehen davon aus, dass das teilweise frei-
verkäufliche Spice ungefährlich ist und der Umgang nicht unter das BtMG
fällt.

Viele Inhaltsstoffe sind allerdings mittlerweile dem BtMG unterstellt.
Durch die ständigen Änderungen der Inhaltsstoffe versuchen die Produzen-
ten aber immer wieder einen Weg zu finden, gesetzliche Vorgaben zu unterwandern und durch die Auswahl der berauschenden Inhaltsstoffe dennoch eine berauschende Wirkung zu erreichen. Viele im Handel befindliche
Spice-Arten sind als sehr risikobehaftet einzustufen.

Spice beschäftigt auch die deutsche Justiz zunehmend.

Die bekanntesten Produkte sind:

Lava-Red, Monkey-go-bananas, Bonzai, Bloom, Maya PI, OMG, Sweed und
Space. Räuchermischungen enthalten unterschiedliche pflanzliche Be-
standteile und (häufig) synthetische Cannabinoide. Sie werden in kleinen
Päckchen (Metallfolie) mit einem Gewicht von 3 g im Internet oder in
Headshops zu einem Preis von ca. 25–30 € zum Verkauf angeboten. Nach
Herstellerangaben sind Räuchermischungen lediglich zur Raumluftaroma-
tisierung gedacht. Die Konsumenten rauchen das Material meist in Pfeifen,
Joints oder Bongs. Die orale Einnahme ist seltener.

Verbrechen/Vergehen

Hier ein Auszug des § 12 Strafgesetzbuch, der den Unterschied zwischen den beiden Begriffen fixiert:

§ 12   Verbrechen und Vergehen

(1) Verbrechen sind rechtswidrige Taten, die im Mindestmaß mit Freiheitsstrafe von einem Jahr oder darüber bedroht sind.

(2) Vergehen sind rechtswidrige Taten, die im Mindestmaß mit einer geringeren Freiheitsstrafe oder die mit Geldstrafe bedroht sind.

(3) Schärfungen oder Milderungen, die nach den Vorschriften des Allgemeinen Teils oder für besonders schwere oder minder schwere Fälle vorgesehen sind, bleiben für die Einteilung außer Betracht.

II. Auszüge aus Gesetzen – Anlagen

Auszug aus den Unfallverhütungsvorschriften

§ 2 Grundpflichten des Unternehmers

(1) Der Unternehmer hat die erforderlichen Maßnahmen zur Verhütung von Arbeitsunfällen, Berufskrankheiten und arbeitsbedingten Gesundheitsgefahren sowie für eine wirksame Erste Hilfe zu treffen. Die zu treffenden Maßnahmen sind insbesondere in staatlichen Arbeitsschutzvorschriften (Anlage 1), dieser Unfallverhütungsvorschrift und in weiteren Unfallverhütungsvorschriften näher bestimmt.

(2) Der Unternehmer hat bei den Maßnahmen nach Absatz 1 von den allgemeinen Grundsätzen nach § 4 Arbeitsschutzgesetz auszugehen und dabei insbesondere das staatliche und berufsgenossenschaftliche Regelwerk heranzuziehen.

§ 13 Pflichtenübertragung

Der Unternehmer kann zuverlässige und fachkundige Personen schriftlich damit beauftragen, ihm nach Unfallverhütungsvorschriften obliegende Aufgaben in eigener Verantwortung wahrzunehmen. Die Beauftragung muss den Verantwortungsbereich und Befugnisse festlegen und ist vom Beauftragten zu unterzeichnen. Eine Ausfertigung der Beauftragung ist ihm auszuhändigen.

§ 15 Allgemeine Unterstützungspflichten und Verhalten

(1) Die Versicherten sind verpflichtet, nach ihren Möglichkeiten sowie gemäß der Unterweisung und Weisung des Unternehmers für ihre Sicherheit und Gesundheit bei der Arbeit sowie für Sicherheit und Gesundheitsschutz derjenigen zu sorgen, die von ihren Handlungen oder Unterlassungen betroffen sind. Die Versicherten haben die Maßnahmen zur Verhütung von Arbeitsunfällen, Berufskrankheiten und arbeitsbedingten Gesundheitsgefahren sowie für eine wirksame Erste Hilfe zu unterstützen. Versicherte haben die entsprechenden Anweisungen des Unternehmers zu befolgen. Die Versicherten dürfen erkennbar gegen Sicherheit und Gesundheit gerichtete Weisungen nicht befolgen.

(2) Versicherte dürfen sich durch den Konsum von Alkohol, Drogen oder anderen berauschenden Mitteln nicht in einen Zustand versetzen, durch den sie sich selbst oder andere gefährden können.

(3) Absatz 2 gilt auch für die Einnahme von Medikamenten.

Auszug aus dem Arbeitsschutzgesetz

§ 3 Grundpflichten des Arbeitgebers

(1) Der Arbeitgeber ist verpflichtet, die erforderlichen Maßnahmen des Arbeitsschutzes unter Berücksichtigung der Umstände zu treffen, die Sicherheit und Gesundheit der Beschäftigten bei der Arbeit beeinflussen. Er hat die Maßnahmen auf ihre Wirksamkeit zu überprüfen und erforderlichenfalls sich ändernden Gegebenheiten anzupassen. Dabei hat er eine Verbesserung von Sicherheit und Gesundheitsschutz der Beschäftigten anzustreben.

(2) Zur Planung und Durchführung der Maßnahmen nach Absatz 1 hat der Arbeitgeber unter Berücksichtigung der Art der Tätigkeiten und der Zahl der Beschäftigten

1. für eine geeignete Organisation zu sorgen und die erforderlichen Mittel bereitzustellen sowie
2. Vorkehrungen zu treffen, daß die Maßnahmen erforderlichenfalls bei allen Tätigkeiten und eingebunden in die betrieblichen Führungsstrukturen beachtet werden und die Beschäftigten ihren Mitwirkungspflichten nachkommen können.

(3) Kosten für Maßnahmen nach diesem Gesetz darf der Arbeitgeber nicht den Beschäftigten auferlegen.

§ 5 Beurteilung der Arbeitsbedingungen

(1) Der Arbeitgeber hat durch eine Beurteilung der für die Beschäftigten mit ihrer Arbeit verbundenen Gefährdung zu ermitteln, welche Maßnahmen des Arbeitsschutzes erforderlich sind.

(2) Der Arbeitgeber hat die Beurteilung je nach Art der Tätigkeiten vorzunehmen. Bei gleichartigen Arbeitsbedingungen ist die Beurteilung eines Arbeitsplatzes oder einer Tätigkeit ausreichend.

(3) Eine Gefährdung kann sich insbesondere ergeben durch
1. die Gestaltung und die Einrichtung der Arbeitsstätte und des Arbeitsplatzes,

2. physikalische, chemische und biologische Einwirkungen,
3. die Gestaltung, die Auswahl und den Einsatz von Arbeitsmitteln, insbesondere von Arbeitsstoffen, Maschinen, Geräten und Anlagen sowie den Umgang damit,
4. die Gestaltung von Arbeits- und Fertigungsverfahren, Arbeitsabläufen und Arbeitszeit und deren Zusammenwirken,
5. unzureichende Qualifikation und Unterweisung der Beschäftigten,
6. psychische Belastungen bei der Arbeit.

§ 15   Pflichten der Beschäftigten

(1) Die Beschäftigten sind verpflichtet, nach ihren Möglichkeiten sowie gemäß der Unterweisung und Weisung des Arbeitgebers für ihre Sicherheit und Gesundheit bei der Arbeit Sorge zu tragen. Entsprechend Satz 1 haben die Beschäftigten auch für die Sicherheit und Gesundheit der Personen zu sorgen, die von ihren Handlungen oder Unterlassungen bei der Arbeit betroffen sind.

(2) Im Rahmen des Absatzes 1 haben die Beschäftigten insbesondere Maschinen, Geräte, Werkzeuge, Arbeitsstoffe, Transportmittel und sonstige Arbeitsmittel sowie Schutzvorrichtungen und die ihnen zur Verfügung gestellte persönliche Schutzausrüstung bestimmungsgemäß zu verwenden.

§ 16   Besondere Unterstützungspflichten

(1) Die Beschäftigten haben dem Arbeitgeber oder dem zuständigen Vorgesetzten jede von ihnen festgestellte unmittelbare erhebliche Gefahr für die Sicherheit und Gesundheit sowie jeden an den Schutzsystemen festgestellten Defekt unverzüglich zu melden.

(2) Die Beschäftigten haben gemeinsam mit dem Betriebsarzt und der Fachkraft für Arbeitssicherheit den Arbeitgeber darin zu unterstützen, die Sicherheit und den Gesundheitsschutz der Beschäftigten bei der Arbeit zu gewährleisten und seine Pflichten entsprechend den behördlichen Auflagen zu erfüllen. Unbeschadet ihrer Pflicht nach Absatz 1 sollen die Beschäftigten von ihnen festgestellte Gefahren für Sicherheit und Gesundheit und Mängel an den Schutzsystemen auch der Fachkraft für Arbeitssicherheit, dem Betriebsarzt oder dem Sicherheitsbeauftragten nach § 22 des Siebten Buches Sozialgesetzbuch mitteilen.

Auszug aus dem Strafgesetzbuch

§ 315c   Gefährdung des Straßenverkehrs

(1) Wer im Straßenverkehr

1. ein Fahrzeug führt, obwohl er
   a) infolge des Genusses alkoholischer Getränke oder anderer berauschender Mittel oder
   b) infolge geistiger oder körperlicher Mängel
   nicht in der Lage ist, das Fahrzeug sicher zu führen, oder
2. grob verkehrswidrig und rücksichtslos
   a) die Vorfahrt nicht beachtet,
   b) falsch überholt oder sonst bei Überholvorgängen falsch fährt,
   c) an Fußgängerüberwegen falsch fährt,
   d) an unübersichtlichen Stellen, an Straßenkreuzungen, Straßeneinmündungen oder Bahnübergängen zu schnell fährt,
   e) an unübersichtlichen Stellen nicht die rechte Seite der Fahrbahn einhält,
   f) auf Autobahnen oder Kraftfahrstraßen wendet, rückwärts oder entgegen der Fahrtrichtung fährt oder dies versucht oder
   g) haltende oder liegengebliebene Fahrzeuge nicht auf ausreichende Entfernung kenntlich macht, obwohl das zur Sicherung des Verkehrs erforderlich ist,

und dadurch Leib oder Leben eines anderen Menschen oder fremde Sachen von bedeutendem Wert gefährdet, wird mit Freiheitsstrafe bis zu fünf Jahren oder mit Geldstrafe bestraft.

(2) In den Fällen des Absatzes 1 Nr. 1 ist der Versuch strafbar.

(3) Wer in den Fällen des Absatzes 1

1. die Gefahr fahrlässig verursacht oder
2. fahrlässig handelt und die Gefahr fahrlässig verursacht,

wird mit Freiheitsstrafe bis zu zwei Jahren oder mit Geldstrafe bestraft.

§ 316   Trunkenheit im Verkehr

(1) Wer im Verkehr (§§ 315 bis 315d) ein Fahrzeug führt, obwohl er infolge des Genusses alkoholischer Getränke oder anderer berauschender Mittel nicht in der Lage ist, das Fahrzeug sicher zu führen, wird mit Freiheitsstrafe bis zu einem Jahr oder mit Geldstrafe bestraft, wenn die Tat nicht in § 315a oder § 315c mit Strafe bedroht ist.

(2) Nach Absatz 1 wird auch bestraft, wer die Tat fahrlässig begeht.

Auszug aus der Strafprozessordnung

§ 81a Körperliche Untersuchung des Beschuldigten

(1) Eine körperliche Untersuchung des Beschuldigten darf zur Feststellung von Tatsachen angeordnet werden, die für das Verfahren von Bedeutung sind. Zu diesem Zweck sind Entnahmen von Blutproben und andere körperliche Eingriffe, die von einem Arzt nach den Regeln der ärztlichen Kunst zu Untersuchungszwecken vorgenommen werden, ohne Einwilligung des Beschuldigten zulässig, wenn kein Nachteil für seine Gesundheit zu befürchten ist.

(2) Die Anordnung steht dem Richter, bei Gefährdung des Untersuchungserfolges durch Verzögerung auch der Staatsanwaltschaft und ihren Ermittlungspersonen (§ 152 des Gerichtsverfassungsgesetzes) zu.

(3) Dem Beschuldigten entnommene Blutproben oder sonstige Körperzellen dürfen nur für Zwecke des der Entnahme zugrundeliegenden oder eines anderen anhängigen Strafverfahrens verwendet werden; sie sind unverzüglich zu vernichten, sobald sie hierfür nicht mehr erforderlich sind.

§ 163 Aufgaben der Polizei im Ermittlungsverfahren

(1) Die Behörden und Beamten des Polizeidienstes haben Straftaten zu erforschen und alle keinen Aufschub gestattenden Anordnungen zu treffen, um die Verdunkelung der Sache zu verhüten. Zu diesem Zweck sind sie befugt, alle Behörden um Auskunft zu ersuchen, bei Gefahr im Verzug auch, die Auskunft zu verlangen, sowie Ermittlungen jeder Art vorzunehmen, soweit nicht andere gesetzliche Vorschriften ihre Befugnisse besonders regeln.

(2) Die Behörden und Beamten des Polizeidienstes übersenden ihre Verhandlungen ohne Verzug der Staatsanwaltschaft. Erscheint die schleunige Vornahme richterlicher Untersuchungshandlungen erforderlich, so kann die Übersendung unmittelbar an das Amtsgericht erfolgen.

(3) Bei der Vernehmung eines Zeugen durch Beamte des Polizeidienstes sind § 52 Absatz 3, § 55 Absatz 2, § 57 Satz 1 und die §§ 58, 58a, 58b, 68 bis 69 entsprechend anzuwenden. Über eine Gestattung nach § 68 Absatz 3 Satz 1 und über die Beiordnung eines Zeugenbeistands entscheidet die Staatsanwaltschaft; im Übrigen trifft die erforderlichen Entscheidungen die die Vernehmung leitende Person. Bei Entscheidungen durch Beamte des Polizeidienstes nach § 68b Absatz 1 Satz 3 gilt § 161a Absatz 3 Satz 2 bis 4 entsprechend. Für die Belehrung des Sachverständigen durch Beamte des Polizeidienstes gelten § 52 Absatz 3 und § 55 Absatz 2 entsprechend. In

den Fällen des § 81c Absatz 3 Satz 1 und 2 gilt § 52 Absatz 3 auch bei Untersuchungen durch Beamte des Polizeidienstes sinngemäß.

Auszug aus dem Gaststättengesetz

§ 4 Versagungsgründe

Die Erlaubnis ist zu versagen, wenn

1. Tatsachen die Annahme rechtfertigen, dass der Antragsteller die für den Gewerbebetrieb erforderliche Zuverlässigkeit nicht besitzt, insbesondere dem Trunke ergeben ist oder befürchten lässt, dass er Unerfahrene, Leichtsinnige oder Willensschwache ausbeuten wird oder dem Alkoholmissbrauch, verbotenem Glücksspiel, der Hehlerei oder der Unsittlichkeit Vorschub leisten wird oder die Vorschriften des Gesundheits- oder Lebensmittelrechts, des Arbeits- oder Jugendschutzes nicht einhalten wird,

2. die zum Betrieb des Gewerbes oder zum Aufenthalt der Beschäftigten bestimmten Räume wegen ihrer Lage, Beschaffenheit, Ausstattung oder Einteilung für den Betrieb nicht geeignet sind, insbesondere den notwendigen Anforderungen zum Schutze der Gäste und der Beschäftigten gegen Gefahren für Leben, Gesundheit oder Sittlichkeit oder den sonst zur Aufrechterhaltung der öffentlichen Sicherheit oder Ordnung notwendigen Anforderungen nicht genügen oder…

Auszug aus dem Straßenverkehrsgesetz

§ 24a Promille-Grenze

(1) Ordnungswidrig handelt, wer im Straßenverkehr ein Kraftfahrzeug führt, obwohl er 0,25 mg/l oder mehr Alkohol in der Atemluft oder 0,5 Promille oder mehr Alkohol im Blut oder eine Alkoholmenge im Körper hat, die zu einer solchen Atem- oder Blutalkoholkonzentration führt.

(2) Ordnungswidrig handelt, wer unter der Wirkung eines in der Anlage zu dieser Vorschrift genannten berauschenden Mittels im Straßenverkehr ein Kraftfahrzeug führt. Eine solche Wirkung liegt vor, wenn eine in dieser Anlage genannte Substanz im Blut nachgewiesen wird. Satz 1 gilt nicht, wenn die Substanz aus der bestimmungsgemäßen Einnahme eines für einen konkreten Krankheitsfall verschriebenen Arzneimittels herrührt.

(3) Ordnungswidrig handelt auch, wer die Tat fahrlässig begeht.

(4) Die Ordnungswidrigkeit kann mit einer Geldbuße bis zu dreitausend Euro geahndet werden.

(5) Das Bundesministerium für Verkehr, Bau und Stadtentwicklung wird ermächtigt, durch Rechtsverordnung im Einvernehmen mit dem Bundesministerium für Gesundheit und dem Bundesministerium der Justiz mit Zustimmung des Bundesrates die Liste der berauschenden Mittel und Substanzen in der Anlage zu dieser Vorschrift zu ändern oder zu ergänzen, wenn dies nach wissenschaftlicher Erkenntnis im Hinblick auf die Sicherheit des Straßenverkehrs erforderlich ist.

Anlage (zu § 24a) Liste der berauschenden Mittel und Substanzen
(BGBl. I 2007, 1045)

Berauschende Mittel	Substanzen
Cannabis	Tetrahydrocannabinol (THC)
Heroin	Morphin
Morphin	Morphin
Cocain	Cocain
Cocain	Benzoylecgonin
Amphetamin	Amphetamin
Designer-Amphetamin	Methylendioxyamphetamin (MDA)
Designer-Amphetamin	Methylendioxyethylamphetamin (MDE)
Designer-Amphetamin	Methylendioxymetamphetamin (MDMA)
Methamphetamin	Methamphetamin

Quelle: www.gesetze-im-internet.de

Auszug aus dem Neue-psychoaktive-Stoffe-Gesetz

§ 4 Strafvorschriften

(1) Mit Freiheitsstrafe bis zu drei Jahren oder mit Geldstrafe wird bestraft, wer entgegen § 3 Absatz 1
1. mit einem neuen psychoaktiven Stoff Handel treibt, ihn in den Verkehr bringt oder ihn einem anderen verabreicht oder
2. einen neuen psychoaktiven Stoff zum Zweck des Inverkehrbringens
   a) herstellt oder
   b) in den Geltungsbereich dieses Gesetzes verbringt.

(2) Der Versuch ist strafbar.

(3) Mit Freiheitsstrafe von einem Jahr bis zu zehn Jahren wird bestraft, wer
1. in den Fällen

a) des Absatzes 1 gewerbsmäßig oder als Mitglied einer Bande handelt, die sich zur fortgesetzten Begehung solcher Taten verbunden hat, oder

b) des Absatzes 1 Nummer 1 als Person über 21 Jahre einen neuen psychoaktiven Stoff an eine Person unter 18 Jahren abgibt oder ihn ihr verabreicht oder zum unmittelbaren Verbrauch überlässt oder

2. durch eine in Absatz 1 genannte Handlung

a) die Gesundheit einer großen Zahl von Menschen gefährdet oder

b) einen anderen der Gefahr des Todes oder einer schweren Schädigung an Körper oder Gesundheit aussetzt.

(4) In minder schweren Fällen des Absatzes 3 ist die Strafe Freiheitsstrafe von drei Monaten bis zu fünf Jahren.

(5) Handelt der Täter in den Fällen des Absatzes 3 Nummer 1 Buchstabe b oder Nummer 2 in Verbindung mit Absatz 1 Nummer 1 fahrlässig, ist die Strafe Freiheitsstrafe bis zu drei Jahren oder Geldstrafe.

(6) Handelt der Täter in den Fällen des Absatzes 1 Nummer 1 fahrlässig, ist die Strafe Freiheitsstrafe bis zu einem Jahr oder Geldstrafe.

Auszug aus den Strafbestimmungen des Anti-Doping-Gesetzes

§ 4 Strafvorschriften

(1) Mit Freiheitsstrafe bis zu drei Jahren oder mit Geldstrafe wird bestraft, wer

1. entgegen § 2 Absatz 1, auch in Verbindung mit einer Rechtsverordnung nach § 6 Absatz 2, ein Dopingmittel herstellt, mit ihm Handel treibt, es, ohne mit ihm Handel zu treiben, veräußert, abgibt, sonst in den Verkehr bringt oder verschreibt,

2. entgegen § 2 Absatz 2, auch in Verbindung mit einer Rechtsverordnung nach § 6 Absatz 2, ein Dopingmittel oder eine Dopingmethode bei einer anderen Person anwendet,

3. entgegen § 2 Absatz 3 in Verbindung mit einer Rechtsverordnung nach § 6 Absatz 1 Satz 1 Nummer 1, jeweils auch in Verbindung mit einer Rechtsverordnung nach § 6 Absatz 1 Satz 1 Nummer 2 oder Satz 2, ein Dopingmittel erwirbt, besitzt oder verbringt,

4. entgegen § 3 Absatz 1 Satz 1 ein Dopingmittel oder eine Dopingmethode bei sich anwendet oder anwenden lässt oder

5. entgegen § 3 Absatz 2 an einem Wettbewerb des organisierten Sports teilnimmt.

(2) Mit Freiheitsstrafe bis zu zwei Jahren oder mit Geldstrafe wird bestraft, wer entgegen § 3 Absatz 4 ein Dopingmittel erwirbt oder besitzt.

(3) Der Versuch ist in den Fällen des Absatzes 1 strafbar.

(4) Mit Freiheitsstrafe von einem Jahr bis zu zehn Jahren wird bestraft, wer

1. durch eine der in Absatz 1 Nummer 1, 2 oder Nummer 3 bezeichneten Handlungen
   a) die Gesundheit einer großen Zahl von Menschen gefährdet,
   b) einen anderen der Gefahr des Todes oder einer schweren Schädigung an Körper oder Gesundheit aussetzt oder
   c) aus grobem Eigennutz für sich oder einen anderen Vermögensvorteile großen Ausmaßes erlangt oder
2. in den Fällen des Absatzes 1 Nummer 1 oder Nummer 2
   a) ein Dopingmittel an eine Person unter 18 Jahren veräußert oder abgibt, einer solchen Person verschreibt oder ein Dopingmittel oder eine Dopingmethode bei einer solchen Person anwendet oder
   b) gewerbsmäßig oder als Mitglied einer Bande handelt, die sich zur fortgesetzten Begehung solcher Taten verbunden hat.

(5) In minder schweren Fällen des Absatzes 4 ist die Strafe Freiheitsstrafe von drei Monaten bis zu fünf Jahren.

(6) Handelt der Täter in den Fällen des Absatzes 1 Nummer 1, 2 oder Nummer 3 fahrlässig, so ist die Strafe Freiheitsstrafe bis zu einem Jahr oder Geldstrafe.

(7) Nach Absatz 1 Nummer 4, 5 und Absatz 2 wird nur bestraft, wer

1. Spitzensportlerin oder Spitzensportler des organisierten Sports ist; als Spitzensportlerin oder Spitzensportler des organisierten Sports im Sinne dieses Gesetzes gilt, wer als Mitglied eines Testpools im Rahmen des Dopingkontrollsystems Trainingskontrollen unterliegt, oder
2. aus der sportlichen Betätigung unmittelbar oder mittelbar Einnahmen von erheblichem Umfang erzielt.

(8) Nach Absatz 2 wird nicht bestraft, wer freiwillig die tatsächliche Verfügungsgewalt über das Dopingmittel aufgibt, bevor er es anwendet oder anwenden lässt.

Auszug aus einem Schreiben der Kassenärztlichen Vereinigung Bayern (KVB) an die niedergelassenen Ärzte in Bayern im Jahr 2012

Polizei und Staatsanwaltschaft weisen in diesem Zusammenhang ausdrücklich darauf hin, dass die Strafverfolgungsbehörden bei Kenntnis derartigen Medikamentenmissbrauchs grundsätzlich Ermittlungen einleiten und dabei auch Krankenkassen und Gesundheitsämter einbinden. Bereits bei Vorliegen eines Anfangsverdachts auf strafrechtlich relevante Unregelmäßigkeiten bei der Verordnung betäubungsmittelrechtlich relevanter Substanzen wird die Staatsanwaltschaft aktiv. Die Ahndung von Ordnungswidrigkeiten obliegt den Verwaltungsbehörden.

Drogentest Nachweisgrenzen (Quelle: SECURETEC)

Wie lange können Drogen im Körper nachgewiesen werden?

Die Detektionszeiträume hängen von mehreren Faktoren ab. Die Einflussgrößen sind Art und Reinheit der Droge, konsumierte Menge, Konsumhäufigkeit und individueller Stoffwechsel des Konsumenten. Wichtig ist auch das Probenmedium für den Drogentest, da zum Beispiel bei Urintests das Ergebnis auch vom ph-Wert und der Konzentration des Harns abhängig ist.

Die nachfolgende Tabelle liefert eine Übersicht über die **Nachweisgrenzen unserer Drogentests** in unterschiedlichen Probenmedien. Basis der Angaben ist eine Literaturauswertung durch Securetec.

Droge	Blut	Speichel	Urin	Schweiß
Canabis/Δ9-THC	0,5–6,0 Std.	0,5 -10,0 Std.	1 Std.–8 Tage	1,0–12 Std.
Ecstasy/Amphetamine/ Methamphetamine/ MDMA	0,1–20,0 Std.	0,1–24,0 Std.	4 Std.–4 Tage	–
Kokain	1,0–9,0 Std.	1,0–15,0 Std.	4 Std.–50 Std.	–
Heroin	0,1–16,0 Std.	0,1–21,0 Std.	4 Std.–5 Tage	–

Herstellerfirmen von Drogen- und Medikamententests

Securetec Detektions-Systeme AG

Lilienstrasse 7
85579 Neubiberg
Telefon 0049 89 203080-1651

Dräger Safety AG & Co. KGaA

Revalstraße 1
23560 Lübeck
Telefon 0049 451 882-0

Zuständige Behörden für Beglaubigungen der Bescheinigungen zur Mitnahme von Betäubungsmitteln in den einzelnen Bundesländern

Bundesland	Adressen/Links
Baden-Württemberg	Gesundheitsämter: www.service-bw.de (Hilfe in allen Lebenslagen/Gesundheit/ÖGD)
Bayern	jeweiliges Gesundheitsamt, in dessen Dienstbereich der verordnende Arzt seine Tätigkeit ausübt https://www.stmgp.bayern.de/service/ansprechpartner-und-fachstellen/
Berlin	Landesamt für Gesundheit und Soziales (LAGeSo) Dienstgebäude, Fehrbelliner Platz 1, 10707 Berlin http://www.berlin.de/lageso/gesundheit/service/auslandsreisen.html
Brandenburg	Landesamt für Arbeitsschutz, Verbraucherschutz und Gesundheit, – Abteilung Gesundheit Referat G 3 Apotheken Arzneimittel, Medizinprodukte Wünsdorfer Platz 3 15806 Zossen Fr. Marlies Franck, Tel.: 0331-8683859, E-Mail: marlies.franck@lavg.brandenburg.de
Bremen	Die Senatorin für Bildung, Wissenschaft und Gesundheit der Freien Hansestadt Bremen Referat 44, Pharmazie; Cornelia Kühn; Tel.: +49 421 361 16707; Fax: +49 421 496 16707 E-Mail: Cornelia.Kuehn@gesundheit.bremen.de

Bundesland	Adressen/Links
Hamburg	Fachamt bzw. Dezernat Gesundheit bei dem Bezirksamt, in dessen Bereich der jeweilige Arzt seine Tätigkeit ausübt. http://www.hamburg.de/behoerdenfinder/hamburg/10324394/
Hessen	Gesundheitsämter: www.hsm.hessen.de (Gesundheit/ Infektionsschutz)
Mecklenburg-Vorpommern	Gesundheitsämter: www.regierung-mv.de (Ministerium für Arbeit, Gleichstellung und Soziales/Behörden/Institutionen/Landesamt für Gesundheit)
Niedersachsen	In Niedersachsen sind nach § 2 Nr. 16 der Verordnung über Zuständigkeiten auf verschiedenen Gebieten der Gefahrenabwehr (ZustVO-SOG) vom 19.10.1994 (Nds. GVBl. S. 457), zuletzt geändert durch G vom 7.10.2010 (Nds. GVBl. S. 465) die Landkreise und kreisfreien Städte für die Beglaubigung der Bescheinigungen zuständig. Eine Liste der Landkreise und kreisfreien Städte ist aktuell zu finden unter: www.niedersachsen.de/portal Portal Niedersachsen Land und Leute/Das Land/Kreise und Gemeinden
Nordrhein-Westfalen	Kreise und kreisfreien Städte (untere Gesundheitsbehörde) http://www.lzg.gc.nrw.de/service/links/gesundheitsaemter_nrw/index.html
Rheinland-Pfalz	http://lsjv.rlp.de/no_cache/gesundheit/oeffentliches-gesundheitswesen/fachaufsicht-ueber-die-gesundheitsaemter/?cid=141568&did=115119&sechash=2d6964f1
Saarland	Gesundheitsämter: http://www.saarland.de/4080.htm
Sachsen	Gesundheitsämter : http://www.gesunde.sachsen.de/6849.html
Sachsen-Anhalt	Landesverwaltungsamt Sachsen-Anhalt Postfach 200256, 06003 Halle (Saale) Ernst-Kamiet-Straße 2, 06112 Halle (Saale) Telefon: 0345514-1286, Fax: 0345514-1291 E-Mail: pharmazie@lvwa.sachsen-anhalt.de Internet:http://www.sachsen-anhalt.de/index.php?id=5808
Schleswig-Holstein	öffentliche Gesundheitsdienste/Gesundheitsämter der Kreise und kreisfreien Städte Schleswig-Holstein: www.schleswig-holstein.de (Kreise/Städte/Ämter/ Zuständigkeitsfinder) http://www.schleswig-holstein.de/MASG/DE/Gesundheit/Oeffentlicher-Gesundheitsdienst/listeGesAemter.html
Thüringen	Thüringer Ministerium für Soziales, Familie und Gesundheit Referat 41, Werner Seelenbinder Str. 6, 99096 Erfurt Tel.: 0361 37 98401, FAX: 0361 37 98840 www.thueringen.de

Verantwortlich für die Aktualität der Angaben sind die jeweiligen Bundesländer
Stand: 24.01.2017

Bildteil

Abb. 1: Hanfpflanzen

Abb. 2: Haschisch

Abb. 3: Crusher

Abb. 4:
Glaspfeife mit fein-
maschigem Metallgitter

Abb. 5:
Amphetamin –
frisch aus dem Labor

Abb. 6:
Amphetamin –
in Straßenhandelsmenge

Abb. 7:
Kokain-Schnupfbesteck

Abb. 8:
Methamphetamin –
beige

Abb. 9:
Methamphetamin –
reine Kristalle

Abb. 10: Spice – Verpackung

Abb. 11: Spice – Pflanzenmaterial mit Cannabinoiden

Abb. 12: Kokain

Abb. 13: Heroin

Abb. 14: Heroin

Abb. 15:
Quelle: SECURETEC –
DrugWipe®-F
(Oberflächentest)

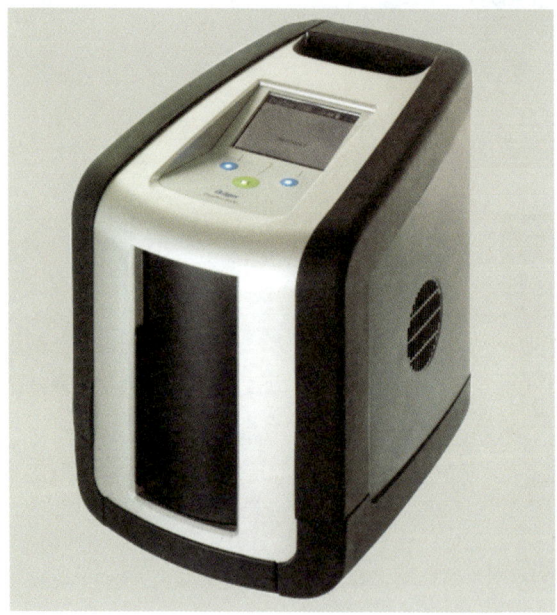

Abb. 16:
Quelle: Dräger –
DrugTest®5000

Speichel

Oberflächen

Oberflächen,
Schweiß,
Speichel

Für den Nachweis von Cannabis, Opiaten, Kokain,
Amphetaminen/Methamphetaminen/Ecstasy, Ketamin und
Benzodiazepinen.

Abb. 17: Quelle: SECURETEC – DrugWipe® Produkte

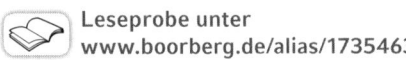